審計學

主　編　盛強、石玉杰、楊俊

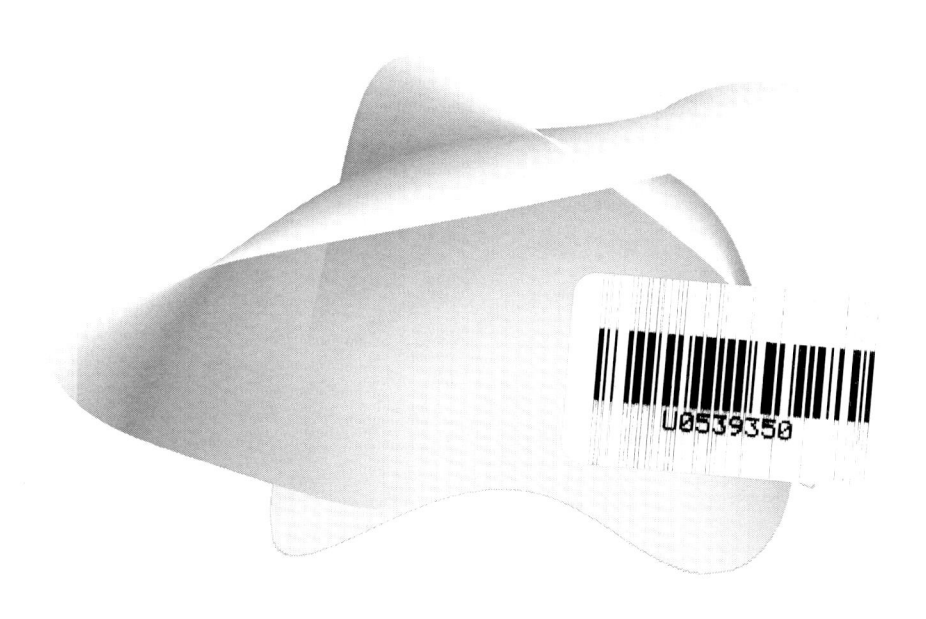

崧燁文化

前　言

　　審計學是一門專業性和技術性很強的課程。隨著審計實踐活動的不斷開展，經濟社會對審計的需求日益強烈，而審計準則在持續改進與不斷完善，審計業務也日趨複雜化。為了滿足審計教學的需要，客觀上就要求編寫新的審計學教材，及時反應理論研究的新成果，總結審計實踐活動的新經驗。

　　本書的特色：一是內容新。本書根據國內外審計與會計最新的研究成果、業務實踐和準則制度，以註冊會計師審計的基本理論、基本程序和基本方法為主線進行編寫。二是實用性強。審計是一門實踐性較強的學科。本書在編寫中，理論與實踐並重，既系統地介紹了審計的基礎理論知識和技術方法，又註重結合社會的需求和審計發展的新動向，按業務循環並結合財務報表項目詳細介紹了有關業務的審計程序和取證方法，突出了教材的實踐性和實用性。同時，本書的內容嚴謹、規範、通俗易懂。為了便於教師的教和學生的學，本書提供練習題答案和電子課件。

　　本書在編寫過程中，參考了大量的著作、文獻及最新財務軟件，吸收了不少國內學者的學術成果，並引用了大量實例，未能一一註明，在此一併致謝！由於編者水平有限，加之編寫時間倉促，書中難免有疏漏之處，懇請各位讀者批評指正！

編者

目　　錄

項目一　概　　論 ... 1

任務一　審計的產生與發展 ………………………………………………（1）
　　一、審計產生的基礎 ……………………………………………………（1）
　　二、國家審計的產生與發展 ……………………………………………（2）
　　三、民間審計的產生與發展 ……………………………………………（3）
　　四、內部審計的產生與發展 ……………………………………………（4）

任務二　審計的概念 ………………………………………………………（7）
　　一、審計的定義 …………………………………………………………（7）
　　二、審計的性質 …………………………………………………………（7）

任務三　審計的對象與職能 ………………………………………………（8）
　　一、審計的對象 …………………………………………………………（8）
　　二、審計的職能 …………………………………………………………（9）

任務四　審計的分類 ………………………………………………………（10）
　　一、按照審計的主體進行分類 …………………………………………（10）
　　二、按照審計的內容和目的分類 ………………………………………（11）
　　三、審計的其他分類 ……………………………………………………（12）

任務五　審計的作用 ………………………………………………………（12）
　　一、審計的制約作用 ……………………………………………………（13）
　　二、審計的促進作用 ……………………………………………………（13）

項目二　註冊會計師執業準則與職業道德 ... 17

任務一　執業準則 …………………………………………………………（17）
　　一、註冊會計師業務準則 ………………………………………………（18）

二、會計師事務所質量控製準則…………………………………………（21）
任務二　職業道德守則……………………………………………………………（25）
　　一、註冊會計師職業道德規範與註冊會計師執業準則的關係……………（25）
　　二、註冊會計師職業道德的內容……………………………………………（26）

項目三　法律責任……………………………………………………31

任務一　法律責任概述……………………………………………………………（31）
　　一、導致法律責任的成因……………………………………………………（31）
　　二、註冊會計師承擔法律責任的種類………………………………………（33）
任務二　中國註冊會計師的法律責任……………………………………………（34）
　　一、相關法律法規規定………………………………………………………（34）
　　二、相關司法解釋……………………………………………………………（36）
任務三　註冊會計師避免法律訴訟的對策………………………………………（38）
　　一、註冊會計師協會方面應採取的措施……………………………………（38）
　　二、會計師事務所與註冊會計師方面應採取的措施………………………（38）

項目四　審計目標……………………………………………………43

任務一　財務報表審計總目標……………………………………………………（43）
　　一、總體目標…………………………………………………………………（43）
　　二、審計工作前提……………………………………………………………（44）
任務二　認定與具體審計目標……………………………………………………（45）
　　一、認定………………………………………………………………………（45）
　　二、具體審計目標……………………………………………………………（46）
任務三　審計目標實現過程………………………………………………………（47）
　　一、接受業務委託……………………………………………………………（48）
　　二、計劃審計工作……………………………………………………………（48）
　　三、實施風險評估程序………………………………………………………（48）
　　四、實施控製測試和實質性程序……………………………………………（48）
　　五、完成審計工作和編制審計報告…………………………………………（49）

項目五　審計計劃、重要性與審計風險………………………………53

任務一　初步業務活動 (53)
一、初步業務活動的目的和內容 (53)
二、審計的前提條件 (54)
三、審計業務約定書 (55)

任務二　總體審計策略與具體審計計劃 (56)
一、計劃審計工作的作用與層次 (56)
二、總體審計策略 (57)
三、形成具體審計計劃 (63)

任務三　審計重要性 (64)
一、審計重要性的含義 (64)
二、審計重要性的作用 (64)
三、從性質方面考慮重要性 (65)
四、從數量方面考慮重要性 (65)
五、審計重要性的確定 (66)

任務四　審計風險 (67)
一、審計風險的定義、成因及特徵 (67)
二、審計風險的構成要素及相互關係 (70)
三、審計風險的評估 (73)

項目六　審計證據與審計工作底稿 79

任務一　審計證據 (79)
一、審計證據的概念 (79)
二、審計證據的特徵 (80)
三、審計證據的種類 (82)
四、獲取審計證據的程序 (82)

任務二　審計工作底稿 (85)
一、審計工作底稿的概念和編制目的 (85)
二、審計工作底稿的性質 (85)
三、編制審計工作底稿的總體要求 (86)
四、審計工作底稿的基本要素 (86)
五、審計工作底稿的復核 (88)

項目七　審計抽樣 95

任務一　審計抽樣概述 .... (95)
一、審計抽樣的含義 .... (96)
二、審計抽樣的適用情形 .... (96)
三、審計抽樣的類型 .... (97)
四、抽樣風險和非抽樣風險 .... (97)
五、審計抽樣的過程 .... (98)

任務二　審計抽樣在控製測試中的運用 .... (103)
一、樣本設計 .... (103)
二、樣本選取 .... (104)
三、評價樣本結果 .... (107)
四、在控製測試中使用非統計抽樣 .... (109)

任務三　審計抽樣在細節測試中的運用 .... (109)
一、傳統變量抽樣 .... (110)
二、概率比例規模抽樣 .... (114)
三、在細節測試中使用非統計抽樣 .... (115)

項目八　風險評估 118

任務一　風險評估概述 .... (118)
一、風險評估的作用 .... (118)
二、風險評估程序 .... (119)
三、項目組內部討論 .... (119)

任務二　瞭解被審計單位及其環境 .... (120)
一、總體要求 .... (120)
二、瞭解行業狀況、法律環境與監管環境及其他外部因素 .... (120)
三、瞭解被審計單位的性質 .... (121)
四、瞭解被審計單位對會計政策的選擇和運用 .... (121)
五、瞭解被審計單位的目標、戰略及相關經營風險 .... (122)
六、瞭解被審計單位財務業績的衡量和評價 .... (122)

任務三　瞭解被審計單位的內部控製 .... (123)

一、內部控製的概述 …………………………………………………… (123)
二、與審計相關的控製 ………………………………………………… (126)
三、對內部控製瞭解的深度 …………………………………………… (127)
四、內部控製的局限性 ………………………………………………… (127)
任務四 評估重大錯報風險 ………………………………………………… (127)
一、識別和評估財務報表層次和認定層次的重大錯報風險 ………… (127)
二、需要特別考慮的重大錯報風險 …………………………………… (128)
三、僅通過實質性程序無法應對的重大錯報風險 …………………… (128)
四、對風險評估的修正 ………………………………………………… (128)

項目九 風險應對 132

任務一 針對財務報表層次重大錯報風險的總體應對措施 …………… (132)
一、應對財務報表層次重大錯報風險的措施 ………………………… (132)
二、總體應對措施對擬實施進一步審計程序的總體審計方案的影響 …… (133)
任務二 針對認定層次重大錯報風險的進一步審計程序 ………………… (133)
一、進一步審計程序的含義和要求 …………………………………… (133)
二、進一步審計程序的性質 …………………………………………… (134)
三、進一步審計程序的時間 …………………………………………… (134)
四、進一步審計程序的範圍 …………………………………………… (135)
任務三 控製測試 …………………………………………………………… (136)
一、控製測試的含義和要求 …………………………………………… (136)
二、控製測試的性質 …………………………………………………… (136)
三、控製測試的時間 …………………………………………………… (137)
四、控製測試的範圍 …………………………………………………… (138)
任務四 實質性程序 ………………………………………………………… (138)
一、實質性程序的含義和要求 ………………………………………… (138)
二、實質性程序的性質 ………………………………………………… (139)
三、實質性程序的時間 ………………………………………………… (139)
四、實質性程序的範圍 ………………………………………………… (140)

項目十 貨幣資金審計 143

任務一　貨幣資金審計概述 …………………………………………………（143）
　　一、貨幣資金的特點 ……………………………………………………（143）
　　二、貨幣資金的主要憑證和會計記錄 …………………………………（144）
　　三、貨幣資金內部控製 …………………………………………………（144）
任務二　貨幣資金的內部控製制度與控製測試 …………………………（145）
　　一、貨幣資金內部控製制度 ……………………………………………（145）
　　二、貨幣資金的內部控製測試 …………………………………………（146）
任務三　貨幣資金的實質性程序 …………………………………………（147）
　　一、貨幣資金的具體審計目標 …………………………………………（147）
　　二、庫存現金審計的實質性程序 ………………………………………（147）
　　三、銀行存款審計的實質性程序 ………………………………………（149）
　　四、其他貨幣資金的實質性程序 ………………………………………（150）

項目十一　採購與付款循環的審計　154

任務一　採購與付款循環的審計概述 ……………………………………（154）
　　一、採購與付款循環的主要業務活動和關鍵內部控製環節 …………（155）
　　二、採購與付款業務循環的主要憑證和會計記錄 ……………………（156）
任務二　採購與付款循環的內部控製與控製測試 ………………………（158）
　　一、採購交易的內部控製 ………………………………………………（158）
　　二、付款交易的內部控製 ………………………………………………（159）
　　三、評估重大錯報風險 …………………………………………………（159）
　　四、控製測試 ……………………………………………………………（160）
任務三　採購與付款業務循環的控製測試 ………………………………（161）
　　一、採購與付款業務循環的內部控製 …………………………………（161）
　　二、採購與付款循環的內部控製測試 …………………………………（162）

項目十二　生產與存貨循環的審計　169

任務一　生產與存貨循環概述 ……………………………………………（169）
　　一、生產與存貨循環的構成內容 ………………………………………（169）
　　二、生產與存貨循環的會計記錄 ………………………………………（170）
任務二　生產與存貨循環的內部控製與控製測試 ………………………（171）

一、生產與存貨循環的內部控製 …………………………………… (171)
　　二、生產與存貨循環的控製測試 …………………………………… (172)
　　三、評估重大錯報風險 ……………………………………………… (173)
任務三　生產與存貨循環的實質性程序 ………………………………… (174)
　　一、生產與存貨交易的實質性程序 ………………………………… (174)
　　二、存貨審計 ………………………………………………………… (175)
　　三、生產成本審計 …………………………………………………… (179)
　　四、營業成本審計 …………………………………………………… (180)
　　五、應付職工薪酬審計 ……………………………………………… (181)
　　六、其他相關帳戶審計 ……………………………………………… (183)

項目十三　銷售與收款循環審計　193

任務一　銷售與收款循環審計概述 ……………………………………… (193)
　　一、銷售與收款循環中的主要業務活動 …………………………… (193)
　　二、銷售與收款循環中的主要憑證和會計記錄 …………………… (195)
第二節　銷售與收款循環的內部控製與控製測試 ……………………… (196)
　　一、銷售與收款循環的內部控製 …………………………………… (196)
　　二、銷售與收款循環的控製測試 …………………………………… (197)
　　三、評估重大錯報風險 ……………………………………………… (198)
任務三　銷售與收款循環的實質性程序 ………………………………… (199)
　　一、銷售與收款交易的實質性程序 ………………………………… (199)
　　二、營業收入的實質性程序 ………………………………………… (202)
　　三、應收帳款的實質性程序 ………………………………………… (206)

項目十四　籌資與投資循環審計　215

任務一　籌資與投資循環審計概述 ……………………………………… (215)
　　一、籌資與投資循環的特點 ………………………………………… (215)
　　二、籌資與投資涉及的主要業務活動 ……………………………… (216)
　　三、涉及的主要憑證與會計記錄 …………………………………… (216)
任務二　籌資與投資循環的內部控製與控製測試 ……………………… (217)
　　一、籌資活動的內部控製與控製測試 ……………………………… (217)

二、投資活動的內部控制和控制測試 ·············· (218)
　　三、評估重大錯報風險 ·············· (219)
任務三　籌資與投資循環的實質性程序 ·············· (220)
　　一、所有者權益的實質性程序 ·············· (220)
　　二、借款業務的實質性程序 ·············· (223)
　　三、投資業務的實質性程序 ·············· (225)

項目十五　終結審計與審計報告 ·············· 230

任務一　終結審計 ·············· (230)
　　一、編制審計差異調整表和試算平衡表 ·············· (230)
　　二、復核財務報表總體合理性 ·············· (235)
　　三、評價審計結果 ·············· (235)
　　四、復核審計工作底稿 ·············· (236)
任務二　審計報告 ·············· (237)
　　一、審計報告的含義 ·············· (237)
　　二、審計報告的種類 ·············· (237)
　　三、審計報告的基本內容 ·············· (237)
　　四、審計報告的簽發條件 ·············· (238)
　　五、期後事項審計 ·············· (240)

附錄　練習題答案 ·············· 246

項目一 概 論

學習目標

1. 掌握審計的概念和屬性；
2. 掌握審計的基本分類；
3. 理解審計發展的原因；
4. 熟悉審計的職能和作用；
5. 瞭解中國審計的組織體系。

任務一 審計的產生與發展

一、審計產生的基礎

自從有了社會經濟管理活動，審計作為一種經濟監督活動，就必然在一定意義上存在了。不同的是，在社會發展的各個時期，由於生產力發展水平不同，社會經濟管理方式不同，審計的廣度、深度和形式也各不相同。會計中需要審核稽查的因素，並非審核審計產生的根本原因。審計是因授權管理經濟活動的需要而產生的，因此受託經濟責任關係才是審計產生的真正基礎。

在生產力低下的原始社會不需要審計；在經濟不發達的時期，對於小規模的經濟，生產資料的佔有者可以親臨管理，生產資料的所有者也是生產資料的經營者和監督者，當然也不需要第三者去審計。隨著社會生產力的提高和社會經濟的發展，社會財富日益增多，剩餘的生產產品逐漸集中在少數人手中。當生產資料的所有者不能直接管理和經營其所擁有的財富時，就有必要授權或委託他人代為管理和經營，這導致了生產資料所有權與經營管理權的分離，從而也就產生了委託和受託代理之間的經濟責任關係，這就為以監督檢查為職責的審計誕生奠定了基礎。財產物資的所有者為了保護其財產的安全完整並有所增值，需要定期或不定期地瞭解其授權或委託的代理人員是否忠於職守、盡職盡責地從事管理和經營，有無徇私舞弊及提供虛假財務報告等行為，這就有必要授權或委託熟悉會計業務的人員去審查代理人員所提供的會計資料及其他管理資料，以便於在辨明真偽、確認優劣的基礎上定賞罰，由此就產生了審計關係。

所謂審計關係就是構成審計三要素之間的經濟責任關係。作為審計主體的第一關係人在審計活動中起主導作用。他既要接受第三關係人的委託或授權，又要對第二關係人所履行的經濟責任進行審查和評價，但是他獨立於兩者之間，與第二關係人及第三關係人不存在任何經濟利益上的聯繫。作為審計授權或委託人的第三關係人，在審計活動中起決定作用。如果他不委託第二關係人對其財產進行管理或經營，那麼就不存在第三關係人和第二關係人之間的經濟責任關係，自然也就不必要委託或授權第一關係人去進行審查和評價。所以說，受託經濟責任關係才是審計產生的真正基礎。

二、國家審計的產生與發展

（一）中國國家審計的產生與發展

中國國家審計經歷了一個漫長的發展過程。它大體分為六個階段，即西周初步形成階段、秦漢明確設立階段、隋唐宋日漸完善階段、元明清停滯不前階段、中華民國不斷演進階段、新中國規範振興階段。

中國西周初期的國家財計機構分為兩個系統：一是地官大司徒系統，掌管國家財政收入；二是天官冢宰系統，掌管國家財政支出。天官下設「司會」和「宰夫」，「司會」為計官之長，主天下之大計，掌管王朝財政收支的全面核算，西周內部審計的形成基於「司會」。《周禮》記載：「凡上之用，財用，必會於司會。」「宰夫」則負責國家的審計工作，獨立行使考核諸官政績並進行獎罰的職權。《周禮》記載：「宰夫歲終，則令群吏正歲會。」由此可見，「宰夫」是獨立於財計部門之外的官職，標誌著中國國家審計的產生。

秦漢時期是中國審計的確立階段。一方面，秦朝、漢朝均設立「三公」「九卿」輔佐政務。「三公」之一的「御史大夫」，掌管國家政治經濟監察和審計職權，並協助丞相處理政事。另一方面，「上計制度」日趨完善，即由皇帝親自聽取和審核各級官吏的財政會計報告，以審查監督財物收支有無錯弊，並借此來評價有關官吏的政績。

隋唐宋時期審計制度日漸完善。隋唐至宋，中央集權不斷加強，官僚系統進一步完善，審計制度也日臻健全。隋朝開創一代新制，在刑部下設「比部」，掌管國家財計監督，行使審計職權。到了唐朝，「比部」的審計之權覆蓋國家財經各領域，審計範圍極廣、項目眾多，而且具有很強的獨立性和較高的權威性。宋朝專門設置審計司和審計院，標誌著中國用「審計」一詞命名的審計機構產生了。從此，「審計」一詞便成為財政監督的專用名詞。

元明清時期審計制度停滯不前。元明清各個朝代，君主專制日益強化，審計雖有發展，但總體上停滯不前。元朝取消「比部」，明朝初期設了「比部」，但不久即取消了。清承明制，設置督察院，這是當時最高的監察監督機構。它表面上看權力很大，但由於取消了「比部」這一獨立的審計機構，其財計監督和審計職能嚴重削弱，審計制度出現了倒退。

辛亥革命後，北洋政府於1912年在國務院下設「審計處」，各省設立了「審計分處」，1914年又改為「審計院」，同年頒布《審計法》及《審計實施細則》等法規。1928年，國民政府頒布《審計法》和實施細則，同年又將「審計院」改為「審計部」，隸屬於監察部，各省設立相應的審計組織，形成了一個垂直領導的審計網。

新中國成立後國家沒有設置審計機構，對財政經濟的監督由財政、銀行、稅務等部門通過其業務分別在一定範圍內進行。1982 年修改頒布的《中華人民共和國憲法》明確規定，建立國家審計機關，實行審計監督。1983 年，中國成立了最高審計機關——審計署，在縣以上各級人民政府設置了各級審計機關。1995 年 1 月 1 日實施了《中華人民共和國審計法》，標誌著中國國家審計正式跨入了法制化的軌道。2006 年對該法進行了修訂，從法律上進一步確立了國家審計的法律地位。1997 年 10 月 21 日，以中華人民共和國國務院令發布並實施了《中華人民共和國審計法實施條例》。《中華人民共和國國家審計準則》於 2010 年 7 月 8 日經審計長會議審議通過，自 2011 年 1 月 1 日起施行。審計準則的制定和頒布，是完善中國審計法律制度的重大舉措。所有這些都表明，在社會主義市場經濟持續發展的推動下，中國國家審計正朝著法制化、制度化和規範化的方向前進。

（二）西方國家的國家審計的生產與發展

在西方國家，國家審計的起源可以追溯到古羅馬、古埃及和古希臘時代。古羅馬在公元前 443 年曾設立財務官和審計官，協助元老院處理日常財政事務，並由此開創了國外官廳審計的先河。在古埃及，王宮設有監督官，對受託負責經營財務的官吏的帳目進行檢查。在古希臘的雅典城邦，即將卸任的官員所監管的財務帳目，要由公民選出的代表進行審查，然後該官員才能離職。資本主義時期，隨著經濟的發展和國家政權組織形式的完善，國家審計也有了進一步的發展。在現代資本主義國家中，普遍建立了國家審計制度。例如，美國 1921 年成立總審計局，作為隸屬於國會的一個監督機構。總審計長由國會提名，經參議院同意，由總統任命。又如加拿大的審計長公署、西班牙的審計法院，都是隸屬於國家立法部門的獨立機構，其審計結果要向議會報告，在實施審計中具有獨立的監督權限。

三、民間審計的產生與發展

（一）中國民間審計的產生與發展

與西方國家相比，中國的民間審計起步較晚。1918 年，北洋政府農商部公布《會計暫行章程》，准許私人執業進行審計，並於同年批准著名會計學家謝霖先生為註冊會計師，這是中國的第一位註冊會計師；謝霖先生創辦的中國第一家會計師事務所「正則會計師事務所」也獲準成立。到 1947 年，中國註冊會計師人數已達 2,619 人，會計師事務所幾乎遍布全國各大、中城市。但這一時期，民間審計業務的發展十分緩慢，業務範圍也僅限於會計諮詢服務，民間審計的社會鑒證職能遠未發揮出來。

新中國成立初期，民間審計曾在國民經濟恢復過程中發揮了積極作用。但後來由於移植蘇聯高度集中的計劃經濟模式，民間審計陷入了長時期的停滯狀態。

20 世紀 80 年代初，隨著經濟體制改革的推進，恢復民間審計的必要性日益凸顯。1980 年年底，財政部頒發了《關於成立會計顧問處的暫行規定》。此後，各地的會計師事務所陸續恢復或建立。1985 年，民間審計被載入《中華人民共和國會計法》；1987 年，國務院頒發了新中國第一部註冊會計師獨立審計法規——《中華人民共和國註冊會計師條例》；1988 年，中國註冊會計師協會正式成立；1991 年，全國註冊會計師統

一考試製度得到恢復；1993 年，《中華人民共和國註冊會計師法》頒布實施；1995 年年底，第一批中國註冊會計師獨立審計準則頒布施行。在短短的 15 年中，中國民間審計事業得到了迅猛發展。

（二）西方國家民間審計的產生與發展

西方國家的民間審計（註冊會計師審計），產生於工業革命時代。工業革命（18 世紀）後，股份公司紛紛湧現，促進了財產所有權與經營管理權的進一步分離，客觀上就要求對經營管理者的活動進行監督，對其所報告的信息進行公正審查。1721 年，英國南海公司破產，議會聘請會計師查爾斯·斯奈爾對南海公司進行審計，斯奈爾以「會計師」的名義提交了「查帳報告書」。這標誌著民間審計（註冊會計師審計）的誕生。1844 年英國頒發了公司法，規定股份公司必須設監察人，負責審查公司的帳目。1853 年，蘇格蘭的愛丁堡成立了世界上第一個執業會計師的專業團體——愛丁堡會計師協會，並獲得英國政府的特許執照。該協會的成立，標誌著註冊會計師職業的誕生。從 1844 年註冊會計師職業的產生到今天，民間審計先後經歷了詳細審計、資產負債表審計、會計報表審計、現代審計等幾個比較典型的發展階段，各階段特點如表 1-1 所示。目前，世界上最大的民間審計專業團體是美國註冊公共會計師協會。

表 1-1　各階段審計的特點

階段	時間	對象	目標	方法	報告使用人
詳細審計	19 世紀中葉至 20 世紀初	會計帳簿	查錯防弊	對會計帳目逐筆審計	企業股東
資產負債表審計	20 世紀初至 20 世紀 30 年代初	帳簿及資產負債表	判斷企業信用狀況	從詳細審計初步轉向抽樣審計	股東和債權人
會計報表審計	20 世紀三四十年代	全部會計報表及相關財務資料	提出客觀公正的審計意見	測試內部控製制度；廣泛採用抽樣審計	股東、債權人、潛在的投資者、證券交易機構、政府和社會公眾
現代審計	20 世紀 40 年代至今	擴大到管理咨詢	向管理領域深入發展	制度基礎審計、抽樣審計、計算機輔助審計	股東、證券交易所、稅務部門、金融機構、債權人等所有的企業利害關係人

四、內部審計的產生與發展

（一）中國內部審計的產生與發展

內部審計是指由各部門、各單位內部設置的審計機構進行的審計。

縱觀中國歷史，審計伴隨中國歷代王朝政治經濟的興衰，經歷了一個產生、發展的過程。內部審計也是隨著社會經濟的發展和變化而逐步產生和發展的。

中國內部審計產生於西周初期。在周朝官制天官系統中，「小宰」和「司會」等官職均與審計職責有關。「司會」主天下之大計，分掌王朝財政經濟收支的全面核算，

項目一 概　　論

並總司監督大權進行財政收支的審核和監督。這是西周內部審計的萌芽。元明清時期，內部審計得到進一步確認。這一時期除了在財計部門之外設置監督機構，還在執掌財計主管機構的戶部，設置了「司計」等行使內部審計職能的機構和官職，實行財、審合一制度。民國時期，在中國一些管理部門和企業內部，也設立了內部審計機構或內部審計人員。

新中國成立後，中國內部審計的發展歷程，大體上經歷了三個階段：第一階段（1983-1994年）為中國內部審計初步建立的階段。中華人民共和國審計署成立後，就一直依靠行政力量推動企事業單位建立內部審計制度。1983年國務院批轉了審計署《關於開展審計工作幾個問題的請示》，首次提到了內部審計監督問題；1985年國務院頒布《關於審計工作的暫行規定》，其中第十條明確規定：「縣以上政府部門應當設立內部審計機構或審計人員」；1987年7月國務院轉發了審計署《關於加強內部審計工作的報告》；1988年國務院頒布了《審計條例》，其中第6章對內部審計做了較全面的規定；1989年審計署發布了《關於內部審計工作的規定》，這是中國第一部關於內部審計的部門規章。這一階段通過行政法規確立了內部審計的基本制度，促使中國內部審計走上了依法審計的軌道。第二階段（1994—2002年）為中國內部審計立法進一步完善的階段。1994年8月頒布了《中華人民共和國審計法》（以下簡稱《審計法》），其中第二十九條明確規定：「國務院各部門和地方人民政府各部門、國有的金融機構和企業、事業組織，應當按照國家有關規定建立、健全內部審計制度。」這在法律上確立了內部審計制度，同時也為進一步完善內部審計工作規定、準則提供了法律依據；1995年7月審計署發布了《關於內部審計工作的規定》（舊規定），對內審定義、機構設置、職責、權限、審計程序、職業道德以及審計機關對內部審計的指導、監督職責等做了全面而具體的規定。這一階段通過頒布《審計法》及《關於內部審計工作的規定》促進了內部審計的發展。為了適應中國加入WTO的新形勢和內部審計發展的需要，1998年經審計署批准，中國內部審計學會更名為中國內部審計協會，成為對企業、事業行政機關和其他事業組織的內審機構進行行業自律管理的全國性社會團體組織。2001年中國內部審計協會開始實行國際上通行的行業自律管理，推動中國內部審計逐步走向職業化。第三階段（從2003年開始至今）為中國內部審計法規體系全面建立、健全的階段。2003年3月審計署頒發了《審計署關於內部審計工作的規定》（新規定）和《中國內部審計準則》。新規定借鑑國際上最先進的理論和通行做法，為內部審計工作進行了規範和指導，從而確立了中國內部審計的法律地位，對中國的內部審計事業產生了積極、深遠的影響。它是中國內部審計逐步走上法制化、規範化軌道的重要標誌。2013年8月，中國內部審計協會以公告形式發布了新修訂的《中國內部審計準則》，於2014年1月1日起施行。新準則提高了準則體系結構的科學性和合理性，反應了內部審計的最新發展理念，增強了準則的適用性和可操作性。新準則的發布，標誌著中國內部審計準則體系進一步完善和成熟。

（二）西方內部審計的產生與發展

西方內部審計具有悠久的歷史，自有委託關係以來就存在。奴隸社會是內部審計的萌芽時期，中世紀是內部審計的發展時期。在中世紀，西方內部審計主要採取寺院審計、城市審計、行會審計、銀行審計和莊園審計等形式。

近代以來西方內部審計發展大體經歷了三個階段。

第一階段（19世紀末—20世紀40年代）為西方近代內部審計階段。這個階段的內部審計開始以保護財產、查錯糾弊為主要目標，側重於揭露錯誤和舞弊行為為主的財務審計。18世紀中葉，英國工業革命發生了，到19世紀中葉它成了世界最大工業強國。19世紀末20世紀初，隨著經濟快速發展，大型企業分支機構眾多，經營地點分散，管理層次增多。基於企業內部管理和控製的需要，近代內部審計在英國應運而生，隨之獲得快速發展。英國議會於1844年率先制定公司法，從法律制度上明確要求企業設監事之職，行使內部審計職權，初步建立了近代企業內部審計制度。在德國，內部審計可以追溯到1875年德國克魯普公司實行的內部審計制度。在美國，1919年一家大型鐵路公司就曾利用內部審計人員對餐車業務進行財務、業務審計。這些審計人員在審計報告中不僅揭露了差錯和舞弊，還詳細列舉了浪費現象。1934年美國證券交易委員會（SEC）要求上市公司必須提供獨立的審計師審查的會計報表，促使公司設立內部審計部門，其主要職責是幫助獨立審計師。日本在明治和大正時代，就在西洋文化的影響下開始實施內部審計，住友、三井、三菱公司等普遍推行由總公司派人進行審計，或由商法上的監事進行審計。20世紀初期，日本的內部審計大多以揭露舞弊、保護財產為目的，而後開始關注資源的有效利用，開始從經營管理的立場出發進行內部審計，如1932年日本陸軍經理局發布了《工廠內部審計制度之參考》。

第二階段（1941—1970年）為西方現代內部審計的誕生階段。這一時期內部審計以業務審計和財務審計並重，管理審計開始起步。20世紀中期，西方國家企業管理進入「現代管理階段」，出現了「管理科學」和「行為科學」。這時，許多企業從加強管理的角度設置了內部審計機構，配備了內部審計人員。1941年1月，美國博士維克多·布瑞克推出了關於內部審計的拓荒之作——《內部審計：性質、職能和程序方法》。它的問世，標誌著內部審計開始有了自己的理論體系。20世紀60年代初，美國出現了「制度基礎審計」，改變了傳統的逐筆逐項的檢查。它的基本點就是對被審計單位的內部控制制度實施遵循性審計，審查和評價該制度的可信程度。1962年，美國出版了《管理審計》。該書作者威廉·倫納德指出，「管理審計是對各層次管理者的管理能力實施的檢查」「管理審計作為一種特定工具是如何評價管理方法和企業各個職能領域的業績的」。管理審計是一種比業務審計更進一步的內部審計形態。它涉及對企業的管理方針、戰略、計劃之類的各項管理、決策活動的審查和評價，並就企業發展方向提出意見和建議，把企業導向正確的道路。西方企業從20世紀60年代起推行戰略管理，戰略審計從20世紀80年代開始產生並獲得快速發展。在一定意義上講，它是從整個企業的角度來綜合評價企業戰略局勢的一種管理審計。有人說它是「評價和診斷企業的有效手段」「戰略決策中的一種有用的分析工具」。

第三階段（1971年起至今）為西方現代內部審計的發展階段。1970—1990年，西方內部審計步入法制化軌道，管理審計日益規範化和職業化，計算機審計開始起步。

20世紀70年代初，伴隨著商法的修訂，日本開始研究監事審計制度。日本監事協會在1978年制訂了《有關監事審計細則試行辦法》，主張在審查合法性的同時，還要審查董事行為在管理上的效率性。1973年美國學者勞倫斯·索耶撰寫了一部世界性的審計名著《現代內部審計實務》。這是一部將現代化管理科學與內部審計職業實踐融為一體的、以管理審計為重心的現代內部審計著作。勞倫斯·索耶因此以號稱「現代內

部審計之父」而享譽全球。

1977 年美國發布了《國外反貪污賄賂法》，強調企業應加強內部會計控制，內部審計人員應當評價內部會計控制和其他控制，看其是否達到管理目標和要求，是否在業務授權、財產的反應和保護方面提供了適當的保證。1978 年美國國會發布了《監察長法案》，共十三條，是直接規範政府部門內部審計的法律，包括增強經濟性、效率性和效果性、預防、發現詐欺及弊端，對存在的問題、缺陷採取改進措施，向國會報告和保持信息溝通，向首席檢察官報告違法犯罪行為等條款。

1970 年以來，職業界開始研究 EDP 審計與計算機犯罪的預防問題。傳統計算機審計可分為兩類：一類叫檢查系統控制的技術，另一類叫實際數據的驗證技術。1980 年史密斯教授撰寫了《如何進行信息系統審計》。1987 年托馬斯‧波特和威廉‧佩里聯合撰寫了《EDP 控製和 EDP 審計》，矢志不移地推動內部審計人員的計算機審計。20 世紀 80 年代，美國出現了社會審計，旨在對各生產單位所承擔的就業機會均等、環境保護、消費者權益等社會責任進行監督、公證和評價，即由所謂的「3E」審計發展到「5E」審計。

任務二　審計的概念

一、審計的定義

審計是一項具有獨立性的經濟監督活動。它是由獨立的專職機構或人員接受委託或授權，對被審計單位特定時期的財務報表及其他有關資料和經濟活動的真實性、合法性、合規性、公允性和效益性進行審查、監督、評價和鑒證的活動，其目的在於確定或解除被審計單位的受託經濟責任。

根據審計的概念，可以概括出審計的兩個基本特性——獨立性和權威性。

二、審計的性質

（一）獨立性

所謂獨立性，是指審計人員公正不倚地進行審查並表達意見的狀態。獨立性是審計的重要特徵。審計是具有獨立性的經濟監督活動。正因為審計具有獨立性，才能得到社會公眾的信任，才能保證審計人員依法進行的經濟監督活動客觀公正，才能保證財務狀況和經營成果的審計信息更有價值，才能對被審計單位確定或解除受託經濟責任，更好地發揮審計的監督作用。所以，獨立性的經濟監督活動是審計的屬性。審計的獨立性可以表現在以下幾個方面：

（1）機構獨立。這是保證審計工作獨立性的關鍵。其主要內容為審計機構不能受制於其他部門和單位，尤其不能成為國家財政部門和各機構財務部門的下屬機構，否則，對財政、財務收支進行審計就會失去意義。組織機構的獨立性還表現為審計應獨

立於被審計單位之外，與被審計單位沒有任何組織上的行政隸屬關係。

（2）人員獨立。這是指審計人員應保持精神上的獨立，其審計工作不能受任何部門、單位和個人的干涉，應獨立地對被審查的事項做出評價和鑒定。審計關係必須由委託審計者、審計者和被審計者三方面構成。缺少任何一方，獨立的、客觀公正的審計將不復存在。這是由財產所有權與經營權相分離決定的。財產所有者對企業擁有所有權，但不親自參加經營管理。為了保護自身的利益，財產所有者迫切希望瞭解與自己有經濟聯繫的經濟組織的財務收支和經濟狀況。這就需要對負有受託經濟責任的經營管理者進行審查，而這種審查只有由獨立於他們之外的第三者進行，才能得到正確、公允、可靠的結果。這就是審計人員的所謂「超然獨立性」。

（3）經濟獨立。這是保證審計機構獨立和人員獨立的物質基礎。試想，審計機構若沒有一定的經費或收入，其業務活動就無法開展；但若其經費或收入受制於被審計單位或與其相關的其他單位，審計的獨立性就難以保證。這一方面要求各級審計機構（如政府審計機構和內部審計機構）的經費要有一定的標準，不得隨意變更；另一方面又要求會計師事務的收入要受國家法律的保護，使其公正、合理。

（二）權威性

審計組織的權威性是審計監督正常發揮作用的重要保證。審計的權威性與審計的獨立性相關。審計的獨立性，決定了它的權威性。審計組織或人員以獨立於企業所有者和經營者的「第三者」身分開展工作。對於企業會計報表的經濟鑒證，他們恪守獨立、客觀、公正的原則，按照有關法律、法規，根據一定的準則、原則、程序進行；加上取得審計人員資格必須通過國家統一規定的嚴格考試，因而他們具有較高的專業知識，這就保證了其所從事的審計工作具有準確性、科學性。正因為如此，審計人員的審計報告具有一定的社會權威性，並使經濟利益不同的各方樂於接受。各國為保障審計這種權威性，分別通過《中華人民共和國公司法》《中華人民共和國證券交易法》《中華人民共和國破產法》等，從法律上賦予審計在整個市場經濟中的經濟監督、經濟評價和經濟鑒證職能。一些國際性的組織為了提高審計的權威性，通過協調各國的審計制度、準則、標準，使審計成為一項世界性的專業服務，增強各國會計信息的一致性和可比性，以加強國際間的經濟貿易往來，促進國際經濟的繁榮。

任務三　審計的對象與職能

一、審計的對象

審計對象是審計監督的客體，即審計監督的內容和範圍的概括。正確認識審計的對象，有利於正確理解審計概念、正確運用審計方法和進一步發揮審計監督職能。審計的對象可以概括為被審計單位的財務收支及其經營管理活動。具體地說，審計對象包括下列兩個方面的內容。

項目一　概　　論

（一）被審計單位的財務收支及其有關經營管理活動

不論是傳統審計還是現代審計，不論是政府審計還是註冊會計師審計、內部審計，都要求以被審計單位客觀存在的財務收支及其有關的經營管理活動為審計對象，對其是否公允、合法、合理進行審查和評價，以便對其所負受託經濟責任是否認真履行進行確定、解除和監督。根據憲法規定，政府審計的對象為國務院各部門和地方各級政府及其各部門的財政收支、國有金融機構和企業、事業單位的財務收支。內部審計的對象為本部門、本單位的財務收支及其他有關經濟活動。註冊會計師審計的對象為委託人指定的被審計單位的財務收支及其有關經營管理活動。

（二）被審計單位的財務報表和其他有關資料

被審計單位的財務收支及其有關經營管理需要通過財務報表和其他有關資料等信息載體反應出來。因此，審計對象還包括記載和反應被審計單位財務收支、提供會計信息載體的會計憑證、帳簿、報表等會計資料，以及有關計劃、預算、經濟合同等其他資料。作為被審計單位的經營管理活動信息的載體，除上述會計資料、計劃統計等資料以外，還有經營目標、預測、決策方案、經濟活動分析資料、技術資料等其他資料，以及電子計算機存儲的信息等信息載體。以上這些都是審計的具體對象。

綜上所述，審計的對象是指被審計單位的財務收支及其有關經營管理活動，以及作為這些經濟活動信息載體的財務報表和其他有關資料。因此，財務報表和其他有關資料是審計對象的現象，其所反應的被審計單位的財務收支及其有關經營管理活動才是審計對象的本質。

二、審計的職能

審計職能是指審計本身固有的內在功能。審計有什麼職能？有多少職能？這些都不是由人的主觀意願決定的，而是由社會經濟條件和經濟發展的客觀需要決定的。審計職能不是一成不變的，它是隨著經濟的發展而發展變化的。通過總結歷史和現實的審計實踐，我們認為，審計具有經濟監督、經濟評價和經濟鑒證的職能。

（一）經濟監督

經濟監督是審計的基本職能，主要是指通過審計、監察和督促被審計單位的經濟活動在規定的範圍內、正常的軌道上進行；監察和督促相關經濟責任者忠實地履行經濟責任，同時借以揭露違法違紀、稽查損失浪費、查明錯誤弊端、判斷管理缺陷和追究經濟責任等。

審計工作的核心是通過審核、檢查，查明被審計事項的真相，然後對照一定的標準，得出被審計單位經濟活動是否真實、合法、有效的結論。從依法檢查到依法評價，直到依法做出處理決定，以及督促決定的執行，無不體現了審計的監督職能。

（二）經濟評價

經濟評價是指審計機構和人員對被審計單位的經濟資料及經濟活動進行審查，並依據一定的標準對所查明的事實進行分析和判斷，肯定成績，指出問題，總結經驗，尋求改善管理、提高效率和效益的途徑。審計的經濟評價職能包括評定和建議兩個方面。審計人員通過

審核、檢查，評定被審計單位的經營決策、計劃、方案是否切實可行、是否科學先進、是否貫徹執行，評定被審計單位的內部控製制度是否健全有效，評定被審計單位各項會計資料及其他經濟資料是否真實、可靠，評定被審計單位各項資源的使用是否合理有效等，並根據評定的結果，提出改善經營管理的建議。經濟效益審計是最能體現審計評價職能的一種審計。

(三) 經濟鑒證

經濟鑒證是指審計機構和人員對被審計單位會計報表及其他經濟資料進行檢查和驗證，確定其財務狀況和經營成果是否真實、公允、合法、合規，並出具書面證明，以便為審計的授權人或委託人提供確切的信息，並取信於社會公眾的一種職能。審計的經濟鑒證職能包括鑒定和證明兩個方面。

任務四 審計的分類

審計的分類，是指按照不同的標準，將審計分為各種不同的類型。隨著審計的發展及其內容形式的變化，審計的分類也逐步複雜化。研究審計分類，具有重要意義：第一，研究審計分類，對於完善審計理論體系有著重大意義。對審計分類進行深入的研究，就能把各種不同類型的審計有機地結合起來，形成一套完整的審計體系。探索各種不同類型的審計工作規律，使審計理論向廣度和深度發展，使之成為完整的審計科學理論體系。第二，研究審計分類，掌握各種審計類型的規律，有助於加深對各種審計的認識，以便有效地組織和運用各種審計，充分地發揮審計的職能，有利於順利地開展審計工作。第三，廣義的審計只是一個概念。審計只有經過分類，才具有可操作性。

一、按照審計的主體進行分類

(一) 政府審計

政府審計是指由政府審計機關執行的審計。在中國，政府審計機關包括審計署和地方審計機關。政府審計主要是依法對國務院各部門和地方各級人民政府及其各部門、國有金融機構、國有企事業單位以及其他有國有資產的單位的財政財務收支進行審計監督。

(二) 內部審計

內部審計是指由本部門或本單位內部設立的審計機構或專門人員實施的審計。部門內部審計是由政府各部門的審計機構或專職審計人員對本部門及所屬單位的財政財務收支及經濟活動進行的審計監督。單位內部審計是企事業單位內部設置的審計機構或專職的審計人員對本單位的財務收支及經濟活動進行的審計。

(三) 社會審計

社會審計也稱民間審計，是指由經有關部門審核批准成立的會計師事務所實施的審計。它是一種委託審計，審計的內容和目的取決於委託人的要求。會計師事務所接受政府審計機關、國家行政機關、企事業單位和個人的委託，依法對被審計單位的財務收支及其經濟效益承辦審計鑒證、經濟案件鑒定、註冊資本驗證和年檢、管理諮詢服務等項業務。社會審計是商品經濟發展的產物，是財產所有權與經營權相分離的必然結果。隨著中國社會主義市場經濟體制的完善，社會審計將在整個審計監督體系中占據日益重要的地位。

政府審計、內部審計與社會審計三者的主要區別如表 1-2 所示。

表 1-2　政府審計、內部審計與社會審計的主要區別

審計類型	審計目標	審計標準	獨立性
政府審計	對單位的財政收支或財務收支的真實性、合法性和效益性進行審計	依據《中華人民共和國審計法》和《中華人民共和國國家審計準則》	獨立性較弱（單向獨立）
內部審計	根據規定對組織內部的經營活動及內部控制的適當性、合法性和有效性進行審計	依據《中國內部審計準則》	獨立性較弱（單向獨立）
社會審計	受託對被審計單位財務報表的合法性和公允性進行審計	依據《中華人民共和國註冊會計師法》和《中國註冊會計師執業準則》	獨立性較強（雙向獨立）

二、按照審計的內容和目的分類

(一) 財政財務審計

財政財務審計也稱傳統審計，由財政審計和財務審計組成。財政審計是國家審計機關對各級財政資金及預算外資金的管理和使用情況的真實性、合法性進行的審計。財務審計是審計單位對被審計單位的財務收支情況的真實性和合法性進行的審計。財務審計又可分為兩大類：一是審計單位對國有金融機構、企事業單位及其他與財政機關有關的單位的財務收支活動的審計；二是審計單位對外商投資企業、股份制企業及其他企業的財務報表所陳述的財務狀況、經營成果和現金流量等重大方面的真實性、合法性進行的審計。

(二) 財經法紀審計

財經法紀審計是指政府審計機關對被審計單位嚴重違反財經法紀而損害國家利益的行為進行的專項審計。其目的是與經濟活動中的貪污、行賄受賄等有損國家和集體利益的行為做鬥爭，保證國家經濟方面的法律、法規、規章和制度的貫徹落實。財經法紀審計的特點是根據檢舉或已發現的問題，對有關單位或人員進行立案審查。

(三) 經濟效益審計

經濟效益審計是指以改善經營管理、提高經濟效益為目的，對諸多影響被審計單位經

濟效益的因素進行的審查、分析和評價活動。經濟效益審計的內容不僅包括被審計單位的各項財政財務收支活動，還包括組織結構、內部管理制度、生產作業流程和管理業績等一系列影響被審計單位經濟效益的因素，因此可以說經濟效益審計是傳統審計即財政財務審計的發展。

三、審計的其他分類

審計的其他分類如下：
（1）按對象範圍劃分，可以分為全部審計、局部審計和專項審計。
（2）按實施時間劃分，可以分為事前審計、事中審計和事後審計。
（3）按執行地點劃分，可以分為報送審計和就地審計。
（4）按審計主體與被審計單位的關係劃分，可以分為外部審計和內部審計。
（5）按審計技術和方法劃分，可以分為帳表導向審計、系統導向審計和風險導向審計。

帳表導向審計是圍繞會計帳簿、會計報表的編制過程進行的，通過對帳表上的數據進行詳細檢查來判斷是否存在舞弊行為和技術性錯誤。帳表導向審計是審計技術和方法發展的第一階段。

系統導向審計建立在對內部控製系統進行評價的基礎上，當測試控製結果表明內部控製系統可以信賴時，在實質性測試階段只抽取少量樣本就可以得出審計結論；當測試控製結果表明內部控製系統不可靠時，才根據內部控製的具體情況擴大審查範圍。系統導向審計是財務審計發展的高一級階段。

風險導向審計產生於20世紀90年代後期，以戰略觀和系統觀為指導思想，以被審計單位的戰略經營風險為導向，以風險的識別、評估和應對程序為中心，側重評估財務報表重大錯報風險的審計模式，是審計技術和方法發展的最新階段。

任務五　審計的作用

審計的監督作用是行使審計職能、完成審計任務、實現審計目標的過程中所產生的作用。一般來說，有什麼樣的審計職能，並完成了與職能相應的任務，才能產生什麼樣的作用。由於審計監督的基本範圍和內容大多數都是由國家審計監督制度所規定的，因此審計作用的大小總是與國家審計監督制度地位的高低有關。中國審計監督制度處於較高地位，它決定了中國審計是一種專職的、具有獨立性的經濟監督行為，在社會經濟生活中處於監督控制的地位。

審計的任務是人們在充分認識審計職能的基礎上，根據當時社會需要，對審計工作提出的要求。例如，早期的審計，其任務主要是審查會計帳目、糾正錯誤、揭發弊端，而後，為了滿足社會上會計信息使用者的需要，審計還擔負著向社會提供客觀公允的會計報表的任務。20世紀下半葉以來，審計的任務又擴展到為經濟有效地使用各種資源、提高生產和工作效益、講求經濟效果提供建議。根據中國現行審計制度的要

項目一　概　論

求，中國審計的基本任務就是要為發展社會主義市場經濟，加強國民經濟宏觀調控、微觀搞活服務。具體的任務是：審核檢查會計和有關資料的真實性、正確性、完整性和公允性；審查和評價財政預算、財務預算以及經營決策方案制訂和執行情況；審核檢查經濟活動的合法性、合理性及有效性，揭露並打擊經濟領域中的犯罪活動，充分披露損失浪費和低效（或無效）行為；審查和評價內部控製制度的健全性和有效性，促進經營管理水平的提高；審查和鑒定有關經濟效益和經濟活動，為信息需要者提供服務。

對於宏觀經濟管理，審計監督和微觀經濟管理均能發揮以下兩個方面的作用。

一、審計的制約作用

審計通過揭露和制止、處罰等手段，來制約經濟活動中各種消極因素，有助於各種經濟責任的正確履行和社會經濟的健康發展。

（1）揭露背離社會主義方向的經營行為。

黨和國家的各項方針、政策及法規制度，是千百萬個企事業單位能夠按照社會主義方向正確經營的保證。審計通過檢查監督，能夠發現被審計單位貫徹方針政策和法規制度的情況，能夠揭露和制止違反國家法規的行為。

（2）揭露經濟資料中的錯誤和舞弊行為。

會計資料及其他各種經濟資料，應該真實、正確、合理、合法地反應經濟活動。但不少單位的經濟資料不僅存在錯誤，而且存在著有意造假現象，試圖掩飾非法的經濟行為。通過審計的檢查監督，不僅可以揭露出經濟資料的錯誤和舞弊，還可以揭發經濟業務中的錯誤和舞弊行為，從而進一步追究有關負責人的責任和考察有關管理人員的政治、業務素質。

（3）揭露經濟生活中的各種不正之風。

不論是財政財務審計，還是經濟效益審計，都可以通過對經濟活動的審查監督，揭露出社會上不正當的各種各樣的經濟關係、經濟思想和經濟行為，進行必要的處理，提出改正意見，糾住不正之風，加強廉政建設。

（4）打擊各種經濟犯罪活動。

通過各種審計特別是財政財務審計，可以發現和查明貪污盜竊、行賄、受賄、偷稅、漏稅、走私、造假帳、化預算內為預算外、化大公為小公和化公為私，以及損失浪費等經濟犯罪行為，並配合黨的紀律檢查工作，行政紀律監察工作，法院、檢察機關的司法偵查工作，以及各種臨時檢查工作，進行查證與鑒定，以充分發揮審計的特有作用。

二、審計的促進作用

審計通過調查、評價、提出建議等手段，加強宏觀經濟調控和微觀經濟管理，促進國民經濟管理水平和績效的提高。

（1）促進經濟管理水平和經濟效益的提高。

通過財政財務審計和經濟效益審計，可以發現影響被審計單位財務成果和經濟效益的各種因素，並針對問題的所在提出切實可行的改善措施，從而有利於被審計單位改善物質技術條件和提高人員管理素質，進一步挖掘潛力，提高經濟效益。

(2) 促進內控製度建設和協助風險管理。

通過對內部控製制度的審計和評價，可以發現制度本身的完善程度、履行情況及責任歸屬等問題，並向有關方面反饋信息，以促進內部控製制度的進一步完善和協助管理者進行風險管理。

(3) 促進社會經濟秩序的健康運行。

審計部門作為一切國有資產的監督部門，通過微觀審計和宏觀調查，可以發現社會主義經濟生活中一些違法亂紀和破壞正常經濟秩序的現象和行為。審計機關和人員不僅有向有關領導和宏觀管理部門反應信息的義務，而且有提出處理意見和改進措施的權力，從而有利於維護正常的經濟秩序，保證國民經濟健康地發展。

(4) 促進各種經濟利益關係的協調。

無論是微觀審計還是宏觀調查，都可以發現一些在處理國家、地區、集體、個人之間經濟利益關係方面存在的問題。這些問題的存在使一些單位和個人獲得了一些不正當的經濟利益，也挫傷了一部分人的積極性，更嚴重的是損害了國家利益。信息反饋機制和一些改進意見的提出，有利於協調各方面的經濟利益關係，使責、權、利更加密切地結合在一起。

練習題

一、單項選擇題

1. 中國是世界上最早產生審計的國家之一，早在3,000多年前的西周就已經設立獨立於財計部門之外的職官，其標誌著中國政府審計的產生。該職官稱為(　　)。
   A. 司會　　　　　　B. 宰夫　　　　　　C. 小宰　　　　　　D. 監察長
2. 目前，世界上最大的民間審計專業團體是(　　)。
   A. 英國愛丁堡會計師協會　　　　　　B. 英國蘇格蘭會計師協會
   C. 中國註冊會計師協會　　　　　　　D. 美國註冊會計師協會
3. 保證審計監督發揮作用的是審計組織的(　　)。
   A. 權威性　　　　　B. 獨立性　　　　　C. 客觀性　　　　　D. 合法性
4. 對被審計單位一定期間的財務收支及有關經濟活動的各個方面及資料都進行審計，這種審計種類稱為(　　)。
   A. 財務審計　　　　B. 全部審計　　　　C. 內部審計　　　　D. 專項審計
5. 民間審計，在中國又稱(　　)。
   A. 查帳　　　　　　B. 財務大檢查　　　C. 驗資　　　　　　D. 社會審計

二、多項選擇題

1. 目前，中國的審計監督體系主要包括(　　)。
   A. 就地審計　　　　B. 事前審計　　　　C. 民間審計
   D. 內部審計　　　　E. 政府審計
2. 審計關係人主要包括(　　)。
   A. 審計主體　　　　B. 審計客體　　　　C. 審計載體
   D. 審計法規　　　　E. 審計委託者

3. 審計的基本職能主要有(　　)。
   A. 經濟監督　　　B. 經濟建議　　　C. 經濟鑒證
   D. 經濟司法　　　E. 經濟評價
4. 一般來說，註冊會計師審計是(　　)。
   A. 強制審計　　　B. 有償審計　　　C. 外部審計
   D. 受託審計　　　E. 就地審計
5. 審計按其範圍分類，可以分為(　　)。
   A. 民間審計　　　B. 全部審計　　　C. 專項審計
   D. 局部審計　　　E. 內部審計

案例分析

南海公司舞弊案

　　1710年，英國政府用發行中獎債券所募集到的資金創立了南海股份公司。經過近10年的經營，該公司業績依然平平。1719年，英國政府允許中獎債券總額的70%，即約1000萬英鎊，可與南海公司股票進行轉換。1719年年底，公司的董事們開始對外散布各種所謂的好消息，即南海公司在年底將有大量利潤可實現，並預計在1720年的聖誕節，公司可能要按面值的60%支付股利。

　　這一消息的宣布，加上公眾對股價上揚的預期，促進了債券轉換，進而帶動了股價上升。1719年年中，南海公司股價為114英鎊，1720年3月，股價勁升至300英鎊以上，到了1720年7月，股票價格已高達1,050英鎊。此時，南海公司老闆布倫特又想出了新主意：以數倍於面額的價格，發行可分期付款的新股。同時，南海公司將獲取的現金轉貸給購買股票的公眾。這樣，隨著南海股價的扶搖直上，一場投機浪潮席捲全國。由此，170多家新成立的股份公司股票及原有的公司股票，都成了投機對象。

　　1720年6月，英國國會通過了《泡沫公司取締法》。該法對股份公司的成立進行了嚴格的限制，只有取得國王的御批，才能得到公司的經營執照。事實上，股份公司的形式基本上名存實亡。自此，許多公司被解散，公眾開始清醒過來，對一些公司的懷疑逐漸擴展到南海公司。從1720年7月份開始，外國投資者首先拋出南海公司股票，撤回資金。隨著投機熱潮的冷卻，南海公司股價一落千丈，到1720年12月最終僅為124英鎊。當年年底，政府對南海公司資產進行清理，發現其實際資本已所剩無幾。

　　「南海公司倒閉」的消息傳來，猶如晴天霹靂，驚呆了正陶醉在黃金美夢中的債權人和投資者。迫於輿論的壓力，1720年9月，英國議會組織了一個由13人參加的特別委員會，對「南海泡沫」事件進行秘密查證。在調查過程中，特別委員會發現該公司的會計記錄嚴重失實，明顯存在蓄意篡改數據的舞弊行為，於是特邀了一名叫查爾斯·斯內爾的資深會計師，對南海公司的分公司「索布里奇商社」的會計帳目進行檢查。查爾斯·斯內爾商業審計實踐經驗豐富，理論基礎紮實，

在倫敦地區享有盛譽。查爾斯·斯內爾通過對南海公司帳目的查詢、審核，於1721年提交了一份對索布里奇商社的會計帳簿進行檢查的意見。在該份報告中，查爾斯指出了公司存在舞弊行為、會計記錄嚴重不實等問題，但沒有對公司為何編制這種虛假的會計記錄表明自己的看法。

議會根據這份查帳報告，將南海公司董事之一的雅各希·布倫特及他的合夥人的不動產全部予以沒收。其中一位叫喬治·卡斯韋爾的爵士，被關進了著名的倫敦塔監獄。

直到1828年，英國政府在充分認識到股份有限公司利弊的基礎上，通過設立民間審計的方式，彌補股份公司中因所有權與經營權分離所產生的不足，才完善了這一現代化的企業制度。據此，英國政府撤銷了《泡沫公司取締法》，重新恢復了股份公司這一現代企業制度的形式（本案例來源於楊慶英主編《審計案例分析》2001版）。

項目二　註冊會計師執業準則與職業道德

學習目標

1. 瞭解註冊會計師執業準則的基本框架；
2. 掌握鑒證業務、相關服務的分類；
3. 熟悉會計師事務所質量控製準則的內容；
4. 掌握職業道德基本原則的內容；
5. 掌握可能損害獨立性的因素。

任務一　執業準則

中國註冊會計師執業準則包括註冊會計師業務準則和會計師事務所質量控製準則，受註冊會計師職業道德守則統御，如圖 2-1 所示。

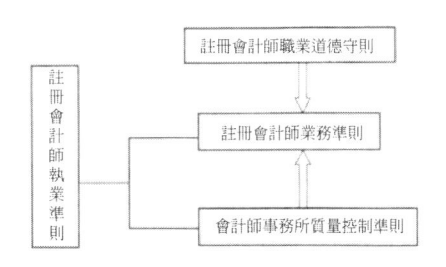

圖 2-1　中國註冊會計師執業準則體系

註冊會計師職業道德守則是針對會計師事務所和註冊會計師應遵守的職業道德而出拾的標準，其制定目的有：一是為了使註冊會計師切實擔負起對社會公眾的職責，為社會公眾提供高質量、可信賴的專業服務，維護社會公眾的利益，樹立良好的職業形象和職業信譽；二是規範行業的道德行為，提高行業的道德水準。它不是用來直接指導註冊會計師執業的，因此不屬於執業準則但又高於執業準則。

註冊會計師執業準則共 48 項，具體包括鑒證業務基本準則 1 項、審計準則 41 項、審閱

準則1項、其他鑒證業務準則2項、相關服務準則2項、會計師事務所質量控制準則1項。

一、註冊會計師業務準則

註冊會計師業務準則是指註冊會計師執行各類業務所應遵循的標準，包括鑒證業務準則和相關服務準則，如圖2-2所示。

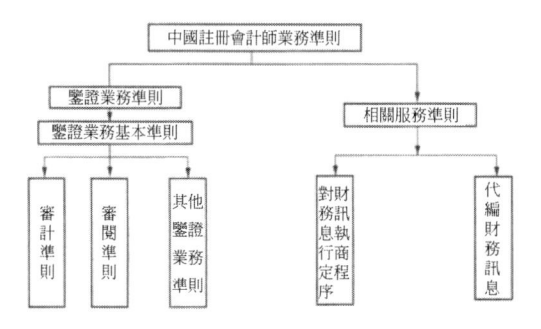

圖2-2 註冊會計師業務準則體系

（一）鑒證業務準則

鑒證業務準則由鑒證業務基本準則統領。按照鑒證業務提供的保證程度和鑒證對象的不同，鑒證業務準則分為中國註冊會計師審計準則、中國註冊會計師審閱準則和中國註冊會計師其他鑒證業務準則。其中，審計準則是整個執業準則體系的核心。

審計準則用以規範註冊會計師執行歷史財務信息的審計業務。在提供審計服務時，註冊會計師對審計信息是否不存在重大錯報提供合理保證，並以積極方式提出結論。

審閱準則用以規範註冊會計師執行歷史財務信息的審閱業務。在提供審閱服務時，註冊會計師對審閱信息是否不存在重大錯報提供有限保證，並以消極方式提出結論。

其他鑒證業務準則用以規範註冊會計師執行歷史財務信息審計或審閱以外的其他鑒證業務，根據鑒證業務的性質和業務約定的要求，提供有限保證或合理保證。其他鑒證業務主要包括預測性財務信息的審核、內部控制鑒證等。如果是合理保證，應為積極式；如果是有限保證，應為消極式。以積極方式提出結論的保證水平高於以消極方式提出結論的保證水平。

1. 鑒證業務的定義

鑒證業務是指註冊會計師對鑒證對象信息提出結論，以提高除責任方之外的預期使用者對鑒證對象信息的信任程度的業務。鑒證對象信息是按照標準對鑒證對象進行評價和計量的結果，如責任方按照會計準則和相關會計制度（標準）對其財務狀況、經營成果和現金流量（鑒證對象）進行確認、計量和列報而形成的財務報表（鑒證對象信息）。

鑒證業務包括歷史財務信息審計業務、歷史財務信息審閱業務和其他鑒證業務。註冊會計師執行審計、審閱和其他鑒證業務時，應當遵守鑒證業務基本準則及依據該準則制定的審計準則、審閱準則和其他鑒證業務準則。

項目二　註冊會計師執業準則與職業道德

2. 鑒證業務的要素

鑒證業務要素，是指鑒證業務的三方關係、鑒證對象、標準、證據和鑒證報告。

（1）三方關係。三方關係分別是註冊會計師、責任方和預期使用者。註冊會計師，指的是取得註冊會計師證書，並且在事務所工作的個人，但有時也指會計師事務所。預期使用者，指預期需要閱讀或使用鑒證報告的個人或組織。責任方可能是鑒證報告的預期使用者之一，但不是唯一的預期使用者。責任方和預期使用者可能是同一方，也可能不是同一方。三方之間的關係是：註冊會計師對由責任方負責的鑒證對象或鑒證對象信息提出結論，以提高除責任方之外的預期使用者對鑒證對象信息的信任程度。

鑒證業務還會涉及委託人，但委託人不是單獨存在的一方，委託人通常是預期使用者之一，委託人也可能由責任方擔任。

（2）鑒證對象。

①鑒證對象可以是財務業績或狀況。此時，鑒證對象信息是財務報表。

②鑒證對象可以是非財務業績或狀況。此時，鑒證對象信息可能是反應效率的關鍵指標。

③鑒證對象可以是物理特徵。此時，鑒證對象信息可能是有關鑒證對象物理特徵的說明文件。

④鑒證對象可以是某種系統和過程，如內部控製系統、IT系統、EDP系統、ERP系統、安全系統等。此時，鑒證對象信息可能是關於其有效性的認定。

⑤鑒證對象可以是一種行為，如道德行為、法律遵守行為、合同遵守行為等。此時，鑒證對象信息可能是對法律法規遵守情況或執行效果的聲明。

鑒證對象具有不同的特徵，可能表現為定性或定量、客觀或主觀、歷史或預測、時點或期間。通常，如果鑒證對象的特徵表現為定量的、客觀的、歷史的或時點的，那麼評價和計量的準確性相對較高，註冊會計師獲取證據的說服力相對較強，相應地，對鑒證對象信息提供的保證程度也較高。

適當的鑒證對象應當同時具備下列條件：①鑒證對象可以識別；②不同的組織或人員對鑒證對象按照既定標準進行評價或計量的結果合理一致；③註冊會計師能夠收集與鑒證對象有關的信息，獲取充分、適當的證據，以支持其提出適當的鑒證結論。

（3）標準。標準是指用於評價或計量鑒證對象的基準。當涉及列報時，還包括列報的基準。標準可以是正式的規定，如編制財務報表所使用的會計準則和相關會計制度；也可以是某些非正式的規定，如單位內部制定的行為準則、確定的績效水平或商定的行為要求等。

（4）證據。註冊會計師從事鑒證業務，提出鑒證結論，必須以充分、適當的證據為基礎。充分、適當是對證據的數量和質量的衡量。註冊會計師在收集、評價和利用證據的過程中，應該考慮重要性、鑒證業務風險及可獲取的證據的數量和質量，保持應有的職業懷疑。

（5）鑒證報告。註冊會計師應當針對鑒證對象信息（或鑒證對象）在所有重大方面是否符合適當的標準，以書面報告的形式發表能夠提供一定保證程度的結論。常見的保證程度有合理保證與有限保證。

合理保證要求註冊會計師通過不斷修正的、系統的執業過程，獲取充分、適當的證據，對鑒證對象信息整體提出結論，提供一種高水平但非百分之百的保證。有限保

證在證據收集程序的性質、時間、範圍等方面受到有意識的限制。它提供的是一種適度水平的保證。

3. 基於責任方認定的業務和直接報告業務

按照責任方認定能否為預期使用者直接獲取，可以把鑒證業務分為基於責任方認定的業務和直接報告業務。在基於責任方認定的業務中，責任方對鑒證對象進行評價或計量，鑒證對象信息以責任方認定的形式由預期使用者獲取。例如，財務報表審計，該財務報表能夠由預期使用者獲取；其他還有財務報表審閱、盈利預測審核等傳統業務，多數屬於基於責任方認定的業務。

在直接報告業務中，註冊會計師直接對鑒證對象進行評價或計量，或者從責任方獲取對鑒證對象評價或計量的認定，而該認定無法由預期使用者獲取，預期使用者只能通過閱讀鑒證報告獲取鑒證對象信息。例如，在驗資業務中，被審計單位的管理層可能並沒有對實收資本、註冊資本的到位情況進行計量或評價。即使他已經做了這種計量和評價，預期使用者也不能從管理層獲得計量或評價的結果，而只能通過閱讀註冊會計的審驗報告才能知道鑒證對象信息。

（二）相關服務準則

相關服務準則用以規範註冊會計師代編財務信息、對財務信息執行商定程序，以及提供管理諮詢、稅務服務等其他服務。在提供相關服務時，註冊會計師不提供任何程度的保證。

1. 對財務信息執行商定程序

對財務信息執行商定程序是註冊會計師對特定財務數據、單一財務報表或整套財務報表等財務信息執行與特定主體商定的具有審計性質的程序，並就執行的商定程序及其結果出具報告。

特定主體是指委託人和業務約定書中指明的報告致送對象。如企業為滿足貸款銀行的需要，委託註冊會計師對該企業的有關財務信息執行商定程序。報告致送對象不僅包括企業，還包括企業的貸款銀行。

註冊會計師執行商定程序業務的前提是與特定主體協商需要執行哪些程序，以達到某一特定的目的。與審計業務的明顯差別是：審計中執行的程序是由註冊會計師按照審計準則的要求和職業判斷確定的。為實現審計目標，註冊會計師可以使用各種審計程序。而商定程序業務中執行的程序，是由註冊會計師與特定主體協商確定的。

商定程序業務報告僅報告所執行的商定程序及其結果，不發表任何鑒證意見。

商定程序業務報告僅限於參與協商、確定程序的特定主體以避免不瞭解商定程序的人對報告產生誤解。

商定程序不屬於鑒證業務，通常不對商定程序業務提出獨立性要求；但如果業務約定書或委託目的對註冊會計師提出獨立性要求，那麼註冊會計師應當遵從其規定。

2. 代編財務信息

代編業務的目標是註冊會計師運用會計而非審計的專業知識和技能，代客戶編制一套完整或非完整的財務報表，或代為收集、分類和匯總其他財務信息。

註冊會計師執行代編業務時使用的程序並非旨在、也不能對財務信息提出任何鑒

證結論。

代編業務不屬於鑒證業務。在代編業務中，不對註冊會計師提出獨立性要求，但如果註冊會計師不具有獨立性，應當在代編業務中說明這一事實。

二、會計師事務所質量控製準則

會計師事務所質量控製準則是為了保證各類業務的質量，明確會計師事務所及其人員在保證質量中的責任，會計師事務所應當遵守的政策和程序，是對會計師事務所質量控製提出的制度要求。

會計師事務所應當根據會計師事務所質量控製準則，制定質量控製制度，以合理保證以下兩點：

（1）會計師事務所及其人員遵守法律法規、職業道德規範及審計準則、審閱準則、其他鑒證業務準則和相關服務準則的規定（體現過程）。

（2）會計師事務所和項目合夥人根據具體情況出具恰當的報告（體現結果）。

項目負責人，是指會計師事務所中負責某項業務及其執行，並代表會計師事務所在業務報告上簽字的主任會計師或經授權簽字的註冊會計師。

會計師事務所的質量控製制度應當包括針對下列要素而制定的政策和程序：

（1）對業務質量承擔的領導責任。
（2）職業道德規範。
（3）維護客戶關係和開展具體業務。
（4）人力資源。
（5）業務執行。
（6）業務工作底稿。
（7）監控。

會計師事務所應當從上述七個方面制定質量控製制度，並針對每個方面制定具體的質量控製政策和程序。

（一）對業務質量承擔的領導責任

會計師事務所應當制定政策和程序，培育以質量為導向的內部文化。這些政策和程序應當要求會計師事務所主任會計師對質量控製制度承擔最終責任。在審計實務中，會計師事務所需要建立與業務規模相匹配的質量控製部門，以具體落實各項質量控製措施。主任會計師對質量控製制度承擔最終責任，在制度上保證了質量控製制度的地位和執行力。受會計師事務所主任會計師委派而承擔質量控製制度運作責任的人員，應當具有適當的經驗和能力，以及必要的權限以履行其責任。

（二）職業道德規範

會計師事務所應當制定政策和程序，以合理保證會計師事務所及其人員遵守職業道德規範。會計師事務所及其人員執行任何類型的業務，都應當遵守職業道德規範所要求的客觀和公正、專業勝任能力、應有的關注和保密等。執行鑒證業務，還應當遵守獨立性要求。

會計師事務所制定的政策和程序應當強調遵守職業道德規範的重要性，並通過必

要的途徑予以強化。這些途徑有以下幾種：

1. 會計師事務所領導層的示範

領導層應在會計師事務所內形成重視相關職業道德要求的氛圍，並將相關政策和程序傳達給會計師事務所員工。

2. 教育和培訓

會計師事務所應向所有人員提供適用的專業文獻和法律文獻，並希望他們熟悉這些文獻。會計師事務所還應要求所有人員定期接受職業道德培訓，這種培訓既可涵蓋會計師事務所有關職業道德規範的政策和程序，也可涵蓋所有適用的法律法規中有關職業道德的要求。

3. 監控

會計師事務所可以通過定期檢查，監督會計師事務所有關職業道德規範的政策和程序設計是否合理，運行是否有效，並採取適當行動，改進其設計和解決運行中存在的問題。

4. 對違反職業道德規範行為的處理

會計師事務所應當制定處理違反職業道德規範行為的政策和程序。會計師事務所可以為每位員工建立職業道德檔案，記錄個人違反相關職業道德要求的行為及其處理結果。

會計師事務所應當制定政策和程序，以合理保證會計師事務所及其人員，包括聘用的專家和其他需要滿足獨立性要求的人員，保持職業道德規範要求的獨立性。會計師事務所應當重視及時向適當人員傳達收集的相關信息，以幫助其滿足獨立性要求。

會計師事務所應當制定政策和程序，以合理保證能夠獲知違反獨立性要求的情況，並採取適當行動予以解決。會計師事務所一旦獲知違反獨立性政策和程序的情況，應當立即將相關信息告知有關項目負責人和會計師事務所的其他適當人員。如認為必要，還應當立即告知會計師事務所聘用的專家和關聯會計師事務所的人員，以便他們採取適當的行動。

會計師事務所應當每年至少一次向所有受獨立性要求約束的人員收取其遵守獨立性政策和程序的書面確認函。書面確認函可以是紙質的，也可以是電子形式的。當有其他會計師事務所參與執行部分業務時，會計師事務所也可以考慮向其獲取有關獨立性的書面確認函。

會計師事務所應當制定下列政策和程序，以防範同一高級人員由於長期執行某一客戶的鑒證業務可能對獨立性造成的威脅：

（1）建立適當標準，以確定是否需要採取防範措施，將由於關係密切造成的威脅降至可接受的水平。

（2）對於所有上市公司的財務報表審計，按照法律法規的規定定期輪換項目負責人。

（三）客戶關係和具體業務的接受與保持

會計師事務所應當制定有關客戶關係和具體業務接受與保持的政策和程序，以合理保證只有在下列情況下，才能接受或保持客戶關係和具體業務：考慮客戶的誠信，沒有信息表明客戶缺乏誠信；具有執行該項業務必要的素質、專業勝任能力、時間和資源；能夠遵守職業道德規範。

項目二　註冊會計師執業準則與職業道德

　　會計師事務所在接受新業務前，還必須評價自身的執業能力，不得承接不能勝任和無法完成的業務。因此，在確定是否具有接受新業務所需的必要素質、專業勝任能力、時間和資源時，會計師事務所應當考慮下列事項，以評價新業務的特定要求和所有相關級別的現有人員的基本情況。

　　在確定是否接受新業務時，會計師事務所應當考慮接受該業務是否會導致現實或潛在的利益衝突。如果識別出潛在的利益衝突，會計師事務所應當考慮接受該業務是否適當。在確定是否保持客戶關係時，會計師事務所應當考慮在本期或以前業務執行過程中發現的重大事項，及其對保持客戶關係可能造成的影響。

（四）人力資源

　　會計師事務所應當制定政策和程序，合理保證擁有足夠的具有必要素質和專業勝任能力並遵守職業道德規範的人員，使會計師事務所和項目負責人能夠按照法律法規、職業道德規範和業務準則的規定執行業務，並根據具體情況出具恰當的報告。

　　會計師事務所制定的人力資源政策和程序應當解決招聘、人員素質、專業勝任能力和職業發展、業績評價、薪酬和晉升，項目組的委派等人事問題。

（五）業務執行

　　業務執行是指會計師事務所委派項目組按照執業準則和適用法律法規的規定執行業務，使會計師事務所和項目負責人能夠出具符合具體情況的報告。業務執行是編制和實施業務計劃、形成和報告業務結果的總稱，是業務質量控制的關鍵環節。它包括對業務執行情況的指導、監督與復核，業務執行中的諮詢，意見分歧的處理與解決以及項目質量控製復核。

1. 指導、監督與復核

　　會計師事務所應當制定政策和程序，以合理保證按照法律法規、職業道德規範和業務準則的規定執行業務，使會計師事務所和項目負責人能夠根據具體情況出具恰當的報告。

2. 諮詢

　　會計師事務所應當建立政策和程序，以合理保證：就疑難問題或爭議事項進行適當諮詢；能夠獲取充分的資源進行適當諮詢；諮詢的性質和範圍及諮詢形成的結論得以記錄，並經過諮詢者和被諮詢者的認可；諮詢形成的結論得到執行。

3. 意見分歧

　　會計師事務所應當制定政策和程序，以處理和解決項目組內部、項目組與被諮詢者之間，以及項目負責人與項目質量控製復核人員之間的意見分歧。形成的結論應當得以記錄和執行。只有意見分歧得到解決，項目負責人才能出具報告。

4. 項目質量控製復核

　　項目質量控製復核，是指會計師事務所挑選不參與該業務的人員，在出具報告前，對項目組做出的重大判斷和在準備報告時形成的結論做出客觀評價的過程。會計師事務所應當制定政策和程序，要求對特定業務實施項目質量控製復核，並在出具報告前完成項目質量控製復核。

(六) 業務工作底稿

會計師事務所應當制定政策和程序，使項目組在出具業務報告後及時將工作底稿歸整為最終業務檔案。除特定情況外，會計師事務所應當對業務工作底稿包含的信息予以保密。無論業務工作底稿存在於紙質、電子還是其他介質，會計師事務所都應當針對業務工作底稿設計和實施適當的控制。

(七) 監控

1. 監控的總體要求

會計師事務所應當制定監控政策和程序，以合理保證質量控製制度中的政策和程序是相關、適當的，並正在有效運行。這些監控政策和程序應當包括持續考慮和評價會計師事務所的質量控製制度，如定期選取已完成的業務進行檢查。

2. 監控人員

對會計師事務所質量控製制度的監控應當由具有專業勝任能力的人員實施。會計師事務所可以委派主任會計師、副主任會計師或具有適當經驗和一定權限的其他人員履行監控責任。

3. 監控內容

對會計師事務所質量控製制度實施監控的內容包括以下兩個方面：
(1) 質量控製制度設計的適當性。
(2) 質量控製制度運行的有效性。

4. 實施檢查

(1) 檢查的週期。會計師事務所應當週期性地選取已完成的業務進行檢查，週期最長不得超過 3 年。在每個週期內，應對每個項目負責人的業務至少選取一項進行檢查。

(2) 檢查的時間、人員與範圍。會計師事務所在選取單項業務進行檢查時，可以不事先告知相關項目組。

參與業務執行或項目質量控製復核的人員不應承擔該項業務的檢查工作。

在確定檢查的範圍時，會計師事務所可以考慮外部獨立檢查的範圍或結論，但這些檢查並不能替代自身的內部監控。

5. 監控結果的處理

會計師事務所應當評價實施監控程序發現的缺陷的影響，並確定這些缺陷屬於下列哪種情況。

(1) 該缺陷並不必然表明質量控製制度不足以合理保證會計師事務所遵守法律法規、職業道德規範和業務準則的規定，以及會計師事務所和項目負責人根據具體情況出具恰當的報告。

(2) 該缺陷是系統性的、重複出現的或需要及時糾正的其他重大缺陷。

會計師事務所應當將實施監控程序時發現的缺陷及建議採取的適當補救措施，告知相關項目負責人及其他適當人員。會計師事務所在評價各種缺陷後，應當提出下列改進措施：

項目二　註冊會計師執業準則與職業道德

(1) 採取與某項業務或某個成員相關的適當補救措施。
(2) 將監控發現的缺陷告知負責培訓和職業發展的人員。
(3) 改進質量控製政策和程序。
(4) 對違反會計師事務所政策和程序的人員，尤其是對反覆違規的人員實施懲戒。

如果實施監控程序的結果表明出具的報告可能不適當，或在執行業務過程中遺漏了應有的程序，會計師事務所應當確定採取適當的進一步行動，以遵守法律法規、職業道德規範和業務準則的規定。同時，會計師事務所應當考慮徵詢法律意見。

會計師事務所應當制定政策和程序，以合理保證能夠適當處理針對下列事項的投訴和指控：
(1) 已實施的工作未能遵守法律法規、職業道德規範和業務準則的規定。
(2) 未能遵守會計師事務所質量控製制度。

投訴和指控既可能源自會計師事務所內部，也可能源自會計師事務所外部。

所謂適當處理有關投訴和指控，是指會計師事務所應制定好質量控製政策和程序，要確保能夠接收到有關質量方面的投訴和指控，及時、專業和公正地對投訴和指控進行調查，以及根據調查結果做出適當的處理。

作為處理投訴和指控過程的一部分，會計師事務所應當設立投訴和指控渠道，以便會計師事務所人員能夠沒有顧慮地提出關心的問題。

會計師事務所應當按照既定的政策和程序調查投訴和指控事項，並對投訴和指控及其處理情況予以記錄。

會計師事務所應當委派本所內部不參與該項業務的具有適當經驗和一定權限的人員負責對調查的監督。必要時，聘請法律專家參與調查工作。

會計師事務所應當每年至少一次將質量控製制度的監控結果，傳達給項目負責人及會計師事務所內部的其他適當人員，使會計師事務所及其相關人員能夠在其職責範圍內及時採取適當的行動。

任務二　職業道德守則

註冊會計師的職業道德，是對註冊會計師職業品德、職業紀律、專業勝任能力及職業責任等的總稱。

註冊會計師職業道德規範是指註冊會計師在執業過程中應遵循的道德標準。它用以規範註冊會計師職業道德行為，對提高註冊會計師職業道德水準、維護註冊會計師職業形象、構建行業誠信、保護社會公眾利益有著重要意義。

一、註冊會計師職業道德規範與註冊會計師執業準則的關係

註冊會計師在執行鑒證業務時，應當遵守註冊會計師職業道德規範和註冊會計師執業準則。註冊會計師職業道德規範不屬於執業準則，它高於註冊會計師執業準則的標準，是註冊會計師與會計師事務所執業的最高要求。

二、註冊會計師職業道德的內容

目前，中國註冊會計師職業道德規範主要有《中國註冊會計師職業道德基本準則》和《中國註冊會計師職業道德規範指導意見》。這兩項規範要求註冊會計師在執行鑒證業務時，恪守獨立、客觀、公正的原則，具備專業勝任能力，保持應有的關注，並對執業過程中獲知的信息保密。其具體內容如下：

1. 獨立、客觀、公正原則

獨立、客觀、公正原則是對註冊會計師職業道德最基本的要求，它是註冊會計師職業道德的核心。

（1）獨立原則。

獨立原則是指註冊會計師在執行審計業務、出具審計報告時應當保持實質上和形式上的獨立，以獲得社會公眾的信任。

①實質上，獨立就是要求註冊會計師與委託人及被審計單位之間必須實實在在地毫無利害關係。

比如，註冊會計師於某擁有被審計單位5%的股權，這就屬於註冊會計師與客戶有重大的直接經濟利益關係，實質上是不獨立的，因此王某必須迴避。

②形式上獨立就是指在第三者面前，註冊會計師與委託人及被審計單位之間保持一種獨立的身分，即在他人看來，註冊會計師是獨贏的。

比如，註冊會計師李某的妻子擔任華興公司的總經理，這屬於關係密切的家庭成員是審計客戶的董事、經理、其他關鍵管理人員，是形式上不獨立，因此李某也必須迴避。

再如，註冊會計師張某長期執行某一客戶的審計業務，由於關係密切也可能造成對獨立性的威脅，可採取項目負責人定期輪換制度來保持形式上的獨立。

獨立性對鑒證業務非常重要，如果執行鑒證業務的註冊會計師與客戶存在可能損害獨立性的利害關係，應當採取適當的防範措施消除或削弱這種影響，比如迴避，定期輪換項目負責人。如果會計師事務所與客戶存在可能損害獨立性的利害關係，應當拒絕承接業務或解除業務約定。

（2）客觀原則。

客觀原則是指註冊會計師對有關事項的調查、判斷發表意見，應當基於客觀的立場，一切從實際出發，實事求是，不為他人所左右，也不摻雜個人的主觀意願，不得因個人好惡影響其分析、判斷的客觀性。

（3）公正原則。

公正原則是指註冊會計師執行業務時，應當正直、誠實，不偏不倚地、公平地對待有關利益各方，不能為使一方受益而犧牲另一方的利益。

2. 專業勝任能力與應有的關注

註冊會計師應當具備專門學識與經驗，經過適當的專業訓練，具有足夠的分析、判斷能力，並保持應有的關注。註冊會計師只有保持和提高專業勝任能力，才能經濟、有效地完成客戶委託的業務。會計師事務所如果無法勝任，應當拒絕接受委託或解除業務約定。

（1）註冊會計師應接受後續教育，以保持和提高專業勝任能力。

（2）註冊會計師不得提供不能勝任的專業服務。

項目二　註冊會計師執業準則與職業道德

（3）在提供專業服務時，註冊會計師可以在特定領域利用專家協助其工作，並對專家遵守職業道德的情況進行監督和指導。

（4）註冊會計師應當保持應有的關注。

應有的關注是指專業人士對其提供的服務承擔的勤勉盡責的義務。它要求註冊會計師在執業過程中保持職業懷疑態度、運用其專業知識、技能和經驗，收集和客觀評價證據。

所謂職業懷疑態度，是指註冊會計師以質疑的思維方式評價所獲取證據的有效性，並對相互矛盾的證據，以及對文件記錄或被審計單位提供的信息的可靠性產生懷疑的證據保持警覺。換句話說，職業懷疑態度就是要求註冊會計師對審計證據進行批判性評價。註冊會計師不能假定「管理層是誠實的」，而應當考慮他們不誠實的可能性，因此應從假定他們提供的證據不可靠出發。

3. 保密

註冊會計師應當對在執業過程中獲知的客戶信息保密，不得利用在執業過程中獲知的客戶信息為自己或他人謀取不正當利益。這一保密責任不因業務約定的終止而終止。但註冊會計師在以下情況下可以披露客戶的有關信息（保密例外情形）。

（1）取得客戶的授權。

（2）根據法規要求，為法律訴訟準備文件或提供證據，以及向監管機構報告發現的違反法規的行為。

（3）接受同業復核以及註冊會計師協會和監管機構依法進行的質量檢查。

4. 收費與佣金

會計師事務所在確定收費時，一般考慮以下因素：

（1）專業服務所需的知識和技能。

（2）所需專業人員的水平和經驗。

（3）提供服務所需的時間。

（4）提供專業服務所需承擔的責任。

會計師事務所不得以服務成果的大小或實現特定目的來決定收取費用的高低；不得降低費用而以犧牲審計質量為代價來應對業務競爭；不得為招攬客戶而向推薦方支付佣金，也不得因向第三方推薦客戶而收取佣金，不得因宣傳他人的產品或服務而收取佣金。

5. 與執行鑒證業務不相容的工作

註冊會計師不得從事有損於或可能有損於其獨立性、客觀性、公正性或職業聲譽的業務、職業或活動。

（1）有些非鑒證服務與鑒證服務是不相容的。目前，中國不允許會計師事務所為同一家上市公司同時提供編制財務報表服務和審計服務，也不允許同時提供資產評估服務和審計服務。因為這樣會產生自我評價威脅，可能影響註冊會計師的獨立性。

（2）會計師事務所的高級管理人員或員工不得擔任鑒證客戶的高級管理人員職務。因為這樣會產生重大的經濟利益威脅，可能影響註冊會計師的獨立性。

6. 接任前任註冊會計師的審計業務

後任註冊會計師在接任前任註冊會計師的審計業務時不得蓄意侵害前任註冊會計師的合法權益。

接任前任註冊會計師的審計業務時，後任註冊會計師應當向前任瞭解審計客戶變

更會計師事務所的原因及情況（如前任註冊會計師與審計客戶在重大會計、審計等問題上可能存在的意見分歧）。

在徵得審計客戶授權後，前任註冊會計師應當根據所瞭解的情況對後任註冊會計師的詢問做出及時、充分的答覆，並向後任提供有關工作底稿或其他資料。而後任應對前任提供的資料嚴格保密。

7. 廣告、業務招攬和宣傳

（1）註冊會計師應當維護職業形象，在向社會公眾傳遞信息時，應當客觀、真實、得體，不得宣稱自己具有本不具備的專業知識、技能或經驗。

（2）會計師事務所不得利用新聞媒體或以其他方式對其能力進行廣告宣傳，不得做詆毀同業或自我誇張、抬高自己、內容不實、容易引起誤解的廣告宣傳，但刊登設立、合併、分立、解散、遷址、名稱變更、招聘員工等信息以及註冊會計師協會為會員所做的統一宣傳不在此限。

（3）註冊會計師在名片上可以印有姓名、專業資格、職務及其會計師事務所的地址和標示等，但不得印有社會職務、專家稱謂以及所獲榮譽等。

（4）會計師事務所和註冊會計師不得採用強迫、詐欺、利誘、自我標榜等方式招攬業務。如暗示有能力影響法院、監管機構或類似機構及其官員，與其他註冊會計師進行比較，不恰當地聲明自己是某一特定領域的專家等。

（5）註冊會計師執行的各項業務，均應由會計師事務所統一接受委託。註冊會計師及其他有關人員不得以個人名義承接業務。

（6）會計師事務所和註冊會計師不得允許其他單位和個人借用本所或本人的名義承接、執行業務。

項目小結

中國註冊會計師執業準則包括註冊會計師業務準則和會計師事務所質量控製準則，受註冊會計師職業道德守則統御。

註冊會計師業務準則包括鑒證業務準則和相關服務準則。鑒證業務準則按照鑒證業務提供的保證程度和鑒證對象的不同，分為中國註冊會計師審計準則、中國註冊會計師審閱準則和中國註冊會計師其他鑒證業務準則。審計準則是整個執業準則體系的核心。

中國註冊會計師職業道德基本原則包括：獨立、客觀、公正；專業勝任能力和應有的關注；保密；職業行為；技術準則。

職業道德概念框架的具體運用涉及獨立性（可能損害獨立性的因素包括經濟利益、自我評價、關聯關係、過度推介和外界壓力）；收費與佣金；與執行鑒證業務不相容的工作；接任前任註冊會計師的審計業務；廣告、業務招攬和宣傳。

項目二　註冊會計師執業準則與職業道德

練習題

一、單項選擇題

1. 會計師事務所如無法勝任或不能按時完成審計業務，應該(　　)。
   A. 減少審計收費　　　　　　　　B. 轉包給其他會計師事務所
   C. 拒絕接受委託　　　　　　　　D. 聘請其他專家幫助
2. (　　)要求註冊會計師應當以勤勉盡責的態度執行鑒證業務，在執業過程中保持職業懷疑態度。
   A. 獨立原則　　　B. 應有的關注　　C. 保密原則　　D. 客觀原則
3. 會計師事務所不得為同一家上市公司同時提供(　　)。
   A. 審計年報和納稅申報　　　　　B. 審計年報和代編財務報表
   C. 審計年報和 IT 系統服務　　　 D. 審計年報和法律服務
4. 根據註冊會計師專業勝任能力的要求，註冊會計師(　　)。
   A. 應接受後續教育，以保持和提高專業勝任能力
   B. 不得提供不能勝任的專業服務
   C. 應當保持應有的關注
   D. 不得按服務成果的大小收取各項費用
5. 下列(　　)屬於註冊會計師提供的鑒證業務。
   A. 代編財務信息　　　　　　　　B. 對財務信息執行商定程序
   C. 稅務諮詢　　　　　　　　　　D. 預測性財務信息的審核

二、多項選擇題

1. 中國註冊會計師執業準則體系包括(　　)。
   A. 相關服務準則　　　　　　　　B. 會計師事務所質量控制準則
   C. 職業道德規範　　　　　　　　D. 鑒證業務準則
2. 會計師事務所的質量控制制度包括針對以下幾方面制度的政策和程序(　　)。
   A. 對業務質量承擔的領導責任
   B. 職業道德規範
   C. 客戶關係和具體業務的接受與保持
   D. 業務執行
3. 會計師事務所制定質量控制制度的目的是合理保證(　　)。
   A. 會計師事務所及其人員遵守法律法規、職業道德規範，以及審計準則、審閱準則、其他鑒證業務準則和相關服務準則的規定
   B. 會計師事務所和項目合夥人根據具體情況出具恰當的報告
   C. 保持獨立性和提高專業勝任能力
   D. 評價註冊會計師自身的執行能力
4. 以下表述中符合註冊會計師職業行為，為了維護職業良好聲譽的有(　　)。
   A. 註冊會計師行業作為一個肩負重大社會責任的行業，應以把維護社會公眾利益作為根本目標
   B. 註冊會計師應當按照業務約定履行對客戶的責任

C. 會計師事務所不得雇用正在其他會計師事務所執業的註冊會計師，註冊會計師不得以個人名義同時在兩家或兩家以上的會計師事務所執業

D. 註冊會計師及其所在會計師事務所不得以向他人支付佣金等不正當方式招攬業務，也不得向客戶或通過客戶獲取任何利益

5. 註冊會計師為了實現其職業目標，必須遵守以下基本原則(　　)。

A. 獨立、客觀、公正　　　　　　B. 專業勝任能力和應有的關注

C. 保密和職業行為　　　　　　　D. 技術準則

三、業務分析題

1. ABC 會計師事務所是一家新成立的會計師事務所，其質量控製制度部分內容摘錄如下：

(1) 經主任會計師指派，副主任會計師可以分管會計師事務所質量控製工作，並對會計師事務所質量控製制度承擔最終責任。

(2) 執行項目質量控製復核的範圍為上市公司審計項目中被評估為高風險的審計項目。

(3) 如果項目組成員與項目質量控製復核人員發生意見分歧，應當通過向技術部進行書面諮詢，或與會計師事務所負責風險控製的合夥人進行討論等方式予以解決。在分歧尚未解決前，不得出具審計報告。

(4) 以 3 年為週期，選取每一位合夥人已完成的一個項目進行檢查。如果合夥人在連續兩次的檢查中被評為優秀，以後可每隔 5 年檢查一次。

(5) 項目組應當自鑒證業務報告日起 60 日內將業務工作底稿歸檔。

要求：針對上述第 (1) 至 (5) 項，逐項指出 ABC 會計師事務所業務質量控製制度是否符合質量控製準則的規定，並簡要說明理由。

2. 分析以下具體情形（見表 2-1），指出哪一種因素對獨立性產生了不利影響，並完成下表。

表 2-1　業務分析題表

對獨立性產生不利影響的具體情形	對獨立性產生不利影響的因素
審計項目組成員與審計客戶進行雇傭協商	
會計師事務所與鑒證業務相關的或有收費安排	
會計師事務所編制用於生成有關記錄的原始數據	
註冊會計師接受客戶的禮品或享受優惠待遇（價值重大）	
會計師事務所為鑒證客戶提供的其他服務，直接影響鑒證業務中的鑒證對象訊息	
項目小組成員的妻子是客戶的出納	
會計師事務所受到客戶的起訴威脅	
註冊會計師被會計師事務所合夥人告知，除非同意審計客戶的不恰當會計處理，否則將不被提升	

項目三　法律責任

學習目標

1. 瞭解註冊會計師承擔法律責任的原因；
2. 熟悉經營失敗、審計失敗的含義；
3. 掌握註冊會計師承擔法律責任的認定；
4. 熟悉註冊會計師承擔的法律責任；
5. 熟悉相關的司法解釋。

任務一　法律責任概述

　　法律責任是審計人員在執業過程中違反法律法規時應承擔的責任。法律責任的出現，通常是因為註冊會計師在執業時沒有保持應有的職業謹慎，導致了對他人權利的損害。應有的職業謹慎，指的是註冊會計師應當具備足夠的專業知識和業務能力，按照執業準則的要求執業。

一、導致法律責任的成因

　　在當今社會，註冊會計師被控告的原因可能是多方面的，有的是社會環境方面的原因，有的是被審計單位方面的原因，有的是註冊會計師方面的原因。

（一）社會原因

　　從目前看，註冊會計師涉及法律訴訟的數量和金額都呈上升趨勢，可能出於以下原因：

（1）由於審計環境發生很大變化，企業規模擴大、業務全球化，以及企業經營的錯綜複雜性，會計業務更加複雜，審計風險變大。

（2）政府監管部門保護投資者的意識日益增強，監管措施日益完善，處罰註冊會計師的力度日益加大。

（3）審計職業與社會公眾的期望存在差異。

（4）會計信息質量日益受到重視。

(5) 財務報表使用者對註冊會計師的責任日趨瞭解。

(6) 「深口袋」理論盛行。社會日益讚同受害的一方向有能力提供賠償的一方提起訴訟，而不論錯在哪一方。

(7) 註冊會計師敗訴的案例日益增多。這促使律師有非常強烈的動機，以或有收費為基礎向利益相關者提供法律服務。無論是否有道理，都將註冊會計師作為起訴的對象。

(二) 被審計單位方面的原因

1. 錯誤、舞弊和違法行為

錯誤是指導致財務報表錯誤的非故意的行為，即被審計單位由於疏忽、錯誤等原因，在註冊會計師所審計的財務報表中產生了錯報和漏報。錯誤主要包括以下幾個方面：

(1) 原始記錄和會計數據的計算、抄寫錯誤。

(2) 對事實的疏忽和誤解。

(3) 對會計政策的誤用。

舞弊是指導致會計報表不實反應的故意行為，即被審計單位故意在註冊會計師所審計的財務報表中錯報和漏報。舞弊主要包括以下幾個方面：

(1) 偽造、變造記錄或憑證。

(2) 侵占資產。

(3) 隱瞞、虛構交易或事項。

(4) 蓄意使用不當的會計政策。

違法行為是指被審計單位故意或非故意違反會計準則和相關會計制度之外的法律法規行為，包括賄賂、違反特定法律及政府規定等行為。

如果被審計單位發生嚴重的錯誤和舞弊而註冊會計師未能查出，給他人造成損失，那麼註冊會計師可能因此受到控告。當然，由於審計中的固有限制，即使註冊會計師嚴格按照審計準則的規定恰當地計劃和實施審計工作，也不可能發現和揭露財務報表中所有的錯誤和舞弊情況。因此，不能要求註冊會計師對所有未查出的財務報表中的錯誤與舞弊情況負責，但是，這也不意味著註冊會計師對未查出的財務報表中的錯誤與舞弊沒有任何責任，關鍵要看未能查出的原因是否源自註冊會計師本身的過錯。

2. 經營失敗

被審計單位在經營失敗時，也可能會連累到註冊會計師。很多會計和法律專業人士認為，財務報表使用者控告會計師事務所的主要原因之一，是不理解經營失敗和審計失敗之間的差別。

眾所周知，資本投入或借給企業後就會面臨某種程度的經營風險。經營風險的極端情況就是經營失敗。經營失敗，是指企業由於經濟或經營條件的變化（如經濟衰退、不當的管理決策或出現意料之外的行業競爭等）而無力歸還貸款或無法滿足投資者的預期。經營失敗的極端情況是申請破產。

審計失敗，是指註冊會計師由於沒有遵守審計準則的要求而發表了錯誤的審計意見。例如，註冊會計師可能指派了不合格的助理人員去執行審計任務，未能發現應當

項目三　法律責任

發現的財務報表中存在的重大錯報。審計風險是指財務報表中存在重大錯報，而註冊會計師發表不恰當審計意見的可能性。

經營失敗不等於審計失敗，但經營失敗容易導致審計失敗。對於有經營失敗跡象的被審計單位，註冊會計師應該保持應有的職業謹慎。因為在絕大多數情況下，當註冊會計師未能發現重大錯報並出具了錯誤的審計意見時，就可能產生註冊會計師是否恪守應有的職業謹慎這一法律問題。在這種情況下，法律通常允許因註冊會計師未盡到應有的職業謹慎而遭受損失的各方，獲得由審計失敗導致的部分或全部損失的補償。但是，由於審計業務的複雜性，判斷註冊會計師未能盡到應有的謹慎也是一項困難的工作。儘管如此，註冊會計師如果未能恪守應有的職業謹慎，那麼通常會由此承擔責任，並可能致使會計師事務所也遭受損失。

（三）註冊會計師方面的原因

會計師事務所和註冊會計師可能因違約、過失和詐欺等行為被迫追究法律責任。

1. 違約

違約，是指合同的一方或多方未能履行合同條款規定的要求。當違約給他人造成損失時，註冊會計師應負違約責任。比如，會計師事務所在商定的期間內未能提交納稅申報表，或違反了與被審計單位訂立的保密協議等。

2. 過失

過失，是指在一定條件下，註冊會計師沒有保持應有的職業謹慎。評價註冊會計師的過失，是以其他合格註冊會計師在相同條件下可做到的謹慎為標準的。當過失給他人造成損失時，註冊會計師應負過失責任。過失的基本特徵是非故意的。通常按程度不同，過失分為普通過失和重大過失。

普通過失，也稱一般過失，通常是指沒有保持職業上應有的合理的謹慎。對註冊會計師而言，普通過失則是指沒有完全遵循專業準則的要求。比如，未按特定審計項目獲取充分、適當的審計證據就出具審計報告的情況，可視為一般過失。

重大過失是指連起碼的職業謹慎都沒有保持。對註冊會計師而言，重大過失則是指根本沒有遵循專業準則或沒有按專業準則的基本要求執行審計。

3. 詐欺

詐欺又稱舞弊，是以欺騙或坑害他人為目的的一種故意的錯誤行為。對於註冊會計師而言，詐欺就是為了達到欺騙他人的目的，明知委託單位的財務報表有重大錯報，卻加以虛偽的陳述，出具無保留意見的審計報告。

二、註冊會計師承擔法律責任的種類

註冊會計師應該承擔的法律責任有行政責任、民事責任和刑事責任。這三種責任可單處，也可並處。

行政責任是指由於行政違法而應承擔的法律後果。對註冊會計師而言，它包括警告、罰款、暫停執業（暫停執業的最長期限為 12 個月）、吊銷註冊會計師證書；對會計師事務所而言，它包括警告、沒收違法所得、罰款、暫停執業（暫停執業的最長期限為 12 個月）、吊銷有關執業許可證、撤銷等。

民事責任是指由於民事違法而應承擔的法律後果。對註冊會計師來說，民事責任的形式主要有賠償受害人損失、支付違約金等。

刑事責任是指觸犯刑法所必須承擔的法律後果，其種類包括罰金、有期徒刑，以及其他限制人身自由的刑罰等。

一般來說，因違約和過失可能使註冊會計師負行政責任和民事責任，因詐欺可能會使註冊會計師負民事責任和刑事責任。

任務二　中國註冊會計師的法律責任

隨著社會主義市場經濟體制在中國建立和發展，註冊會計師在社會經濟生活中的地位越來越重要，發揮的作用越來越大。因此，中國有關部門已充分認識到強化註冊會計師的法律責任意識，承擔註冊會計師的法律責任，以保證職業道德和執業質量，越來越重要。近年來中國頒布的不少經濟法規中，都有專門規定會計師事務所、註冊會計師的法律責任的條款，其中比較重要的有《中華人民共和國註冊會計師法》《中華人民共和國審計法》《違反註冊會計師法處罰暫行辦法》《中華人民共和國公司法》《中華人民共和國證券法》及《中華人民共和國刑法》等。

一、相關法律法規規定

(一) 民事責任

(1) 1994年1月1日實施的《中華人民共和國註冊會計師法》第42條規定，會計師事務所違反本法規定，給委託人、其他利害關係人造成損失的，應當依法承擔賠償責任。

中國註冊會計師民事責任第一例：四川省德陽東方貿易公司驗資法律糾紛案，由此引發的最高人民法院法函〔1996〕56號，成為關於註冊會計師因出具虛假驗資報告而應承擔民事責任的第一個專門司法解釋。

(2) 2005年10月27日新修訂的《證券法》第一百七十三條規定，為證券的發行、上市、交易等證券業務活動製作、出具審計報告、資產評估報告或者法律意見書等文件的專業機構，就其負責的內容弄虛作假，造成損失的，承擔連帶責任。

(3) 2005年10月27日新修訂的《公司法》第二百零八條第3款規定，承擔資產評估、驗資或者驗證的機構因出具的評估結果、驗資或者驗證證明不實，給公司債權人造成損失的，除能夠證明自己沒有過錯外，在其評估或者證明不實的金額範圍內承擔賠償責任。

(二) 行政責任

(1)《中華人民共和國註冊會計師法》第三十九條第1款規定，會計師事務所違反本法第二十條、第二十一條規定的，由省級以上人民政府財政部門給予警告，沒收違

法所得，可以並處違法所得 1 倍以上 5 倍以下的罰款，情節嚴重的，可以由省級以上人民政府財政部門暫停其經營業務或者予以撤銷。

該條第 2 款規定，註冊會計師違反本法第二十條、第二十一條規定的，由省級以上人民政府財政部門給予警告，情節嚴重的，可以由省級以上人民政府財政部門暫停其執行業務或者吊銷註冊會計師證書。

第四十條規定，對未經批准承辦本法第十四條規定的註冊會計師業務的單位，由省級以上財政部門責令其停止違法活動，沒收違法所得，可以並處違法所得 1 倍以上 5 倍以下的罰款。

（2）《中華人民共和國公司法》第二百零八條第 1 款規定，承擔資產評估、驗資或者驗證的機構提供虛假材料的，由公司登記機關沒收違法所得，處以違法所得 1 倍以上 5 倍以下的罰款，並可以由有關主管部門依法責令該機構停業、吊銷直接責任人員的資格證書、吊銷營業執照。

該條第 2 款規定，承擔資產評估、驗資或者驗證的機構因過失提供有重大遺漏的報告的，由公司登記機關責令改正，情節較嚴重的，處以所得收入 1 倍以上 5 倍以下的罰款，並可以由有關主管部門依法責令該機構停業、吊銷直接責任人員的資格證書、吊銷營業執照。

（3）《中華人民共和國證券法》第二百零一條規定，為股票的發行、上市、交易出具審計報告、資產評估報告或者法律意見書等文件的證券服務機構和人員，違反本法第四十五條的規定、買賣股票的，責令依法處理非法持有的股票，沒收違法所得，並處以買賣股票等值以下的罰款。

第二百零七條規定，違反本法第七十八條第 2 款的規定，在證券交易活動中做出虛假陳述或者信息誤導的，責令改正，處以 3 萬元以上 20 萬元以下的罰款；屬於國家工作人員的，還應當依法給予行政處分。

第二百二十三條規定，證券服務機構未勤勉盡責，所製作、出具的文件有虛假記載、誤導性陳述或者重大遺漏的，責令改正，沒收業務收入，暫停或者撤銷證券服務業務許可，並處以業務收入 1 倍以上 5 倍以下的罰款。對直接負責的主管人員和其他直接責任人員給予警告，撤銷證券從業資格，並處以 3 萬元以上 10 萬元以下的罰款。

第二百二十五條規定，上市公司、證券公司、證券交易所、證券登記結算機構、證券服務機構，未按照有關規定保存有關文件和資料的，責令改正，給予警告，並處以 3 萬元以上 30 萬元以下的罰款；隱匿、偽造、篡改或者毀損有關文件和資料的，給予警告，並處以 30 萬元以上 60 萬元以下的罰款。

（三）刑事責任

（1）《中華人民共和國註冊會計師法》第三十九條第 3 款規定，會計師事務所、註冊會計師違反本法第二十條、第二十一條的規定，故意出具虛假的審計報告、驗資報告，構成犯罪的，依法追究刑事責任。

（2）《中華人民共和國證券法》二百三十一條規定，違反本法規定，構成犯罪的，依法追究刑事責任。

（3）《中華人民共和國公司法》二百一十六條規定，違反本法規定，構成犯罪的，依法追究刑事責任。

(4)《中華人民共和同審計法》第四十四條規定，註冊會計師濫用職權、徇私舞弊、玩忽職守，構成犯罪的，依法追究刑事責任；不構成犯罪的給予行政處分。

(5)《中華人民共和國刑法》第二百二十九條第 1 款規定，承擔資產評估、驗資、驗證、會計、審計、法律服務等職責的仲介組織的人員故意提供虛假證明文件，情況嚴重的，處 5 年以下有期徒刑或者拘役，並處罰金。

該條第 2 款規定，前款規定的人員，索取他人財物或者非法收受他人財物，犯前款罪的，處 5 年以上 10 年以下有期徒刑，並處罰金。

該條第 3 款規定，第 1 款規定的人員，嚴重不負責任，出具的證明文件有重大失實，造成嚴重後果的，處 3 年以下有期徒刑或者拘役，並處或者單處罰金。

第二百三十一條規定，單位犯有本節第二百二十一條至第二百三十條規定之罪的，對單位判處罰金，並對其直接負責的主管人員和其他直接責任人員，依照本節各該條的規定處罰。

二、相關司法解釋

隨著中國社會主義市場經濟的不斷發展，會計師事務所的民事責任問題逐漸引起社會各界的關注。雖然《註冊會計師法》《公司法》《證券法》對此已有規定，但這些規定比較有原則。為合理界定會計師事務所民事責任，最高人民法院於 2007 年 6 月 11 日發布《關於審理涉及會計師事務所在審計活動中民事侵權賠償案件的若干規定》（以下簡稱《司法解釋》），針對審判實踐中出現的新情況、新問題做出符合法律精神並切合實際的規定。

（一）對「不實報告」的認定

《司法解釋》第二條第 2 款對「不實報告」做了界定：「會計師事務所違反法律法規、中國註冊會計師協會依法擬定並經國務院財政部門批准後施行的執業準則和規則，以及誠信公允的原則，出具的具有虛假記載、誤導性陳述或者重大遺漏的審計業務報告，應認定為不實報告。」根據這一規定，不實報告的構成需滿足兩個條件：一是違反法律法規、執業準則和規則及誠信公允原則，二是具有虛假記載、誤導性陳述或者重大遺漏。

（二）利害關係人的範圍

《司法解釋》第二條第 1 款規定：「因合理信賴或者使用會計師事務所出具的不實報告，與被審計單位進行交易或者從事與被審計單位的股票、債券等有關的交場活動而遭受損失的自然人、法人或者其他組織，應認定為註冊會計師法規定的利害關係人。」即：事務所應當對一切合理依賴或使用其出具的不實審計報告而受到損失的利害關係人承擔賠償責任。

（三）訴訟當事人的列置

《司法解釋》第三條規定：「利害關係人未對被審計單位提起訴訟而直接對會計師事務所提起訴訟的，人民法院應當告知其對會計師事務所和被審計單位一併提起訴訟；利害關係人拒不起訴被審計單位的，人民法院應當通知被審計單位作為共同被告參加

訴訟。」利害關係人對會計師事務所的分支機構提起訴訟的，人民法院可以將該會計師事務所列為共同被告參加訴訟。

(四) 歸責原則和舉證責任分配

《司法解釋》第四條第1款規定：「會計師事務所因在審計業務活動中對外出具不實報告給利害關係人造成損失的，應當承擔侵權賠償責任，但其能夠證明自己沒有過錯的除外。」根據這一規定，事務所只有存在過錯時才承擔侵權賠償責任，但是事務所是否存在過錯需要由事務所自己提出證明。該條第2款規定，事務所可以通過提交相關執業準則以及審計工作底稿等證明自己沒有過錯。

(五) 事務所的連帶責任和補充責任

《司法解釋》第五條規定，註冊會計師在審計業務活動中存在下列情形之一，出具不實報告給利害關係人造成損失的，應當認定會計師事務所與被審計單位承擔連帶責任。

(1) 與被審計單位惡意串通。

(2) 明知被審計單位對重要事項的財務會計處理與國家有關規定相抵觸，而不予指明。

(3) 明知被審計單位的財務會計處理會直接損害利害關係人的利益，而予以隱瞞或作不實報告。

(4) 明知被審計單位的財務會計處理會導致利害關係人產生重大誤解，而不予指明。

(5) 明知被審計單位的財務報表的重要事項有不實內容，而不予指明。

(6) 被審計單位示意作不實報告，而不予拒絕。

《司法解釋》第六條對於事務所存在過失的具體情形和認定標準，作出詳細規定，即註冊會計師在審計過程中未保持必要的職業謹慎，存在下列情形之一，並導致報告不實的，人民法院應當認定會計師事務所存在過失。

(1) 註冊會計師執行審計業務，遇有委託人故意不提供有關會計資料和文件或因委託人有其他不合理要求，致使註冊會計師出具的報告不能對財務會計的重要事項做出正確表述的，應當拒絕出具有關報告。而註冊會計師違反了這一規定。

(2) 負責審計的註冊會計師以低於行業一般成員應具備的專業水準執業。

(3) 制訂的審計計劃存在明顯疏漏。

(4) 未依據執業準則、規則執行必要的審計程序。

(5) 在發現可能存在錯誤和舞弊的跡象時，未能追加必要的審計程序予以證實或者排除。

(6) 未能合理地運用執業準則和規則所要求的重要性原則。

(7) 未根據審計的要求採用必要的調查方法以獲取充分的審計證據。

(8) 明知對總體結論有重大影響的特定審計對象缺少判斷能力，未能尋求專家意見而直接形成審計結論。

(9) 錯誤判斷和評價審計證據。

(10) 其他違反執業準則、規則確定的工作程序的行為。

任務三　註冊會計師避免法律訴訟的對策

　　註冊會計師的職業性質決定了它是一個容易遭受法律訴訟的行業。那些蒙受損失的受害人總想通過起訴註冊會計師盡可能使損失得以補償。因此，法律訴訟一直是困擾著西方國家會計師職業界的一大難題。2001年的安然事件便是審計界有名的審計訴訟事件。

　　隨著中國註冊會計師地位的提高，政府部門和社會公眾對註冊會計師責任的瞭解也在增加，訴訟註冊會計師的案件時有發生。近幾年來，中國審計行業也發生了一系列震驚整個行業乃至全社會的案件，如深圳特區會計師事務所對原野公司一案、北京中誠會計師事務所對長城機電公司一案等，相關會計師事務所均因出具虛假報告造成嚴重後果而被撤銷、沒收財產，有關註冊會計師被吊銷資格，有的還被追究刑事責任。此外，涉及註冊會計師的中小型訴訟案件數量更有日益上升的趨勢。因此，如何避免法律訴訟，已成為中國註冊會計師非常關注的問題。

一、註冊會計師協會方面應採取的措施

　　由於法律責任是關係到註冊會計師行業發展的一項重要內容，關係到會員的利益、行業的聲譽及社會對行業的信任，因此作為行業的管理者，需做好以下幾項工作：
　　（1）進一步完善審計準則和職業道德守則。
　　（2）培養註冊會計師職業道德意識，註重後續教育。
　　（3）完善行業監督制度。制定同業互查和不稱職註冊會計師的行政處罰制度，嚴格監督制度的實施，防止其流於形式。
　　（4）積極宣傳註冊會計師的職能，使社會公眾瞭解審計未做100%的檢查，不能保證財務記錄絕對準確和企業未來的繁榮，它只是一種職業判斷，以此減小公眾對註冊會計師工作的期望差。
　　（5）制定維護註冊會計師正當權益的有關規定。

二、會計師事務所與註冊會計師方面應採取的措施

　　會計師事務所和註冊會計師為避免法律訴訟的具體措施概括以下幾點：
　　（1）謹慎選擇合夥人。
　　（2）審慎選擇被審計單位。一是選擇正直的客戶，因缺乏正直性的客戶所招致的法律訴訟問題較多；二是對陷入財務困境的客戶應尤為注意，如週轉不靈或面臨破產的公司的股東或債權人總想為他們的損失尋找替罪羊。因此，可以考慮拒絕這類客戶，或者提高審計費用，執行較為詳細的審計。
　　（3）雇傭合格的註冊會計師和助理人員。並予適當培訓、指導和監督。
　　（4）與委託人簽訂業務約定書。會計師事務所不論承接何種業務，都必須按照業務約定書準則的要求與委託人簽訂業務約定書。

（5）建立健全會計師事務所質量控製制度。質量管理是會計師事務所各項管理工作的核心，所以，會計師事務所應制定一套科學的質量控製制度並將其落實到每個人、每項業務。

（6）聘請熟悉註冊會計師法律責任的律師。即使審計訴訟發生，會計師事務所也可以有備而戰，增加勝訴機會，盡量減少因訴訟失敗而造成的損失。

（7）提取風險基金或購買責任保險。《中華人民共和國註冊會計師法》規定會計師事務所應當按規定建立職業風險基金，辦理職業保險。儘管保險不能免除可能受到的法律訴訟，但能防止或減少訴訟失敗時會計師事務所發生的財務損失。

（8）妥善保管審計工作底稿。審計工作底稿是註冊會計師在審計過程中編制和收集的審計文件資料。它記錄了註冊會計師的工作過程，匯集了各種必要的原始資料，是判斷註冊會計師執業行為是否符合執業準則和規則的證據。一旦發生審計訴訟，註冊會計師可依據工作底稿在法庭上為審計意見的正確性和合理性進行辯護。

（9）深入瞭解被審計單位的業務。在許多經濟糾紛、訴訟案件中，註冊會計師之所以未能發現錯誤，一個重要原因就是他們不瞭解被審計單位所在行業的情況和被審計單位的經濟業務。財務報表是經濟活動的綜合反應，因此不熟悉被審計單位的經濟業務，僅僅局限於會計資料，很難發現錯誤與舞弊行為。

（10）恪守職業道德和專業標準，保持必要的職業謹慎。註冊會計師應嚴格遵循職業道德守則和職業準則的要求執行業務、出具報告。

項目小結

經營失敗，是指企業由於經濟或經營條件的變化（如經濟衰退、不當的管理決策或出現意料之外的行業競爭等）而無力歸還貸款或無法滿足投資者的預期。審計失敗，是指註冊會計師由於沒有遵守審計準則的要求而發表了錯誤的審計意見。

會計師事務所和註冊會計師可能因違約、過失和詐欺等行為承擔法律責任。註冊會計師承擔的法律責任有行政責任、民事責任和刑事責任。事務所是否存在過錯需自己提出證明，即自證清白。

練習題

一、單項選擇題

1. 如果註冊會計師指派了不具有專業勝任能力的助理人員進行審計而導致未能發現應當發現的財務報表中存在的重大錯報，並且導致錯誤的審計意見的發表，應該屬於(　　)。
   A. 審計失敗　　　　B. 經營失敗　　　　C. 詐欺　　　　D. 審計風險
2. 有關註冊會計師的以下法律責任中，(　　)主要是指賠償受害人的經濟損失。
   A. 行政責任　　　　B. 民事責任　　　　C. 刑事責任　　　　D. 經濟責任
3. 對註冊會計師而言，如果註冊會計師沒有完全遵循專業準則的要求執業，應當

認定為( )。
   A. 普通過失　　　　B. 重大過失　　　C. 詐欺　　　　D. 推定詐欺
4. 以下說法中，不正確的是( )。
   A. 如果會計師事務所能夠證明自己沒有過錯，那不承擔賠償責任
   B. 指證會計師事務所存在過錯要由利害關係人舉證
   C. 證明會計師事務所不存在過錯要由事務所舉證
   D. 事務所可通過執業準則和工作底稿證明沒有過錯
5. 註冊會計師在對 ABC 股份有限公司 2013 年度財務報表進行審計時，按照審計準則要求對有關應收帳款進行了函證，並實施了其他必要的審計程序，但由於被審計單位的串通舞弊，最終仍有應收帳款業務的重大錯報未能查出。你認為註冊會計師的行為屬於( )。
   A. 沒有過失　　　　B. 普通過失　　　C. 重大過失　　　D. 詐欺

二、多項選擇題
1. 註冊會計師存在下列行為時，可能需要承擔法律責任的有( )。
   A. 違約　　　　　　　　　　B. 過失
   C. 詐欺　　　　　　　　　　D. 無法表示審計意見
2. 註冊會計師法律責任的類型有( )。
   A. 行政責任　　　B. 民事責任　　　C. 刑事責任　　　D. 批評
3. 下列各項中，可以作為會計師事務所免責事由的是( )。
   A. 已經遵守執業準則、規則確定的工作程序並保持必要的職業謹慎，但仍未能發現被審計單位的會計資料錯誤
   B. 審計業務所必須依賴的金融機構等單位提供虛假或者不實的證明文件。會計師事務所在保持必要的職業謹慎下仍未能發現虛假或者不實
   C. 已在審計報告中註明「本報告僅供辦理工商年檢時使用」
   D. 已對被審計單位的舞弊跡象提出警告並在審計報告中予以指明
4. 甲公司是一家有限責任公司，註冊會計師對甲公司 2012 年度財務報表進行審計並出具了無保留意見的審計報告，Q 銀行根據註冊會計師審計的財務報表等相關資產證明文件向甲公司提供了巨額貸款。2013 年由於甲公司偽造金融票案發，甲公司的供應商 A 公司貨款不能收回，Q 銀行出現巨額虧損，Q 銀行儲戶不能按期提取存款。下列可能無法構成註冊會計師利害關係人的有( )。
   A. Q 銀行　　　　B. 供應商 A　　　C. 儲戶　　　　D. 甲公司股東
5. 下列有關註冊會計師避免法律訴訟的具體措施中正確的有( )。
   A. 保持良好的職業道德，嚴格遵循專業標準的要求執行業務，出具報告
   B. 深入瞭解被審計單位所在行業的情況及被審計單位的業務
   C. 會計師事務所承接任何業務時，都必須按照業務約定書準則的要求與委託人簽訂業務約定書
   D. 註冊會計師必須審慎選擇被審計單位，尤其要特別注意陷入財務和法律困境的被審計單位要特別注意

三、業務分析題
   D 註冊會計師負責對上市公司丁公司 2013 年度財務報表進行審計。2013 年，丁公

項目三　法律責任

司管理層通過與銀行串通編造虛假的銀行進帳單和銀行對帳單,虛構了一筆大額營業收入。D註冊會計師實施了向銀行函證等必要審計程序後,認為丁公司2013年度財務報告不存在重大錯報,出具了無保留意見審計報告。

在丁公司2013年度已審計財務報表公布後,股民甲購入了丁公司股票。隨後,丁公司財務舞弊案件曝光,並受到證券監管部門的處罰,其股票價格大幅下跌。為此,股民甲向法院起訴D註冊會計師,要求其賠償損失。D註冊會計師以其與股民甲未構成合約關係為由,要求免於承擔民事責任。

要求:
(1) 為了支持訴訟請求,股民甲應當向法院提出哪些理由?
(2) 指出D註冊會計師提出的免責理由是否正確,並簡要說明理由。
(3) 在哪些情形下,D註冊會計師可以免於承擔民事責任?

案例分析

1. 中國註冊會計師行政責任經典案例——深圳特區會計師事務所對原野公司案

深圳經濟特區會計師事務所(簡稱特區所)對原野公司一案是追究行政責任的經典案例。會計師事務所由於出具虛假報告造成嚴重後果而被撤銷、沒收財產,有關CPA被吊銷資格。

特區所自原野公司成立以來一直擔任該公司的主要查帳驗資工作,在5年內先後為公司出具了71份查帳和驗資報告。在出具驗資報告中,特區所主要存在三方面的重大過失:

第一,原野公司自成立到上市的兩年時間裡,特區所先後三次主要的驗資報告對存在的投資不實、分配不合理、序列資產項目等均未做出任何披露和提出任何異議,而全部予以確認。

第二,特區所對原野公司下屬的「原豐」「原野時裝」「福華」三個子公司先後出具的七份驗資報告,均存在嚴重虛假問題。

第三,特區所在1989—1991年連續三年審計報告中,對原野公司嚴重違反中國會計制度規定,隱瞞實際情況,有意做不實報告。

根據財政部《關於深圳經濟特區會計師事務所嚴重失職給予嚴肅處理的通知》精神和中註協、財政部會計師事務所管理司聯合調查組的建議處理意見,廣東省財政廳於1992年9月18日正式做出處理決定。主要處理意見如下:

(1) 特區所立即停業整頓,南深圳市財政局凍結特區所一切財產,並派出得力幹部組成工作組,負責整頓工作。
(2) 註銷3人的註冊會計師資格。
(3) 對於其他簽署過不實查帳驗資報告的有關人員,待進一步查清後再處理。

此案件發生時，註冊會計師發展過程正處於一個新階段，註冊會計師被賦予越來越大的社會監督職責，也將對其工作結果負有越來越大的經濟責任。行政責任的出現，說明黨中央、國務院和各級人民政府以及社會各界對註冊會計師抱有高度期望。

2. 中國註冊會計師民事責任第一例——四川德陽會計師事務所驗資糾紛案

四川德陽會計師事務所驗資糾紛案是追究註冊會計師民事責任的經典案例。

1993年，四川省德陽東方貿易公司（簡稱貿易公司）和山西省某化工廠（簡稱化工廠）簽訂購銷合同，金額為129,600元。化工廠按合同發貨後，遲遲未收到貨款，後來發現經辦人收款後，逃之夭夭。化工廠一怒之下，一紙訴狀，將貿易公司及其主管單位四川德陽東方企業總公司告上法庭。在審理過程中，法庭發現CPA的驗資報告中有這樣一段話：「……上述情況屬實。如果發現驗資不實，由我單位負責承擔證明金額內的賠償責任。」因此，在法院的建議下，化工廠將德陽市會計師事務所列為第三被告。最高人民法院據此頒發1996年56函，要求CPA承擔賠償責任（即著名56函的緣起）。

56函發佈以後，案件再次被審理，德陽市會計師事務所被追究法律責任，要求其承擔民事責任，即德陽市東方貿易公司承擔債務後，清償債務的不足部分由德陽市會計師事務所在其證明金額內承擔賠償責任。

啟示：雖會計師事務所與案件的合同當事人沒有直接的法律關係，但鑒於出具虛假驗資證明的行為損害了當事人的合法權益，在民事責任的承擔上，應當先由債務人負責清償，不足部分再由會計師事務所在其證明金額範圍內承擔賠償責任。自從上述案件出現後，債權人一旦發現債務人無力償債，就將出具驗資證明的會計師事務所推上被告席。

3. 中國註冊會計師首次捲入刑事責任的案件——中誠會計師事務所對長城公司案

北京市長城機電產業公司（簡稱長城公司）是一家所謂的民營高科技企業，利用公司的科研成果以簽訂「技術開發合同」的形式進行非法集資活動。而這一大規模、大範圍的集資活動未經國家金融管理機構的批准。

1993年，廣大的投資者對公司的集資行為產生懷疑，要求長城公司退回投資款。這時，公司找到中誠會計師事務所，為其出具審驗報告，為該公司非法集資提供了便利。這對向長城公司索要集資款的投資者起到了搪塞、欺騙的作用，給國家金融管理帶來了不好的影響、造成了嚴重的後果。

除了審計署、財政部和中國證監會對中誠會計師事務所做出的行政處罰外，法院審理裁決，對承辦長城公司審驗業務的兩名註冊會計師判處有期徒刑，鑒於年齡偏大，監外執行。

在本案例中，由於註冊會計師的驗資報告是一部分投資者遭受損失的直接原因，因此，註冊會計師難辭其咎，對社會金融秩序造成如此大的惡劣影響，必須追究其刑事責任。

（本案例根據黃良杰、肖瑞利主編的《審計》東北財經大學出版社2013版及馬春靜主編的《新編審計原理與實務》大連理工大學出版社2008版相關資料加工整理而成。）

項目四　審計目標

學習目標

1. 掌握財務報表審計的總體目標；
2. 掌握審計工作前提；
3. 掌握認定及其分類；
4. 熟悉認定、審計目標與審計程序；
5. 瞭解審計目標實現過程。

任務一　財務報表審計總目標

審計目標是在一定歷史環境下，人們通過審計實踐活動所期望達到的境地或最終結果，包括財務報表審計的總體目標，以及與各類交易、帳戶餘額和披露相關的審計目標兩個層次。

一、總體目標

審計的目的是提高財務報表預期使用者對財務報表的信賴程度。這一目的可以通過註冊會計師對財務報表是否在所有重大方面按照適用的財務報告編制基礎編制發表審計意見得以實現。就大多數通用目的財務報告編制基礎而言，註冊會計師針對財務報表是否在所有重大方面按照財務報告編制基礎編制並實現公允反應發表審計意見。註冊會計師按照審計準則和相關職業道德要求執行審計工作，能夠形成這樣的意見。因此，執行財務報表審計工作時，註冊會計師的總體目標是：一是對財務報表整體是否不存在由舞弊或錯誤導致的重大錯報獲取合理保證，使得註冊會計師能夠對財務報表是否在所有重大方面按照適用的財務報告編制基礎編制發表審計意見；二是按照審計準則的規定，根據審計結果對財務報表出具審計報告，並與管理層和治理層溝通。

財務報表審計的總體目標對註冊會計師的審計工作發揮著導向作用。它界定了註冊會計師的責任範圍，直接影響註冊會計師計劃和實施審計程序的性質、時間安排和範圍，決定了註冊會計師發表審計意見類型。例如，既然財務報表審計的目標是對財務報表整體發表審計意見，那麼註冊會計師就可以只關注與審計有關的內部控製，而

不對內部控製本身發表鑒證意見。同樣，註冊會計師關注被審計單位的違法行為，是因為這些行為影響到財務報表，而不是對被審計單位是否存在違反法規行為提供鑒證。

二、審計工作前提

法律法規可能規定了管理層和治理層（如適用）與財務報告相關的責任。儘管不同的國家或地區對這些責任的範圍或表述方式的規定可能不盡相同，但註冊會計師按照審計準則的規定執行審計工作的前提是相同的，即管理層和治理層已認可並理解其應當承擔的責任。

（一）管理層和治理層的概念

管理層是對被審計單位經營活動的執行負有經營管理責任的人員。在某些被審計單位，管理層包括部分或全部的治理層成員，如治理層中負有經營管理責任的人員，或參與日常經營管理的業主。治理層是對被審計單位戰略方向，以及管理層履行經營管理責任負有監督責任的人員或組織。治理層的責任包括監督財務報告的過程。在某些被審計單位，治理層可能包括管理層，如治理層中負有經營管理責任的人員。

企業的所有權與經營權分離後，管理層負責企業的日常經營管理並承擔受託責任。管理層通過編制財務報表反應受託責任的履行情況。為了借助公司內部之間的權力平衡和制約關係保證財務信息的質量，現代公司治理結構往往要求治理層對管理層編制財務報表的過程實施有效的監督。在治理層的監督下，管理層作為會計工作的行為人，對編制財務報表負有直接責任。

（二）審計工作前提

財務報表是由被審計單位管理層在治理層的監督下編制的。管理層和治理層認可與財務報表相關的責任，是註冊會計師執行審計工作的前提，構成註冊會計師按照審計準則的規定執行審計工作的基礎。與管理層和治理層責任相關的執行審計工作的前提，是指管理層和治理層認可並理解其應當承擔的下列責任，這些責任構成註冊會計師按照審計準則的規定執行審計工作的基礎。

（1）按照適用的財務報告編制基礎編制財務報表，並使其實現公允反應。

（2）設計、執行和維護必要的內部控製，以使財務報表不存在由舞弊或錯誤導致的重大錯報。

（3）向註冊會計師提供必要的工作條件，包括允許註冊會計師接觸與編制財務報表相關的所有信息（如記錄、文件和其他事項），向註冊會計師提供審計所需的其他信息，允許註冊會計師在獲取審計證據時不受限制地接觸其認為必要的內部人員和其他人員。

（三）註冊會計師的責任

按照審計準則的規定對財務報表發表審計意見是註冊會計師的責任。為履行這一職責，註冊會計師應當遵守相關職業道德要求，按照審計準則的規定計劃和實施審計工作，獲取充分、適當的審計證據，並根據獲取的審計證據得出合理的審計結論，發表恰當的審計意見。

如果財務報表存在重在錯報，而註冊會計師通過審計沒有發現，也不能因為財務報表已經由註冊會計師審計這一事實而減輕管理層和治理層對財務報表的責任。

任務二　認定與具體審計目標

一、認定

（一）認定的含義

認定，是指管理層在財務報表中做出的明確或隱含的表達，註冊會計師將其用於考慮可能發生的不同類型的潛在錯報。認定與審計目標密切相關，註冊會計師的基本職責就是確定被審計單位管理層對其財務報表的認定是否恰當。註冊會計師瞭解了認定，就很容易確定每個項目的具體審計目標。通過考慮可能發生的不同類型的潛在錯報，註冊會計師運用認定評估風險，並據此設計審計程序以應對評估的風險。

保證財務報表公允反應被審計單位的財務狀況和經營成果是管理層的責任。當管理層聲明財務報表已按照適用的財務報告編制基礎編制，在所有重大方面做出公允反應時，管理層對財務報表各組成要素的確認、計量、列報，以及相關披露也做出了認定。管理層在財務報表中的認定中，有些是明確表達的，有些則是隱含表達的。例如，管理層在資產負債表中列報存貨及其金額，意味著做出下列明確的認定：①記錄的存貨是存在的；②存貨以恰當的金額包括在財務報表中，與之相關的計價或分攤調整已恰當記錄。同時，管理層也做出下列隱含的認定：①所有應當記錄的存貨均已記錄；②記錄的存貨均被單位擁有或控製。

對於管理層對財務報表各組成要素做出的認定，註冊會計師的審計工作就是確定管理層的認定是否恰當。

（二）與所審計期間各類交易和事項相關的認定

註冊會計師對審計期間的各類交易和事項運用的認定通常分為下列類別：
（1）發生：記錄的交易或事項已發生，且與被審計單位有關。
（2）完整性：所有應當記錄的交易和事項均有記錄。
（3）準確性：與交易和事項有關的金額及其他數據已恰當記錄。
（4）截止：交易和事項已記錄於正確的會計期間。
（5）分類：交易和事項已記錄於恰當的帳戶。

（三）與期末帳戶餘額相關的認定

註冊會計師對期末帳戶餘額運用的認定通常分為以下類別：
（1）存在：記錄的資產、負債和所有者權益是存在的。
（2）權利和義務：記錄的資產由被審計單位擁有或控製，記錄的負債是被審計單

位應當履行的償還義務。

(3) 完整性：所有應當記錄的資產、負債和所有者權益均已記錄。

(4) 計價和分攤：資產、負債和所有者權益以恰當的金額包括在財務報表中，與之相關的計價或分攤調整已恰當記錄。

(四) 與列報和披露相關的認定

各類交易和帳戶餘額的認定正確只是為列報正確打下了必要的基礎，財務報表還可能因被審計單位誤解有關列報的規定或舞弊等產生錯報。此外，還可能因被審計單位沒有遵守一些專門的披露要求而導致財務報表錯報。因此，即使註冊會計師審計了各類交易和帳戶餘額的認定，實現了各類交易和帳戶餘額的具體審計目標，也不意味著獲取了足以對財務報表發表審計意見的充分、適當的審計證據。註冊會計師還應當對各類交易、帳戶餘額及相關事項在財務報表中列報的正確性實施審計。

由此，註冊會計師對列報和披露運用的認定通常分為以下類別：

(1) 發生及權利和義務：披露的交易、事項和其他情況已發生，且與被審計單位有關。

(2) 完整性：所有應當包括在財務報表中的披露均已包括。

(3) 分類和可理解性：財務信息已被恰當地列報和描述，且披露內容表述清楚。

(4) 準確性和計價：財務信息和其他信息已公允披露，且金額恰當。

註冊會計師可以按照上述分類運用認定，也可以按其他方式表述認定，但應涵蓋上述所有方面。例如，註冊會計師可以選擇將有關交易和事項的認定與有關帳戶餘額的認定綜合運用。

二、具體審計目標

註冊會計師瞭解認定後，應很容易確定每個項目的具體審計目標，並以此作為評估重大錯報風險及設計和實施進一步審計程序的基礎。

(一) 與審計期間各類交易和事項相關的審計目標

(1) 發生：由發生認定推導的審計目標是確認已記錄的交易是真實的。發生認定所要解決的問題是管理層是否把那些不曾發生的項目列入財務報表，它主要與財務報表組成要素的高估有關。

(2) 完整性：由完整性認定推導的審計目標是確認已發生的交易確實已經記錄了。發生和完整性兩者強調的是相反的關注點。發生目標針對潛在的高估，而完整性目標則針對漏記交易（低估）。

(3) 準確性：由準確性認定推導的審計目標是確認已記錄的交易是按正確的金額反應的。

(4) 由截止認定推導的審計目標是確認接近於資產負債表日的交易記錄於恰當的期間。

(5) 分類：由分類認定推導的審計目標是確認被審計單位記錄的交易經過了適當分類。

(二) 與期末帳戶餘額相關的審計目標

(1) 存在：由存在認定推導的審計目標是確認記錄的金額確實存在。
(2) 權利和義務：由權利和義務認定推導的審計目標是確認資產歸屬於被審計單位，負債屬於被審計單位的義務。
(3) 完整性：由完整性認定推導的審計目標是確認已存在的金額均已記錄。
(4) 計價和分攤：資產、負債和所有權益以恰當的金額包括在財務報表中，與之相關的計價或分攤調整已恰當記錄。

(三) 與列報和披露相關的審計目標

(1) 發生及權利和義務：若將沒有發生的交易、事項、或與被審計單位無關的交易和事項包括在財務報表中，那麼違反該目標。
(2) 完整性：如果應當披露的事項沒有包括在財務報表中，則違反了該目標。
(3) 分類和可理解性：財務信息已被恰當地列報和描述，且披露內容表述清楚。
(4) 準確性和計價：財務信息和其他信息已公允披露，且金額恰當。

認定是確定具體審計目標的基礎。註冊會計師通常將認定轉化為能夠通過審計程序予以實現的審計目標。針對財務報表每一項目的各項認定，註冊會計師相應地確定一項或多項審計目標，然後通過執行一系列審計程序獲取充分、適當的審計證據以實現審計目標。認定、審計目標和審計程序之間的關係見表 4-1。

表 4-1　認定、審計目標與審計程序之間的關係舉例

認定	審計目標	審計程序
存在	資產負債表列示的存貨存在	實施存貨監盤程序
完整性	銷售收入包括了所有已發貨的交易	檢查發貨單據和銷售發票的編號及銷售明細帳
計價和分攤	以淨值記錄應收款項	檢查應收帳款帳齡分析表、評估計提的壞帳準備是否充分
截止	銷售業務記錄在恰當的期間	比較上一年度最後幾天和下一年度最初幾天的發貨單日期與記帳日期
權利和義務	資產負債表中的固定資產確實為公司擁有	查閱所有權證書、購貨合同、結算單和保險單

任務三　審計目標實現過程

審計方法從早期的帳項基礎審計，演變到今天的風險導向審計。風險導向審計模式要求註冊會計師在審計過程中，以重大錯報風險的識別、評估和應對作為工作主線。

相應地，審計目標實現過程可以分為以下階段。

一、接受業務委託

　　會計師事務所應當按照執業準則的規定，謹慎決策是否維護與某客戶的關係和開展具體審計業務。在接受委託前，註冊會計師應當初步瞭解審計業務環境：業務約定事項、審計對象特徵、使用的標準、預期使用者的需求、責任方及其環境特徵，以及可能對審計業務產生重大影響的事項、交易、條件和慣例等其他事項。

　　只有在瞭解後認為符合勝任能力、獨立性和應有的關注等職業道德要求，並且擬承接的業務具備下列所有特徵時，註冊會計師才能將其作為審計業務予以承接。

　　（1）審計對象適當。
　　（2）使用的標準適當且預期使用者能夠獲取該標準。
　　（3）註冊會計師能夠獲取充分、適當的證據以支持結論。
　　（4）註冊會計師的結論以書面報告形式表述，且表述形式與所提供的保證程度相適應。
　　（5）該業務具有合理的目的。如果審計業務的工作範圍受到重大限制，或委託人試圖將註冊會計師的名字和審計對象不適當地聯繫在一起，那麼該業務可能不具有合理的目的。

　　接受業務委託階段的主要工作包括瞭解和評價審計對象的可審計性、決策是否接受委託、商定業務約定條款、簽訂審計業務約定書等。

二、計劃審計工作

　　計劃審計工作是整個審計工作的起點。為了保證審計目標的實現，註冊會計師必須在具體執行審計程序前，制訂審計計劃，對審計工作進行科學、合理的計劃與安排，使審計業務以有效的方式得到執行。一般來說，計劃審計工作主要包括在本期審計業務開始時開展初步業務活動、制訂總體審計策略、制定具體審計計劃等。計劃審計工作不是審計業務的一個孤立階段，而是一個持續的、不斷修正的過程，貫穿於整個審計過程的始終。

三、實施風險評估程序

　　為了解被審計單位及其環境而實施的程序稱為「風險評估程序」。註冊會計師應當依據實施這些程序所獲取的信息，評估重大錯報風險。風險評估程序為註冊會計師確定重要性水平、識別需要特別考慮的領域、設計和實施進一步程序等工作提供了重要基礎。

　　一般來說，實施風險評估程序的主要工作包括瞭解被審計單位及其環境、識別和評估財務報表層次及各類交易、帳戶餘額、列報認定層次的重大錯報風險，包括確定需要特別考慮的重大錯報風險（即特別風險），以及僅通過實質性程序無法應對的重大錯報風險等。

四、實施控製測試和實質性程序

　　控製測試是在瞭解內部控製的基礎上，為確定內部控製政策和程序的設計與執行

項目四　審計目標

是否有效而實施的審計程序。其目的是測試內部控制在防止、發現並糾正認定層次重大錯報方面的運行有效性，從而支持或修正重大錯報風險的評估結果，據以確定實質性程序的性質、時間和範圍。有兩種情況應實施控製測試：一是在評估認定層次重大錯報風險時，預期控制的運行是有效的，註冊會計師應當實施控製測試以支持評估結果；二是僅實施實質性程序不足以提供認定層次充分、適當的審計證據，註冊會計師應當實施控製測試，以獲取內部控制運行有效性的審計證據。

實質性程序是指註冊會計師針對評估的重大錯報風險實施的直接用以發現認定層次重大錯報的審計程序。實質性程序包括各類交易、帳戶餘額、列報的細節測試及實質性分析程序。無論評估的重大錯報風險結果如何，註冊會計師均應當針對所有重大的各類交易、帳戶餘額、列報實施實質性程序，以獲取充分、適當的審計證據。

由此可見，風險評估程序和實質性程序是每次財務報表審計都應實施的必要程序，而控製測試則不是。在財務報表審計業務中，註冊會計師必須通過實施風險評估程序、控製測試（必要時或決定測試時）和實質性程序，才能獲取充分、適當的審計證據，得出合理的審計結論，作為形成審計意見的基礎。

五、完成審計工作和編制審計報告

註冊會計師在完成財務報表所有業務循環的進一步審計程序後，還應當按照有關審計準則的規定做好審計完成階段的工作，並根據所獲取的各種證據，合理運用專業判斷，形成恰當的審計意見。本階段的主要工作有：審計期初餘額、比較數據、期後事項和或有事項；考慮持續經營問題和獲取管理層聲明；匯總審計差異，並提請被審計單位調整或披露；復核審計工作底稿和財務報表；與管理層和治理層溝通；評價所有審計證據，形成審計意見；編制審計報告等。

項目小結

審計目標包括審計總體目標和審計具體目標兩個層次。財務報表審計總體目標包括：一是對財務報表整體是否不存在由於舞弊或錯誤導致的重大錯報獲取合理保證，使得註冊會計師能夠對財務報表是否在所有重大方面按照適用的財務報告編制基礎編制發表審計意見；二是按照審計準則的規定，根據審計結果對財務報表出具審計報告，並與管理層和治理層溝通。審計具體目標是根據被審計單位管理當局的認定和審計總體目標來確定的。認定是指被審計單位管理層對財務報表中的各種業務和相關帳戶所做的陳述或聲明。管理當局的認定包含與各類交易和事項相關的認定、與期末帳戶餘額相關的認定、與列報相關的認定三類。根據審計的總體目標和被審計單位管理當局的上述認定，就可得出與各類交易和事項相關的審計目標、與期末帳戶餘額相關的審計目標、與列報相關的審計目標三類具體審計目標。審計程序的主要內容包括接受業務委託、計劃審計工作、實施風險評估程序、實施控製測試和實質性程序、完成審計工作和編制審計報告。

練習題

一、單項選擇題

1. 註冊會計師在財務報表審計中，關於管理層、治理層和註冊會計師的以下的判斷事項中，不恰當的是(　　)。
   A. 管理層對編制財務報表負有直接責任
   B. 管理層通過編制財務報表反應受託責任的履行情況，治理層對管理層編制財務報表的過程實施有效的監督
   C. 財務報表審計不能減輕被審計單位管理層和治理層的責任
   D. 管理層和治理層理應對編制財務報表承擔完全責任，註冊會計師對被審計的財務報表不承擔任何責任

2. 下列各項中，與審計期間的各類交易和事項相關的認定是(　　)。
   A. 計價和分攤　　B. 權利和義務　　C. 完整性　　D. 存在

3. 下列各項審計程序中，不能為應收帳款的存在認定提供審計證據的是(　　)。
   A. 向顧客寄發詢證函
   B. 檢查應收帳款餘額是否有相關原始憑證（如出庫單和銷售發票）的支持
   C. 檢查財務報表日後的應收帳款回收情況
   D. 從銷售發票、出庫單追查至截止財務報表日的應收帳款明細帳

4. 下列各項審計程序中，不能為應付帳款的完整性認定提供審計證據的是(　　)。
   A. 向供應商寄發應付帳款詢證函
   B. 檢查應付帳款餘額是否有相關原始憑證（如入庫單和供應商發票）的支持
   C. 檢查資產負債表日前一個月入庫的存貨是否記錄在本年度
   D. 取得供應商對帳單，並將對帳單與被審計單位財務記錄進行調節

5. 下列各項中，為獲取審計證據，所實施的審計程序與審計目標無關的是(　　)。
   A. 對應收帳款進行函證以確定應收帳款是否存在
   B. 將銀行存款日記帳、明細帳與總帳進行核對，以確定銀行存款餘額正確
   C. 檢查資產負債表日前後幾天的發貨單、發票日期與記帳日期，以確定銷售業務是否計入恰當的期間
   D. 抽查營業收入明細帳，並追查至有關原始憑證，以確定營業收入的完整性

二、多項選擇題

1. 關於註冊會計師財務報表審計的總體目標，下列說法中，恰當的有(　　)。
   A. 合理保證財務報表整體不存在舞弊
   B. 合理保證財務報表整體不存在重大錯報
   C. 出具審計報告，並與相關行業監管部門溝通
   D. 出具審計報告，並與管理層和治理層溝通

2. 關於註冊會計師執行審計工作的前提，下列說法中，正確的有(　　)。
   A. 管理層、治理層認可並理解其對財務報表的責任是註冊會計師執行審計工作的前提

項目四 審計目標

B. 如果管理層、治理層不認可其對財務報表的責任，那麼表明執行審計工作的前提不存在，註冊會計師不能承接該審計業務委託
C. 管理層、治理層對財務報表責任的認可和理解是註冊會計師能否承接並執行財務報表審計業務的前提
D. 執行審計工作的前提是管理層、治理層承諾其編制的財務報表不存在任何錯誤或舞弊

3. 關於管理層、治理層和註冊會計師對財務報表的「責任」，下列說法中，正確的有（　　）。
   A. 註冊會計師對財務報表承擔最終責任
   B. 管理層對財務報表的編制直接負責
   C. 註冊會計師對財務報表承擔審計責任
   D. 管理層和治理層對編制財務報表承擔完全責任

4. 如果甲公司財務報表日資產負債表中存貨項目期末顯示的是 800 萬元，根據對認定的理解，以下表述中，恰當的有（　　）。
   A. 財務報表日甲公司資產中所記錄的存貨 800 萬元是存在的，表明存貨帳面記錄沒有多記，如果註冊會計師以該帳面記錄為起點能夠追蹤到對應的存貨實物
   B. 存貨以恰當的金額 800 萬元記錄在資產負債表中，與之相關的計價調整已恰當記錄，表明存貨在資產負債表的金額是正確的，並且已經對存貨進行了期末減值估計
   C. 所有應當記錄的存貨均已記錄在 800 萬元中，表明實際存在的並且所有權屬於甲公司的存貨已經記錄在資產負債表中，沒有少記
   D. 甲公司記錄的存貨均由其擁有或控制，表明存貨資產都在被審計單位

5. 以下情形中，註冊會計師為了獲取審計證據，證明長期股權投資的「計價和分攤」認定是否恰當，應當選擇的實質性程序包括（　　）。
   A. 獲取或編制長期股權投資明細表，復核加計，並與總帳數和明細帳合計數核對
   B. 對於長期股權投資分類發生變化的，檢查其核算是否正確
   C. 結合銀行借款等檢查，瞭解長期股權投資是否存在質押、擔保情況
   D. 結合長期股權投資減值準備科目，將其與報表數核對是否相符

二、簡答題

某事務所接受 A 公司委託對 A 公司財務報表進行審計，註冊會計師通過相關認定確定應收帳款項目的具體審計目標，並選擇相應的具體審計程序以保證審計目標的實現，見表 4-2。

表 4-2　簡答題表

相關認定	具體審計目標	審計程序
	公司對應收帳款擁有所有權	
	記錄的應收帳款確實存在	
	存在的應收帳款均已記錄	
	應收帳款壞帳準備計提充分	

51

相關認定：完整性、存在、權利和義務、計價和分攤。

審計程序：

（1）檢查現行銷售價目表。

（2）函證應收帳款。

（3）以應收帳款明細帳為起點追查到銷售發票。

（4）檢查應收帳款的帳齡分析表。

（5）詢問生產員工有關生產情況。

（6）以原始憑證為起點追查到應收帳款的相關會計記錄。

（7）檢查銀行存款和銀行貸款等詢證函的回函、會議紀要、借款協議和其他文件，確定應收帳款是否已經被質押或出售。

四、業務分析題

A 註冊會計師負責對×公司 2013 年度財務報表實施審計。在審計過程中，A 註冊會計師需要針對評估的重大錯報風險設計和實施進一步審計程序。以下是 A 註冊會計師計劃實施的部分審計程序。

（1）抽取 2013 年 12 月份應付帳款明細帳借方記錄，追查到銀行對帳單。

（2）檢查資產負債表日前後發貨單日期、發票日期與營業收入的記帳日期。

（3）獲取銀行存款日記帳，復核加計是否正確，並與明細帳和總帳進行核對。

（4）將員工工薪表中列示的員工總人數與經實際清點並確認的員工人數進行比較。

（5）檢查固定資產抵押擔保情況。

要求：請指出上述進一步審計程序可能證實×公司管理層對財務報表做出哪一種認定。如果證實的認定與交易、事項或期末帳戶餘額相關，請指出最相關的財務報表項目（僅限於貨幣資金、固定資產、應付帳款、營業收入、營業成本、應付職工薪酬項目）。

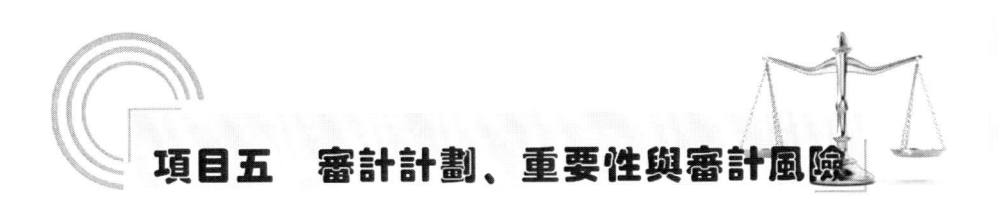

項目五　審計計劃、重要性與審計風險

學習目標

1. 掌握初步業務活動的目的和內容；
2. 熟悉審計的前提條件；
3. 熟悉審計計劃的內容；
4. 掌握審計重要性的含義及重要性水平的確定；
5. 掌握檢查風險的確定與控製。

計劃審計工作對於註冊會計師順利完成審計工作和控製審計風險具有非常重要的意義。合理的審計計劃有助於註冊會計師關注重點審計領域，及時發現和解決潛在問題及恰當地組織和管理審計工作，以使審計工作更加有效。同時，充分的審計計劃可以幫助註冊會計師對項目組成員進行恰當分工和指導監督，並復核其工作，還有助於協調其他註冊會計師和專家的工作。計劃審計工作是一項持續的過程，註冊會計師通常在前一期審計工作結束後開展本期的審計計劃工作，並直到本期審計工作結束為止。在計劃審計工作時，註冊會計師需要進行初步業務活動、制定總體審計策略和制訂具體審計計劃。在此過程中，需要做出很多關鍵決策，包括確定可接受的審計風險水平和重要性、配置人員等。

任務一　初步業務活動

一、初步業務活動的目的和內容

（一）初步業務活動的目的

註冊會計師開展初步業務活動，以實現以下三個主要目的：第一，具備執行業務所需的獨立性和能力；第二，不存在因管理層誠信問題而可能影響註冊會計師保持該項業務的意願的事項；第三，與被審計單位之間不存在對業務約定條款的誤解。

(二) 初步業務活動的內容

註冊會計師在本期審計業務開始時應當開展下列初步業務活動：

1. 針對保持客戶關係和具體審計業務實施相應的質量控製程序

針對保持客戶關係和具體審計業務實施質量控製程序，並且根據實施相應程序的結果做出適當的決策，是註冊會計師控製審計風險的重要環節。連續審計時，註冊會計師通常執行針對保持客戶關係和具體審計業務的質量控製程序，而在首次接受審計委託時，註冊會計師需要執行針對建立有關客戶關係和承接具體審計業務的質量控製程序。總體而言，無論是連續審計還是首次接受審計委託，為確定保持客戶關係和具體審計業務的結論是恰當的，註冊會計師均應當考慮的主要事項有：第一、被審計單位的股東、關鍵管理人員和治理層是否有誠信；第二、項目組是否具備執行審計業務的專業勝任能力及必要的時間和資源；第三、會計師事務所和項目組能否遵守職業道德規範。

2. 評價遵守相關職業道德要求的情況

評價遵守職業道德要求的情況也是一項非常重要的初步業務活動。職業道德要求項目組成員恪守獨立、客觀、公正的原則，保持專業勝任能力和應有的關注，並對審計過程中獲知的信息保密。質量控製準則含有包括獨立性在內的有關職業道德要求，註冊會計師應當按照其規定執行。雖然保持客戶關係及具體審計業務和評價職業道德的工作貫穿審計業務的全過程，但是這兩項活動需要安排在其他審計工作之前，以確保註冊會計師已具備執行業務所需要的獨立性和專業勝任能力，且不存在因管理層誠信問題而影響註冊會計師保持該項業務意願的情況。在連續審計的業務中，這些初步業務活動通常是在上期審計工作結束後不久或將要結束時就已開始了。

3. 就審計業務約定條款達成一致意見

在做出接受或保持客戶關係及具體業務的決策後，註冊會計師應當按照《中國註冊會計師審計準則第1111號——就審計業務約定條款達成一致意見》的規定，在審計業務開始前，與被審計單位就審計業務約定條款達成一致意見，簽訂或修改審計業務約定書，以避免雙方對審計業務的理解產生分歧。

二、審計的前提條件

(一) 財務報告編制基礎

承接審計業務的條件之一是《中國註冊會計師鑒證業務基本準則》中提及的標準適當，且能夠為預期使用者獲取。標準是指用於評價或計量鑒證對象的基準。當涉及列報時，還包括列報與披露的基準。適當的標準使註冊會計師能夠運用職業判斷對鑒證對象做出合理一致的評價或計量。就審計業務而言，適用的財務報告編制基礎為註冊會計師提供了用以審計財務報表的標準。如果不存在可接受的財務報告編制基礎，管理層就不具有編制財務報表的恰當基礎，註冊會計師也不具有對財務報表進行審計的適當標準。

在確定編制財務報表所採用的財務報告編制基礎的可接受性時，註冊會計師需要考慮下列相關因素：第一，被審計單位的性質（如被審計單位是商業企業、公共部門實體還是非營利組織）；第二，財務報表的目的（如編制財務報表是用於滿足廣大財務

項目五　審計計劃、重要性與審計風險

報表使用者共同的財務信息需求，還是用於滿足財務報表特定使用者的財務信息需求）；第三，財務報表的性質（如財務報表是整套財務報表還是單一財務報表）；第四，法律法規是否規定了適用的財務報告編制基礎。

按照某一財務報告編制基礎編制，旨在滿足廣大財務報表使用者共同的財務信息需求的財務報表，稱為通用目的財務報表。按照特殊目的編制基礎編制的財務報表，稱為特殊目的財務報表，旨在滿足財務報表特定使用者的財務信息需求。對於特殊目的財務報表，預期財務報表使用者對財務信息的需求，決定適用的財務報告編制基礎。《中國註冊會計師審計準則第 1601 號——對按照特殊目的編制基礎編制的財務報表審計的特殊考慮》規定了如何確定旨在滿足財務報表特定使用者財務信息需求的財務報告編制基礎的可接受性。

（二）就管理層的責任達成一致意見

按照審計準則的規定執行審計工作的前提是管理層已認可並理解其承擔的責任。審計準則並沒有超越法律法規對這些責任的規定。然而，獨立審計的理念要求註冊會計師不對財務報表的編制或被審計單位的相關內部控製承擔責任，並要求註冊會計師合理預期能夠獲取審計所需要的信息。因此，管理層認可並理解其責任，這一前提對執行獨立審計工作是至關重要的。

財務報告責任在管理層和治理層之間的劃分，因被審計單位的資源（如人員素質和數量）和組織結構、相關法律法規的規定，以及管理層和治理層在被審計單位各自角色的不同而不同。在大多數情況下，管理層負責執行，而治理層負責監督管理層。在某些情況下，治理層負有批准財務報表或監督與財務報告相關的內部控製的責任。在大型實體或公眾利益實體中，治理層下設的組織，如審計委員會，可能負有某些監督責任。

大多數財務報告編制基礎包括與財務報表列報相關的要求。對於這些財務報告編制基礎，在提到「按照適用的財務報告編制基礎編制財務報表」時，編制包括列報。實現公允列報的報告目標非常重要，因而在與管理層達成一致意見的執行審計工作的前提中需要特別提及公允列報，或需要特別提及管理層負有確保財務報表根據財務報告編制基礎編制並使其實現公允反應的責任。

管理層設計、執行和維護必要的內部控製，使編制的財務報表不存在由於舞弊或錯誤導致的重大錯報。由於內部控製的固有限制，無論其如何有效，也只能合理保證被審計單位實現其財務報告目標。註冊會計師按照審計準則的規定執行的獨立審計工作，不能代替管理層維護編制財務報表所需要的內部控製。因此，註冊會計師需要就管理層認可並理解其與內部控製有關的責任與管理層達成共識。

三、審計業務約定書

審計業務約定書是指會計師事務所與被審計單位簽訂的、用以記錄和確認審計業務的委託與受託關係、審計目標和範圍、雙方的責任，以及報告的格式等事項的書面協議。會計師事務所承接任何審計業務，都應與被審計單位簽訂審計業務約定書。

（一）審計業務約定書的基本內容

審計業務約定書的具體內容和格式可能因被審計單位的不同而不同，但應當包括

以下主要內容：
(1) 財務報表審計的目標與範圍。
(2) 註冊會計師的責任。
(3) 管理層的責任。
(4) 指出用於編制財務報表所適用的財務報告編制基礎。
(5) 提及註冊會計師擬出具的審計報告的預期形式和內容，以及對在特定情況下出具的審計報告可能不同於預期形式和內容進行說明。

(二) 審計業務變更對業務約定書的影響

下列原因可能導致被審計單位要求變更業務：環境變化對審計服務的需求產生影響；對原來要求的審計業務的性質存在誤解；管理層施加壓力或其他情況引起的審計範圍受到限制。

上述第一項和第二項通常被認為是變更業務的合理理由，但如果有跡象表明該變更要求與錯誤的、不完整的或者不能令人滿意的信息有關，註冊會計師不應認為該變更是合理的。

如果沒有合理的理由，註冊會計師不應同意變更業務。如果註冊會計師不同意變更審計業務約定條款，而管理層又不允許繼續執行原審計業務，註冊會計師應當：在適用的法律法規允許的情況下，解除審計業務約定；確定是否有約定義務或其他義務向治理層、所有者或監管機構等報告該事項。

(三) 變更為審閱業務或相關服務業務的要求

在同意將審計業務變更為審閱業務或相關服務業務前，接受委託、按照審計準則執行審計工作的註冊會計師，除考慮在適用的法律法規允許的情況下提及的事項外，還需要評估變更業務對法律責任或業務約定的影響。

如果註冊會計師認為將審計業務變更為審閱業務或相關服務具有合理的理由，那麼截至變更日已執行的審計工作可能與變更後的業務相關。相應地，註冊會計師需要執行的工作和出具的報告會適用於變更後的業務。為避免引起報告使用者的誤解，對相關服務業務出具的報告不應提及原審計業務和在原審計業務中已執行的程序。只有將審計業務變更為執行商定程序業務，註冊會計師才可在報告中提及已執行的程序。

任務二　總體審計策略與具體審計計劃

一、計劃審計工作的作用與層次

凡事預則立、不預則廢，審計工作也不例外。審計師計劃審計工作的作用在於：
(1) 有助於審計師適當關注重要的審計領域。
(2) 有助於審計師及時發現和解決潛在的問題。

項目五　審計計劃、重要性與審計風險

(3) 有助於審計師恰當地組織和管理審計業務，以有效的方式執行審計業務。
(4) 有助於選擇具備必要專業素質和勝任能力的項目組成員應對預期的風險，並有助於項目組成員分配適當的工作。
(5) 有助於指導和監督項目組成員並復核其工作。
(6) 在適用的情況下，有助於協調部分註冊會計師和專家的工作。

審計計劃分為總體審計策略和具體審計計劃兩個層次。圖5-1列示了計劃審計工作的兩個層次。審計師應當針對總體審計策略中所識別的不同事項，制訂具體審計計劃，並考慮通過有效利用審計資源實現審計目標。值得注意的是，雖然制定總體審計策略的過程通常在具體審計計劃之前，但是各項計劃具有內在緊密聯繫，對其中一項的決定可能會影響甚至改變對另外一項的決定。例如，審計師在瞭解被審計單位及其環境的過程中，注意到被審計單位對主要業務的處理依賴複雜的自動化信息系統，因此計算機信息系統的可靠性及有效性對其經營、管理、決策以及編制可靠的財務報告具有重大影響。對此，審計師可能會在具體審計計劃中制定相應的審計程序，並相應調整總體審計策略的內容，做出利用信息風險管理專家工作的決定。

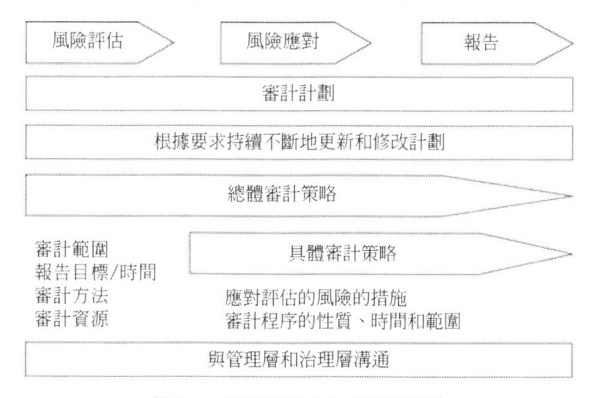

圖 5-1　計劃審計工作的兩個層次

二、總體審計策略

（一）制定總體審計策略時應考慮的事項

審計師應當為審計工作制定總體審計策略。總體審計策略，是指審計師制定的，用以確定審計範圍、時間和方向，並指導制訂具體審計計劃的總體規劃。在制定總體審計策略時，審計師應當考慮以下主要事項：

1. 審計範圍

審計師應當確定審計業務的特徵，包括採用的會計準則和相關會計制度、特定行業的報告要求以及被審計單位組成部分的分布等，以確定審計範圍。

具體來說，在確定審計範圍時，審計師需要考慮下列事項：
(1) 編制財務報表適用的會計準則和相關會計制度。
(2) 特定行業的報告要求，如某些行業的監管部門要求提交的報告。

（3）預期的審計工作涵蓋範圍，包括需審計的集團內組成部分的數量及所在地點。

（4）母公司和集團內其他組成部分之間存在的控製關係的性質，以確定如何編制合併財務報表。

（5）其他審計師參與組成部分審計的範圍。

（6）需審計的業務分部性質，包括是否需要具備專門知識。

（7）外幣業務的核算方法及外幣財務報表折算和合併方法。

（8）除對合併財務報表審計之外，是否需要對組成部分的財務報表單獨進行審計。

（9）內部審計工作的可利用性及對內部審計工作的擬信賴程度。

（10）被審計單位使用服務機構的情況，及審計師如何取得有關服務機構內部控製設計、執行和運行有效性的證據。

（11）擬利用在以前期間審計工作中獲取的審計證據的程度，如獲取的與風險評估程序和控製測試相關的審計證據。

（12）信息技術對審計程序的影響，包括數據的可獲得性和預期使用計算機輔助審計技術的情況。

（13）根據中期財務信息審閱及在審閱中所獲信息對審計的影響，相應調整審計涵蓋範圍和時間安排。

（14）與為被審計單位提供其他服務的會計師事務所人員討論可能影響審計的事項。

（15）被審計單位的人員和相關數據的可利用性。

2. 報告目標、時間安排及所需溝通

總體審計策略的制定應當包括明確審計業務的報告目標，以計劃審計的時間安排和所需溝通的性質，包括提交審計報告（包括中期和最終審計報告）的時間要求、預期與管理層和治理層溝通的重要日期等。

為計劃報告目標、時間安排和所需溝通，審計師需要考慮下列事項：

（1）被審計單位的財務報告時間表。

（2）與管理層和治理層就審計工作的性質、範圍和時間所舉行的會議的組織工作。

（3）與管理層和治理層討論預期簽發報告和其他溝通文件的類型及提交時間，如審計報告、管理建議書和與治理層溝通函等。

（4）就組成部分的報告、其他溝通文件的類型及提交時間與負責組成部分審計的審計師溝通。

（5）項目組成員之間預期溝通的性質和時間安排，包括項目組會議的性質和時間安排及復核工作的時間安排。

（6）是否需要跟第三方溝通，包括與審計相關的法律法規和業務約定書約定的報告責任。

（7）與管理層討論預期在整個審計過程中通報審計工作進展及審計結果的方式。

3. 審計方向

總體審計策略的制定應當包括考慮影響審計業務的重要因素，以確定項目組工作方向，包括確定適當的重要性水平，初步識別可能存在較高的重大錯報風險的領域，初步識別重要的組成部分和帳戶餘額，評價是否需要針對內部控制的有效性獲取審計

項目五 審計計劃、重要性與審計風險

證據、識別被審計單位、所處行業、財務報告要求及其他相關方面最近發生的重大變化等。在確定審計方向時，審計師需要考慮下列事項：

（1）重要性方面。具體包括：①在制訂審計計劃時確定的重要性水平；②為組成部分確定重要性且與組成部分的審計師溝通；③在審計過程中重新考慮重要性水平；④識別重要的組成部分和帳戶餘額。

（2）重大錯報風險較高的審計領域。

（3）評估的財務報表層次的重大錯報風險對指導、監督及復核的影響。

（4）項目組成員的選擇（在必要時包括項目質量控製復核人員）和工作分工，包括向重大錯報風險較高的審計領域分派具備適當經驗的人員。

（5）項目預算，包括考慮為重大錯報風險可能較高的審計領域安排適當的工作時間。

（6）向項目組成員強調在收集和評價審計證據過程中保持職業懷疑必要性的方式。

（7）以往審計中對內部控製運行有效性評價的結果，包括所識別的控製缺陷的性質及應對措施。

（8）管理層重視設計和實施健全的內部控製的相關證據，包括這些內部控製得以適當記錄的證據。

（9）業務交易量規模，基於審計效率確定是否信賴內部控製。

（10）管理層對內部控製重要性的重視程度。

（11）影響被審計單位經營的重大發展變化，包括信息技術和業務流程的變化、關鍵管理人員變化，以及收購、兼併和分立。

（12）重大的行業發展情況，如行業法規變化和新的報告規定。

（13）會計準則及會計制度的變化。

（14）其他重大變化，如影響被審計單位的法律環境的變化。

（二）總體審計策略的具體內容

制定總體審計策略可以幫助審計師確定所執行審計業務的性質、時間、範圍和所需資源，為此，審計師應當在總體審計策略中清楚地說明下列內容。舉例如下：

總體審計策略

被審計單位：　　　　　　索引號：
項目：　　　　　　　　　財務報表截止日/期間：
編制：　　　　　　　　　復核：
日期：　　　　　　　　　日期：

一、審計範圍

報告要求	
適用的會計準則和相關會計制度	
適用的審計準則	
與財務報告相關的行業特別規定	
需審計的集團內組成部分的數量及所在地點	
需要閱讀的含有已審計財務報表的文件中的其他信息	
制定審計策略需考慮的其他事項	

項目五　審計計劃、重要性與審計風險

證據，識別被審計單位、所處行業、財務報告要求及其他相關方面最近發生的重大變化等。在確定審計方向時，審計師需要考慮下列事項：

（1）重要性方面。具體包括：①在制訂審計計劃時確定的重要性水平；②為組成部分確定重要性且與組成部分的審計師溝通；③在審計過程中重新考慮重要性水平；④識別重要的組成部分和帳戶餘額。

（2）重大錯報風險較高的審計領域。

（3）評估的財務報表層次的重大錯報風險對指導、監督及復核的影響。

（4）項目組成員的選擇（在必要時包括項目質量控製復核人員）和工作分工，包括向重大錯報風險較高的審計領域分派具備適當經驗的人員。

（5）項目預算，包括考慮重大錯報風險可能較高的審計領域安排適當的工作時間。

（6）向項目組成員強調在收集和評價審計證據過程中保持職業懷疑必要性的方式。

（7）以往審計中對內部控製運行有效性評價的結果，包括所識別的控製缺陷的性質及應對措施。

（8）管理層重視設計和實施健全的內部控製的相關證據，包括這些內部控製得以適當記錄的證據。

（9）業務交易量規模，基於審計效率確定是否信賴內部控製。

（10）管理層對內部控製重要性的重視程度。

（11）影響被審計單位經營的重大發展變化，包括信息技術和業務流程的變化、關鍵管理人員變化，以及收購、兼併和分立。

（12）重大的行業發展情況，如行業法規變化和新的報告規定。

（13）會計準則及會計制度的變化。

（14）其他重大變化，如影響被審計單位的法律環境的變化。

（二）總體審計策略的具體內容

制定總體審計策略可以幫助審計師確定所執行審計業務的性質、時間、範圍和所需資源，為此，審計師應當在總體審計策略中清楚地說明下列內容。舉例如下：

總體審計策略

被審計單位：　　　　　　　　　索引號：
項目：　　　　　　　　　　　　財務報表截止日/期間：
編制：　　　　　　　　　　　　復核：
日期：　　　　　　　　　　　　日期：

一、審計範圍

報告要求	
適用的會計準則和相關會計制度	
適用的審計準則	
與財務報告相關的行業特別規定	
需審計的集團內組成部分的數量及所在地點	
需要閱讀的含有已審計財務報表的文件中的其他訊息	
制定審計策略需考慮的其他事項	

項目五　審計計劃、重要性與審計風險

出存在重大錯報風險的帳戶餘額。

重要的組成部分和帳戶餘額	索引號
重要的組成部分	
⋮	
重要的帳戶餘額	
⋮	

四、人員安排

(一) 項目組主要成員的責任

職位	姓名	主要職責

註：在分配職責時，可以根據被審計單位的不同情況按會計科目劃分，或按交易類別劃分。

(二) 與項目質量控製復核人員的溝通 (如適用)

復核的範圍：＿＿＿＿＿＿＿＿＿＿＿＿＿＿

溝通內容	負責溝通的項目組成員	計劃溝通時間
風險評估、對審計計劃的討論		
對財務報表的復核		
⋮		

五、對專家或有關人士工作的利用 (如適用)

註：如果項目組計劃利用專家或有關人士的工作，那麼需要記錄其工作範圍和涉及的主要會計科目等。另外，項目組還應按照相關審計準則的要求對專家或有關人士的能力、客觀性及其工作等進行考慮及評估。

(一) 對內部審計工作的利用

主要報表項目	擬利用的內部審計工作	索引號
存貨	內部審計部門對各倉庫的存貨每半年至少盤點一次。在中期審計時,項目組已經對內部審計部門盤點步驟進行觀察,其結果滿意,因此項目組將審閱其年底的盤點結果,並縮小存貨監盤的範圍	
⋮		

(二) 對其他審計師工作的利用

其他審計師名稱	利用其工作範圍及程度	索引號

(三) 對專家工作的利用

主要報表項目	專家名稱	主要職責及工作範圍	利用專家工作的原因	索引號

(四) 對被審計單位使用服務機構的考慮

主要報表項目	服務機構名稱	服務機構提供的相關服務及其審計師出具的審計報告意見及日期	索引號

(1) 向具體審計領域調配的資源,包括向高風險領域分派有適當經驗的項目組成員、就複雜的問題利用專家工作等。

(2) 向具體審計領域分配資源的數量,包括安排到重要存貨存放地觀察存貨盤點

項目五 審計計劃、重要性與審計風險

的項目組成員的數量、其他審計師工作的復核範圍、對高風險領域安排的審計時間預算等。

（3）何時調配這些資源，包括是在期中審計階段還是在關鍵的截止日期調配資源等。

（4）如何管理、指導、監督這些資源的利用，包括預期何時召開項目組預備會和總結會、預期項目負責人和經理如何進行復核、是否需要實施項目質量控製復核等。

三、形成具體審計計劃

（一）總體審計策略與具體審計計劃的關係

總體審計策略一經制定、審計師應當針對總體審計策略中所識別的不同事項，制訂具體審計計劃，並考慮通過有效利用審計資源實現審計目標。具體審計計劃，也稱審計方案，是指審計師為獲取充分、適當的審計證據將審計風險降至可接受的低水平，依據總體審計策略對項目組成員擬實施的審計程序的性質、時間和範圍做出的具體安排。

值得注意的是，雖然編制總體審計策略的過程通常在具體審計計劃之前，但是兩項計劃活動並不是孤立、不連續的，而是內在緊密聯繫的，對其中一項的決定可能會影響甚至改變對另外一項的決定。在實務中，審計師將制定總體審計策略和制訂具體審計計劃結合進行，可能會使計劃審計工作更有效率。審計師也可以採用將總體審計策略和具體審計計劃合併為一份審計計劃文件的方式，提高編制及復核工作的效率，改善效果。

（二）具體審計計劃的內容

審計師應當為審計工作制訂具體審計計劃，以將審計風險降至可以接受的低水平。具體審計計劃比總體審計策略更加詳細，其內容包括為獲取充分、適當的審計證據將審計風險降至可接受的低水平，項目組成員擬實施的審計程序的性質、時間和範圍。審計師對具體審計計劃的記錄，應當能夠反應下列內容：

（1）計劃實施的風險評估程序的性質、時間和範圍。

（2）針對評估的各類重大交易、帳戶餘額和列報的認定層次的重大錯報風險，計劃實施的進一步審計程序的性質、時間和範圍。

審計師對具體審計計劃的記錄可以使用標準的審計程序表或審計工作完成核對表，但應當根據具體審計業務的情況做出適當修改。

（三）審計過程中審計計劃的變更

計劃審計工作並非審計業務的一個孤立階段，而是一個持續的、不斷修正的過程，貫穿於整個審計業務的始終。在計劃審計工作時，審計師需要考慮某些計劃審計活動時間以及在下一步審計程序開始之前必須完成的審計程序，但由於未預期事項、條件的變化或在實施審計程序中獲取的審計證據等原因，審計師獲取的信息可能會與其在制訂審計計劃時所獲知的信息不同。在這種情況下，審計師會基於其對所有或某類交易、帳戶餘額和列報認定層次的風險的重新考慮，重新評估原計劃的審計程序，在審計過程中對總體審計策略和具體審計計劃做出必要的更新和修改。

審計過程可以分為不同階段，通常前一階段的工作結果會對後一階段的工作計劃產生影響，而後一階段的工作過程中又可能發現需要對已制訂的相關計劃進行相應的更新和修改。通常，這些更新和修改涉及比較重要的事項。例如，對重要性水平的修改，對某類交易、帳戶餘額和列報的重大錯報風險的評估，對進一步審計程序（包括總體方案和擬實施的具體審計程序）的更新和修改等。一旦計劃被更新和修改，審計工作也就應當進行相應的修正。

在編制的審計工作底稿中，審計師應當記錄對總體審計策略和具體審計計劃做出的重大更改及其理由，以及對導致此類更改的事項、條件或審計程序結果採取的應對措施。

任務三　審計重要性

一、審計重要性的含義

財務報告編制基礎通常從編制和列報財務報表的角度闡釋重要性概念。通常而言，重要性概念可從下列三個方面理解：

（1）如果合理預期錯報（包括漏報）單獨或匯總起來可能影響財務報表使用者依據財務報表做出的經濟決策，那麼通常認為錯報是重大的。

（2）對重要性的判斷是根據具體環境做出的，並受錯報的金額或性質的影響，或受兩者共同作用的影響。

（3）要判斷某事項對財務報表使用者是否有重大作用，必須先考慮財務報表使用者共同的財務信息需求。由於不同財務報表使用者對財務信息的需求可能差異很大，因此不考慮錯報對個別財務報表使用者可能產生的影響。

在審計開始時，就必須對重大錯報的規模和性質做出一個判斷，包括確定財務報表整體的重要性和特定交易類別、帳戶餘額和披露的重要性水平。當錯報金額高於整體重要性水平時，很可能被合理預期將對使用者根據財務報表做出的經濟決策產生影響。

二、審計重要性的作用

註冊會計師使用整體重要性水平（將財務報表作為整體）的作用有：①決定風險評估程序的性質、時間安排和範圍；②識別和評估重大錯報風險；③確定進一步審計程序的性質、時間安排和範圍。

在整個業務過程中，隨著審計工作的進展，註冊會計師應當根據所獲得的新信息更新重要性。在形成審計結論階段，要使用整體重要性水平。通過特定交易類別、帳戶餘額和披露而確定的較低金額的重要性水平評價已識別的錯報對財務報表的影響和對審計報告中審計意見的影響。

三、從性質方面考慮重要性

金額不重要的錯報從性質上看有可能是重要的。註冊會計師在判斷錯報是否重要時應該考慮的具體情況包括以下內容：

（1）對財務報表使用者需求的感知（比如他們對財務報表的哪一方面最感興趣）。
（2）獲利能力趨勢。
（3）因沒有遵守貸款契約、合同約定、法規條款和法定的或常規的報告要求而產生錯報的影響。
（4）計算管理層報酬（獎金等）的依據。
（5）由於錯誤或舞弊而使一些帳戶項目降低對損失的敏感度。
（6）重大或有負債。
（7）通過一個帳戶處理大量的、複雜的和相同性質的個別交易。
（8）關聯方交易。
（9）可能的違法行為、違約和利益衝突。
（10）財務報表項目的重要性、性質、複雜性和組成。
（11）可能包含了高度主觀性的估計、分配或不確定性。
（12）管理層的偏見。管理層是否有動機將收益最大化或者最小化。
（13）管理層一直不願意糾正已報告的與財務報告相關的內部控制的缺陷。
（14）與帳戶相關聯的核算與報告的複雜性。
（15）自前一個會計期間以來帳戶特徵發生的改變（例如，新的複雜性、主觀性或交易的種類）。
（16）個別極其重大但不同的錯報由抵消產生的影響。

需要指出的是，這些因素只是舉例，不可能包括所有情況，也並非所有審計工作都會出現上述全部因素。註冊會計師不能以存在這些因素為由而必然認為錯報是重大的。這些因素僅供註冊會計師參考。

四、從數量方面考慮重要性

重要性的數量考慮即重要性水平，是針對錯報的金額大小而言的。確定多大錯報會影響到財務報表使用者所做的決策，是註冊會計師運用職業判斷的結果。很多註冊會計師都是根據所在會計師事務所的慣例及自己的經驗考慮重要性水平。註冊會計師通常選擇一個恰當的基準，再選用適當的百分比乘以該基準，從而得出財務報表層次的重要性水平。在實務中，有許多匯總性財務數據都可以用作確定財務報表層次重要性水平的基準，如總資產、淨資產、流動資產、流動負債、銷售收入、費用總額、毛利、淨利潤等。在選擇適當的基準時，註冊會計師應當考慮以下因素：

（1）財務報表要素（如資產、負債、所有者權益、收入和費用）。
（2）是否存在特定會計主體的財務報表使用者特別關注的項目（如為了評價財務業績，使用者可能更關注利潤、收入或淨資產）。
（3）被審計單位的性質、所處的生命週期階段，以及所處行業和經濟環境。
（4）被審計單位的所有權結構和融資方式（例如，如果被審計單位僅通過債務而非權益進行融資，財務報表使用者可能更關注資產及資產的索償權，而非被審計單位

的收益)。

(5) 基準的相對波動性。

註冊會計師通常會根據上述因素選擇一個相對穩定、可預測且能夠反應被審計單位正常規模的基準。由於銷售收入和總資產具有相對穩定性，註冊會計師經常將其用作確定計劃重要性水平的基準。在確定恰當的基準後，註冊會計師通常運用職業判斷合理地選擇百分比，據以確定重要性水平。

五、審計重要性的確定

(一) 確定財務報表整體的重要性水平

1. 確定財務報表整體重要性的目的

註冊會計師在制定總體審計策略時應當確定財務報表整體的重要性，以便能夠評價財務報表整體是否公允反應。

2. 財務報表整體重要性的含義

如果一項錯報單獨或連同其他錯報可能影響財務報表使用者依據財務報表做出的經濟決策，那麼該項錯報是重大的。

3. 確定財務報表整體重要性的方法

通常先選定一個基準，再乘以某一百分比作為財務報表整體的重要性，如圖 5-2 所示。

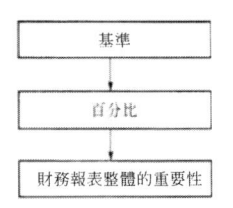

圖 5-2 財務報表整體重要性的確定

4. 為選定的基準確定百分比需要運用職業判斷

運用較低經驗百分比的情況包括：廣泛分布的財務報表使用者，或被審計單位是上市企業；有較多外部債務；特殊因素，如融資約定事項；大型實體；報表使用者對基準的敏感度。

運用較高經驗百分比的情況：有限的財務報表使用者；小型實體；財務報表中不存在含較高不確定性的重大會計估計；通過集團融資（外債少）。

表 5-1 列示了不同性質的被審計單位及其恰當的經驗百分比。

項目五 審計計劃、重要性與審計風險

表 5-1 被審計單位及其經驗百分比

被審計單位	經驗百分比
以營利為目的的實體	稅前利潤的 5%~10%
非營利組織	費用總額或收入的 1%~2% 或資產總額的 0.5%~1%
以收入為基準的實體	收入的 1%~2%
以資產總額為基準的實體	通常不超過資產總額的 1%
以扣除利息、稅金折舊及攤銷的利潤（EBITDA）為基準的實體	通常不超過 EBITDA 的 2.5%

（二）特定類別交易、帳戶餘額或披露的重要性水平

根據被審計單位的特定情況，某些因素可能表明存在一個或多個特定類別的交易、帳戶餘額或披露。其發生的錯報金額雖然低於整體重要性水平，但很可能被合理預期將對使用者根據財務報表做出的經濟決策產生影響，比如以下幾種情形：

（1）法律法規或適用的財務報告編制基礎是否影響財務報表使用者對特定項目（如關聯方交易、管理層和治理層的薪酬）計量或披露的預期。

（2）與被審計單位所處行業相關的關鍵性披露（如制藥企業的研究與開發成本）。

（3）財務報表使用者是否特別關注財務報表中單獨披露的業務的特定方面（如新收購的業務）。

任務四　審計風險

降低審計風險是審計工作的「靈魂」。審計工作可以說就是為了將審計風險降至可接受的水平。因此，理解審計風險、正確評估審計風險，對整個審計過程至關重要。

一、審計風險的定義、成因及特徵

1. 審計風險的定義

風險，是指發生傷害、毀損、損失的可能性。對於審計風險，國際會計師聯合會（IFAC）《國際市計準則第 6 號——風險評估和內部控製》指出：「審計風險是指審計人員對實質上錯報的財務資料可能提供不適當意見的那種風險。例如，審計人員在那些他們不知道的情況下，可能對實質上錯報的財務報表提供了無保留意見。」美國註冊會計師協會（AICPA）《審計準則說明第 47 號——審計業務中的審計風險和重要性》認為：「審計風險是審計人員無意地對含有重要錯報的財務報表未能適當地發表審計意見的風險。」而《中國註冊會計師審計準則第 1101 號——財務報表審計的目標和一般

原則》將「審計風險」定義為「財務報表存在重大錯報而註冊會計師發表不恰當審計意見的可能性」。對審計風險這一概念的理解應注意以下幾個方面。

（1）「重大錯報」四個字是審計人員針對審計風險概念的一種提示。它既包括錯誤，也包括舞弊。錯誤定義為「非故意的財務報表錯報」，而舞弊定義為「被審計單位的管理層、治理層、雇員或第三方使用欺騙手段獲取不當或非法利益的故意行為」。可見，錯誤是一種無意的過錯，通過有效的內部控製可以使錯誤最小化。而舞弊導致的錯報是放意的，並可能同時伴有侵占資產和提供虛假財務報表的行為。

（2）審計風險與審計失誤是不同的。前者是以切實遵循獨立審計準則為前提的一種風險，後者則是因為審計人員沒有遵循獨立審計準則而造成的工作失誤。

（3）審計風險是一種不可完全避免的客觀存在。它不以人的意志為轉移，是獨立於審計人員意識之外的客觀存在。人們只能在審計過程和各個階段去認識它和控製它，在有限的空間和時間內改變其存在和發生的條件，降低其發生的概率，但不可能完全消除它。

2. 審計風險的成因

（1）主觀風險。

①會計師事務所審計質量監控不嚴引發審計風險。中國頒布實施的審計質量控製基本準則是註冊會計師職業規範的重要組成部分，是使會計師事務所審計工作符合獨立審計準則要求的基本規範，是保證審計工作質量和規範審計行為的基本準則。如果事務所未能認真貫徹《中國註冊會計師質量控製基本準則》，勢必會造成會計師事務所內部控製制度混亂，導致會計師事務所在業務承接、人員委派、業務約定書簽訂、審計計劃編寫方面的不當；造成審計外勤工作、審計取證、審計工作底稿編寫和復核等工作的嚴重錯誤和遺漏，審計風險隨之發生。

②審計人員工作經驗和能力的差異或不足引發審計風險。審計是一個需要運用知識和經驗進行判斷的職業。判斷力的強弱直接關係到審計人員的從業質量。審計人員採用何種審計方法，收集多少證據，提出怎樣的意見，都直接依賴於審計人員的經驗和能力。審計經驗是審計人員應擁有的一種重要技能。職業判斷能力不僅需要各種專業知識，還需要有實務能力和豐富的實踐經驗。但審計經驗又是有限的，因為審計人員的經驗是過去實踐的累積，不一定適應迅速變化的客觀環境，因而即使經驗豐富的審計人員也會有誤斷的時候。

③審計人員職業道德水平低，在執行審計業務時因缺乏應有的職業謹慎引發審計風險。審計人員的責任心和職業關注對審計的結論相當重要。審計人員的工作責任心，要求審計人員成為高層次的德才兼備的人才。他們必須具有高尚的品德、正直的人格和一絲不苟的工作態度，必須具有紮實的會計、審計、法律知識和審計基本技能，具有敏銳的分析能力與準確的判斷能力。但是，由於種種原因，並不是每個審計人員都能夠達到上述要求，這也將不可避免地限制審計工作的開展並影響審計質量。有些審計風險的產生與審計人員執業時缺乏應有的職業謹慎有關。例如，審計人員對被審計單位的外部環境和內部管理缺乏瞭解從而導致審計重點不明確、對在審計過程中發現的疑點未進行擴大範圍的審計、進行抽樣審計時對樣本及抽樣方法的選擇缺乏深思熟慮、編寫審計報告時措辭不當等。這些都與審計人員缺乏應有的職業謹慎有關，都將直接導致審計風險的產生。

項目五　審計計劃、重要性與審計風險

④審計人員對現代審計方法的掌握程度較低或應用不當引發審計風險。現代審計的一個顯著特點就是採用抽樣審計方法，即根據總體中部分樣本的特徵來推斷總體的特徵，從而判斷是否可靠。這與是否遵循「隨機原則」抽取樣本高度相關。如果審計人員破壞隨機原則或對所抽取的樣本能否代表總體沒有十分把握，那麼必然會產生抽樣風險。毫無疑問，抽樣風險是導致審計檢查風險的原因之一。因此，審計人員對現代審計的掌握程度低或應用不當也會引發審計風險。

（2）客觀風險。

①審計活動所處的不斷變化的法律環境引發審計風險。審計活動是社會經濟生活的一個組成部分。為使現代社會的經濟生活井然有序，任何方面都必須接受法律調整，審計也不例外。特別是現代審計所處的市場經濟，在沒有法律的情況下不可能有效地運轉。市場經濟與法律制度是互補的，市場不能沒有法律。法律在賦予審計職業專門的鑒證權利的同時，也要求其承擔相應的責任。由於審計活動最初是由於委託人要瞭解受託人履行責任的情況而引起的，因而審計人員對委託人就負有客觀審查和如實報告的責任。在審計人員與受託人員之間，受託人員雖然是審計行為的作用對象，但並不是完全被動的──審計活動本身也是為受託人查清事實、解脫責任的活動。因此，審計人對受託人同樣負有公平評價、明確和解脫經濟責任的責任。如果審計人員在審計活動中由於違約、失察等原因而提供虛假審計信息，損害了國家、委託人、受託人或其他第三者的利益，那麼上述任何一方都可以依照法律追究其法律責任。

②審計對象的複雜性和審計內容的廣泛性引發審計風險。審計範圍也有逐漸擴大的過程。早期審計的重點一般放在負責現金管理的職員的誠實性上，而對其他事項幾乎不顧，沒有對資產負債表的質量進行任何分析。後來，資產負債表審計擴大了審計範圍，也擴大了審計責任。人們開始意識到審計責任的存在。隨著審計範圍擴大至財務報表，審計人員的責任也由有關法律明確規定，並開始發生針對審計責任的訴訟。此後，對內部控製進行檢查成為審計的出發點，審計人員對內部控製的觀念也擴展到企業及其經營活動，社會公眾對審計的業務開展和責任的意識也迅速增強。在傳統的審計範圍之外，社會公眾要求審計人員揭示出所有重大的差錯和舞弊，並對企業持續經營能力做出評價，對企業在財務方面是否健康做出報告。有關這方面的信息不確定性很大，信息的風險很高，審計人員做出正確的審計結論難度增加。

③經濟生活對審計意見的依賴程度及其影響範圍的擴大引發審計風險。從審計發展歷程來看，人們對審計意見的依賴程度及其影響範圍也有一個不斷擴大的過程。審計產生之初，財產所有者對財產經管者最關心的是誠實性，即早期審計是檢查受託人個人的正直性，而不檢查其會計帳簿的質量。然而步入19世紀下半葉後，審計人員的職責轉變為檢查管理者編制的資產負債表的實質上的正確性，而不僅僅是檢查算術上的正確性。對資產負債表質量的重視，表明審計人員的影響開始擴大。到20世紀第二次世界大戰前後，隨著世界資本市場的迅猛發展、證券市場的湧現、廣大投資者對企業財務狀況的關心，人們更加關注已審計的財務報表，而且對此感興趣的人越來越多，不僅政府、投資者表示了極大的關注。潛在投資者也表示了極大的關注，人們對財務報表提供的信息的可靠性也日益重視，依賴審計意見的人越來越多。現代審計發展到今天，審計在維護市場經濟秩序方面的作用越來越突出，人們對審計的理解和認識也越來越深刻。不僅是政府、投資者也將審計人員出具的審計報告作為決策的重要依據，

一些潛在的投資者對審計人員出具的審計意見也表現出了極大的興趣。與此同時，人們更加重視審計報告書的可靠性。一旦審計報告使用者發現審計失敗，就會控告審計人員，轉嫁投資損失。社會公眾對審計的關注雖然促進了審計事業的發展，但也在無形之中加重了審計風險。

④被審計單位外部和內部環境複雜多變引發審計風險。現代市場經濟的顯著特徵在於不穩定性的增強。企業為了在競爭激烈的市場中謀生存、求發展，不斷擴大經營規模。隨著業務數量的增多，特別是當一些經濟業務超出現有的會計準則、會計規範的規則範圍時，會計核算中出現記錄不當的可能性隨之增加，而且這種不當很容易被大量的其他信息掩蓋，在抽樣審計過程中不被發現的可能性較大。此外，隨著市場經濟的不斷發展，被審計單位所處的宏觀、微觀經濟環境及政治、法律等經營環境，被審計單位經濟活動的特點，內部控制制度，技術發展趨勢，管理人員的素質和品質等因素變化都可能導致企業出現經營風險，進而影響被審計單位的審計風險。

3. 審計風險的特徵

(1) 審計風險是客觀存在的。

審計風險存在於整個審計過程，這是一種客觀的現實，不會因為人的意志而轉移或者消失。因而，審計人員只能採取有效的審計方法，通過有效的審計程序降低或控制審計風險。

(2) 審計風險具有不確定性。

這種不確定性具體表現為：經濟後果發生與否的不確定性、造成經濟損失嚴重程度的不確定性、審計人員承擔審計責任大小的不確定性等，因而它是一種潛在風險。

(3) 審計風險造成的經濟損失是嚴重的。

審計風險一旦發生，就會造成嚴重的經濟後果。就會計師事務所而言，審計風險的發生必然會降低其可信度，影響註冊會計師的形象，嚴重時還會招惹官司；就被審計單位而言，審計風險發生後，企業某些重大的經濟事項信息必然會被披露，這就可能嚴重影響企業的形象和資信度，尤其是上市公司，其股票價恪必然會產生劇烈的震盪；就社會公眾、廣大投資者而言，由於他們是審計風險最直接的受害者，在不恰當的審計報告的誤導下，可能會做出錯誤的投資決策，使自己的經濟利益受損。

(4) 審計風險貫穿於審計過程的始終。

儘管審計風險是通過最終的審計結論與預期的偏差表現出來的，但這種偏差是由多方面的因素造成的。審計程序的每一個環節都可能導致審計風險的產生。因此，不同的審計計劃和審計程序會產生與之相應的審計風險，並會影響最終的審計結論。

(5) 審計風險是可以控制的。

雖然審計風險的產生及其後果是難以預料的，但人們仍然可以通過主觀努力對其進行適當的控制，將其限制在可接受的範圍之內。由於審計是可以控制的，審計人員不必對其產生懼怕心理，在審計過程中可以通過識別風險領域和種類，採取相應的措施，將審計風險降至可接受水平。

二、審計風險的構成要素及相互關係

《中國註冊會計師審計準則第1101號——財務報表審計的目標和一般原則》第十七條將審計分解為兩個基本構成要素：重大錯報風險和檢查風險。

項目五 審計計劃、重要性與審計風險

1. 重大錯報風險

重大錯報風險是指財務報表在審計人員審計前就存在的重大錯報可能性，與被審計單位相關。重大錯報風險包括兩個層次：一是財務報表層次，二是各類交易、帳戶餘額、列報與披露層次。其中，財務報表層次的重大錯報風險通常與控製環境有關，並與財務報表整體存在廣泛聯繫，可能影響多項認定，但難以限於某類交易、帳戶餘額、列報與披露的具體認定。它很可能源於薄弱的控製環境。認定層次的重大錯報風險由固有風險和控製風險構成，但審計人員基於技術方法偏好和實務考慮，可以單獨或合併評估固有風險和控製風險。因此，重大錯報風險由固有風險和控製風險構成，但並非兩者的簡單合併。會計報表層次的重大錯報風險並非一定要從固有風險和控製風險兩個方面評估。

（1）兩個層次的重大錯報風險。

財務報表層次的重大錯報風險與財務報表整體存在廣泛聯繫，因而可能影響多項認定。此類風險通常與控製環境有關，如管理層缺乏誠信、治理層形同虛設而不能對管理層進行有效監督等，但也可能與其他因素有關，如經濟蕭條、企業所處行業處於衰退期等。此類風險難以被界定於某類交易、帳戶餘額、列報的具體認定；相反，此類風險增加了一個或多個不同認定發生重大錯報的可能性。對於註冊會計師，此類風險與舞弊引起的風險高度相關。

審計人員估計財務報表層次的重大錯報風險的措施包括：①考慮審計項目組承擔重要責任的人員的學識、技術和能力，是否需要專家介入；②考慮給予業務助理人員適當程度的臨督指導；③考慮是否存在懷疑被審計單位持續經營假設合理性的事項或情況。

審計人員同時考慮各類交易、帳戶餘額、列報認定層次的重大錯報風險，考慮的結果直接有利於審計人員確定在認定層次上實施的進一步審計程序的性質、時間和範圍。審計人員在各類交易、帳戶餘額、列報認定層次獲取審計證據，以便在審計工作完成時，以可接受的低審計風險水平對財務報表整體發表意見。

（2）固有風險和控製風險。

認定層次的重大錯報風險又可進一步細分為固有風險和控製風險。固有風險是指當假設不存在相關的內部控製時，某一認定發生重大錯報風險的可能性，無論該錯報單獨考慮，還是連同其他錯報構成重大錯報。

某些類別的交易、帳戶餘額、列報及其認定的固有風險很高。例如，複雜的計算比簡單的計算更可能出錯；受重大計量不確定性影響的會計估計發生錯報的可能性較大。產生經營風險的外部因素也能影響固有風險，例如，技術進步可能導致某項產品陳舊，進而導致存貨易於發生高估錯報（計價認定）。被審計單位及其環境中的某些因素還可能與多個甚至所有類別的交易、帳戶餘額、列報有關，進而影響多個認定的固有風險。這些因素包括維持經營的流動資金匱乏、被審計單位處於夕陽行業等。

控製風險是指某項認定發生了重大錯報時，無論該錯報是單獨考慮，還是連同其他錯報構成重大錯報，該錯報不存在被單位的內部控製及時防止、發現和糾正的可能性。控製風險取決於與財務報表編制有關的設計和運行的有效性。由於控製的固有局限性，某種程序的控製風險將始終存在。

需要特別說明的是，由於固有風險和控製風險不可分割地交織在一起，有時無法

單獨進行評估,審計準則通常不再單獨提到固有風險和控製風險,而是將兩者合併稱為「重大錯報風險」。

2. 檢查風險

檢查風險是指某一認定存在錯報,且該錯報單獨或連同其他錯報是重大的,但審計人員未能發現這種錯報的可能性。檢查風險是由現代審計方法本身的性質造成的,同時也受審計程序的性質、時間和範圍的影響,取決於審計程序設計的合理性和執行的有效性。由於審計人員通常並不對所有的交易、帳戶餘額和列報進行檢查,或由於存在其他原因而導致檢查風險並非越低越好,因此審計人員必須通過審計程序的合理安排將檢查風險調整到適當的水平。這裡的其他原因包括審計人員選擇了不恰當的審計程序,審計程序執行不當,或者錯誤地理解了審計結淪。這些因素可以通過適當計劃,在項目組成員之間進行恰當的職責分配,保持職業懷疑態度及監督、指導和復核助理人員所執行的審計工作加以解決。應當注意的是,在審計風險的要素中,審計人員能夠真正控製的是檢查風險,並通過檢查風險控製審計風險。審計人員可以在對被審計單位的基本情況有所瞭解的基礎上,估計出固有風險與控製風險的適當水平,並據此確定實質性測試的性質、時間和範圍,將檢查風險及總體審計風險降至可接受的水平。重大錯報風險固然與審計有關,但它們是被審計項目的客觀事實,是審計工作無法左右的。雖然重大錯報風險的估計水平由審計人員決定,但這種估計不是隨心所欲的,而是對客觀情況進行的有根據的估計。

知識拓展

在審計實務中,審計風險難以精確地量化,所以通常採用高、中、低三種等級定性評估審計風險。也就是說,它只是一個判斷,而不是一個精確的計量。

重大錯報風險評估不能隨心所欲。重大錯報風險估計的水平不能偏離其實際水平,估計水平偏高或偏低都是不利的。偏高會導致審計成本加大,偏低則會導致審計風險加大。

重大錯報風險的評估應以獲取的審計證據為基礎,並且這種評估水平可能隨著審計過程中不斷獲取新的審計證據而加以修正。

3. 審計風險模型

重大錯報風險和檢查風險兩者之間的相互關係可以從定性和定量兩個方面加以考慮。

從定量的角度看,在既定的審計風險水平下,可接受的檢查風險水平與認定層次重大錯報風險的評估結果呈反向關係。評估的重大錯報風險越高,可接受的檢查風險越低;評估的重大錯報風險越低,可接受的檢查風險越高。這種反向關係用數學模型可表示為

$$審計風險 = 重大錯報風險 \times 檢查風險$$

由於認定層次的重大錯報風險由固有風險和控製風險構成,因此該審計模型可進一步表示為

項目五　審計計劃、重要性與審計風險

　　　　審計風險＝重大錯報風險×檢查風險＝固有風險×控制風險×檢查風險
　　根據上述等式，檢查風險的計算可推導為
　　　　檢查風險＝審計風險/重大錯報風險＝審計風險/（固有風險×控制風險）
　　上式中計算出的檢查風險是審計人員可接受的檢查風險，不同於實際的檢查風險。審計人員將依據其可接受的檢查水平實施實質性測試。
　　這個模型也就是審計風險模型。假設針對某一認定，審計人員將可接受的審計風險水平設定為5%，審計人員實施風險評估程序後將重大錯報風險評估為25%，則根據這一模型，可接受的檢查風險為20%。當然，在實務中，審計人員不一定用絕對數量表達這些風險水平，而往往選用「高」「中」「低」等文字進行描述。
　　審計人員應當合理設計審計程序的性質、時間和範圍，並有效執行審計程序，以控制檢查風險。上例中，審計人員根據確定的可接受的檢查風險（20%），設計審計程序的性質、時間和範圍。審計計劃在很大程度上將圍繞確定審計程序的性質、時間和範圍而展開。
　　從定性的角度看，審計風險的兩個構成要素之間不是孤立存在的，而是相互聯繫、相互作用的。這主要體現在：檢查風險與重大錯報風險之間存在著反比關係。重大錯報風險水平越高，審計人員可接受的檢查風險水平越低，反之亦然。換言之，當重大錯報風險水平較高時，審計人員必須擴大審計範圍，降低檢查風險，以便整個審計風險降低至可接受的水平。反之，如果被審計單位內部控製行之有效，重大錯報風險水平較低，那麼審計人員即使冒較大的檢查風險，總體審計風險仍然較低。

三、審計風險的評估

1. 對固有風險的評估

　　固有風險是假定企業在沒有實施內部控製的情況下，會計報表出現重大錯報的可能性。在審計準備階段，審計人員應對固有風險進行分析，通過評估固有風險水平，確定審計計劃中審計程序的詳簡程度。
　　審計人員在評估被審計單位的固有風險時，應當考慮兩類因素：第一類與會計報表層次有關，第二類與帳戶餘額（金額）或交易類別層次有關。
　　（1）評估會計報表層次的固有風險時應考慮的因素。
　　①管理人員的品行和能力。管理人員的誠信程度越高，經歷越豐富，素質和能力越高，固有風險越小；反之，固有風險越大。
　　②管理人員的變動情況。管理人員，尤其是財務人員的變動越頻繁，固有風險越大；反之，固有風險越小。
　　③管理人員遭受的異常壓力。這種壓力（如企業負債率太高，銀行威脅收回貸款；上市公司連續兩年嚴重虧損，面臨著被摘牌的危險等）越大，固有風險越大；反之，固有風險越小。
　　④業務件質。企業的業務性質越複雜，固有風險越大；反之，固有風險越小。
　　⑤影響被審計單位所在行業的環境因素。影響因素一般包括宏觀調控、銀根緊縮、市場競爭加劇、消費需求改變等。這些都可能導致被審計單位的固有風險增加。
　　（2）評估帳戶餘額和交易類別層次固有風險時應考慮的因素。
　　①容易出現錯報的會計報表的項目。會計報表中的長期待攤費用、遞延所得稅資

產、主營業務成本等項目容易產生錯報，因此與之相關的固有風險比較大。

②需要利用專家工作結果予以佐證的重要交易或事項的複雜程度。需要專家佐證的重要交易或事項一般具有很大的不確定性，因此其固有風險通常較大。

③確定帳戶金額時，需要運用估算和判斷手段的程度。會計報表中的項目金額，若是根據會計人員運用估計和判斷手段得出的，則出錯的概率較大，其固有風險也較大，如壞帳準備、存貨跌價損失準備、固定資產折舊、或有損失等。

④容易遭受損失或被挪用的資產。企業中的現金、有價證券、存貨等資產，如果沒有進行有效的內部控製，容易遭受損失或被挪用，那麼固有風險相對較大。

⑤會計期間，尤其是臨近會計期末發生的異常及複雜交易。如果會計年度臨近結束時出現異常的業務收入或發生大量的關聯交易，有可能意味著被審計單位存在「粉飾」經營業績和財務狀況之嫌，因此其固有風險較大。

⑥在正常的會計處理程序中容易被漏記的交易或事項。例如銷售（貨）退回與折讓、應收與應付利息的計提等，在會計處理程序中被漏計的可能性較大，因而固有風險隨之增大。

如果審計人員認為在被審計單位不設立內部控製制度的情況下，會計報表出現重要問題的可能性很大，固有風險就可制定得較高；反之，就可制定得較低。不過，固有風險通常不會低於 50%，因為在沒有建立內部控製制度的情況下，企業管理狀況再好也可能存在一些問題。在實務工作中，為謹慎起見，審計人員通常將固有風險定為 100%。

固有風險與審計風險程序的關係為：固有風險越高，說明會計報表中存在重要問題的可能性越大，因此需要制定較詳細的審計程序來揭示可能存在的問題；固有風險越低，說明會計報表中存在重要問題的可能性越小，因此制定較簡單的審計程序即可。

2. 對控製風險的評估

控製風險是指企業內部控製未能預防或發現會計報表中存在重大錯誤的可能性。對內部控製的測評與評價，主要在審計實施階段進行，但在審計準備階段，為制訂詳細、完善的審計計劃，有必要對被審計單位的內部控製制度進行初步評價，以確定在實施階段執行的審計程序的詳簡程度。

（1）控製風險的初步評估。

審計人員在瞭解被審計單位的內部控製制度並對其固有風險進行評估後，就要對會計報表中各重要帳戶或交易類別的相關認定所涉及的控製風險進行初步評估。審計人員在實施控製測試之前，還無法對被審計單位的內部控製的有效性做出肯定或否定的最後結論，因此這種評估只能是初步評估。

①控製風險評估為高水平的情況：控製政策和控製程序與認定不相關；控製政策和程序無效；取得證據來評價控製政策與程序顯得不經濟。

②控製風險評價為低水平的情況：控製政策和程序與認定有關；通過控製，測試已獲得證據，證明控製有效。

控製風險的高低取決於審計人員對被審計單位內部控製情況評價的結果，及對內部控製情況瞭解的程度。審計人員可以將以前年度被審計單位內部控製情況評價結果作為本年度的評價依據，也可以在審計準備階段以對內部控製的瞭解情況作為評價的依據。如果審計人員認為被審計單位的內部控製比較有效，會計報表中可能存在的大

項目五　審計計劃、重要性與審計風險

多數重要問題都能被內部控制預防和察覺，就可將控制風險定得較低。如果審計人員認為被審計單位的內部控制有效性較弱，會計報表中可能存在的大多數重要問題不能被內部控制所預防和察覺，就可將控制風險定得較高，以制定較為詳細的審計程序。因此，控制風險與審計程序呈正比關係。

在對控制風險進行初步評估時，審計人員應當遵循穩健性原則，寧可高估控制風險，也不可低估控制風險。在審計實務中，控制風險一般不高於90%，也不會低於10%。因為控制風險如果高於90%，說明被審計單位內部控制執行的有效性很差，審計人員不能信賴，所以就沒有必要對內部控制實施控制測試。如果控制風險低於10%，再完善的內部控制制度也可能會出現一些紕漏或失誤，因此有必要實施一定的實質性測試的審計程序。

（2）控制測試與控制風險的進一步評估。

審計人員如果準備信賴被審計單位的內部控制，就應當實施控制測試，以評估控制風險。這就意味著：第一，控制測試是確定信賴內部控制的前提條件。如果不準備信賴內部控制，審計人員就不必實施控制測試。第二，要將控制風險水平評估為低水平，審計人員就需要獲得較多的內部控制設計合理、執行有效的證據。

進行控制測試後，審計人員會根據控制測試的結果，評估內部控制的設計與運行是否與控制風險的初步評估結論一致。如果進一步評估結果與初步評估結果存在偏差，應當修正對控制風險的評估，同時修正實質性測試的性質、時間和範圍。

（3）實質性測試與控制風險的最終評估。

在審計終結前，審計人員應當根據實質性測試程序的結果和其他審計證據，對控制風險進行最終評估，並檢查其是否與控制風險的初步評估結論一致。如實質性測試結果表明，控制風險水平高於控制風險初步評估水平，則可能意味著根據控制風險初步評估結論設計的實質性測試程序不能將檢查風險降至可接受水平。如果最終評估的控制風險高於初步評估水平，審計人員應當考慮是否追加相應的審計程序。

3. 對檢查風險的評估

檢查風險是指審計人員在審計過程中採用的審計程序未能發現會計報表中存在的重大錯報的可能性。

（1）檢查風險的評估基礎

審計風險有三個構成要素，其中的固有風險與控制風險的綜合水平，就是決定審計人員可接受的檢查風險水平的基礎。評估的固有風險與控制風險的綜合水平越高，檢查風險越低；反之亦然。鑒於固有風險和控制風險的評估對檢查風險有直接影響，因而固有風險與控制風險的水平越高，審計人員就應該實施越詳細的實質性測試程序，並著重考慮其性質。

（2）檢查風險對確定實質性測試性質、時間和範圍的影響。

無論固有風險和控制風險的評估結果如何，審計人員都應當對各種帳戶或交易類別進行實質性測試。然而，關於審計人員實施的實質性測試，其性質、時間與範圍的確定最終取決於由固有風險和控制風險的綜合水平決定的可接受的檢查風險。

檢查風險的高低與審計程序的詳簡或審計證據的多少密切相關。審計程序越詳細，收集的審計證據越多，則發現會計報表中重大錯誤的可能性越大，檢查風險就越低；審計程序越簡單，收集的審計證據越少，則發現會計報表中重大錯誤的可能性越小，

檢查風險就越高。

在審計實務中，審計人員往往根據以前的經驗先制訂審計計劃，並用審計風險模型來評價審計計劃是否合理。審計人員可通過擴大實質性測試的範圍或選擇更有效的程序降低檢查風險。檢查風險與固定風險和控製風險是不同的。無論審計人員是否實施審計，固有風險始終存在。控製風險也與企業環境有關，但檢查風險與審計程序有關，審計人員可以對其予以控製。

（3）審計風險與審計證據之間的關係。

在審計準備階段分析審計風險，其目的是確定實施階段審計程序的詳簡，而審計程序的詳簡又關係到審計證據的多少，因此，各種風險對審計證據都產生一定程度的影響。

①審計風險與審計證據呈反比關係。審計風險越高，說明對被審計單位的要求越低，所需要的審計證據越少；審計風險越低，說明對被審計單位的要求越高，所需要的審計證據越多。

②固有風險與審計證據呈正比關係。固有風險越高，說明會計報表存在錯誤或漏報的可能性越大，審計時需要的證據就越多；固有風險越低，說明會計報表存在錯誤或漏報的可能性越小，審計時需要的證據就越少。

③控製風險與審計證據呈正比關係。控製風險越高，說明企業內部控製越無效，審計時需要的審計證據越多；控製風險越低，說明企業內部控製越有效，審計時所需要的審計證據就越少。

④檢查風險與審計證據呈反比關係。審計人員在掌握了各種風險的水平後就能確定檢查風險及所需的審計證據的數量。因此，審計風險、固有風險和控製風險對審計證據的影響是通過檢查風險起作用的，檢查風險是溝通其他風險與審計證據的橋樑。

（4）檢查風險與審計意見的類型。

檢查風險不僅影響審計人員實施的實質性測試的性質、時間和範圍，還影響審計人員發表的審計意見類型。在實施有關實質性測試程序後，如果審計人員仍認為與某一重要帳戶或交易的認定有關的檢查風險不能被降低到可接受水平，那麼他應當發表保留意見或拒絕發表意見，以規避審計風險。

項目小結

簽訂審計業務約定書的目的是明確簽約各方的權利和義務，最大限度地消除簽約各方在以後工作中產生的誤解，促使各方遵守約定事項並加強合作，保護簽約各方的正當利益。

計劃審計工作包括總體審計策略和具體審計計劃兩部分工作。總體審計策略用以確定審計範圍、時間和方向，並指導制訂具體審計計劃。具體審計計劃應當包括風險評估程序、計劃實施的進一步審計程序和其他審計程序。

審計重要性是審計理論中的重要概念。確定重要性時，不僅應確定財務報表層次的重要性水平，還應確定交易和帳戶餘額認定層次的重要性水平，從數量和性質兩個方面考慮重要性。

項目五 審計計劃、重要性與審計風險

練習題

一、單項選擇題

1. 在報表審計業務開始時，註冊會計師應當開展的初步業務活動的目的是(　　)。
   A. 就審計收費與被審計單位管理層溝通
   B. 獲取被審計單位管理層聲明書
   C. 與被審計單位之間不存在對業務約定條款的誤解
   D. 就出具審計意見與被審計單位溝通

2. 在制定總體審計策略不必考慮的事項是(　　)。
   A. 確定審計範圍　　　　　　　　B. 確定審計程序的性質
   C. 確定審計方向　　　　　　　　D. 確定審計資源的分配

3. 註冊會計師應該為審計工作制訂具體審計計劃。關於具體審計計劃的說法中，錯誤的是(　　)。
   A. 具體審計計劃的核心是確定審計程序的性質、時間安排和範圍
   B. 計劃實施的進一步審計程序進一步分為總體審計方案和具體審計程序
   C. 具體審計計劃可以因為非預期事項等情況變化進行必要的修改
   D. 對審計計劃進行了更新和修改，無需修正相應的審計工作

4. 關於重要性含義，下列說法中，不正確的是(　　)。
   A. 如果合理預期錯報可能影響財務報表使用者依據財務報表做出的經濟決策，那麼通常認為錯報是重大的
   B. 判斷某事項對財務報表使用者是否重大時，應考慮錯報對個別財務報表使用者的影響
   C. 對重要性的判斷是根據具體環境做出的
   D. 對重要性的判斷受錯報的金額或性質的影響，或受兩者共同作用的影響

5. 當可接受的檢查風險降低時，A 註冊會計師可能採取的措施是(　　)。
   A. 縮小實質性程序的範圍
   B. 將計劃實施實質性程序的時間從期中移至期末
   C. 降低評估的重大錯報風險
   D. 消除固有風險

二、多項選擇題

1. ABC 會計師事務所首次承接甲公司 2013 年財務報表審計。在雙方簽訂審計業務約定書前需要在下列(　　)環節開展初步業務活動。
   A. 瞭解甲公司及其環境，包括瞭解內部控制
   B. 針對甲公司財務報表審計業務，實施質量控制程序
   C. 評價事務所與審計項目組遵守職業道德要求的情況
   D. 判斷是否就 2013 年財務報表審計業務達成了一致意見

2. 按照審計準則的要求，註冊會計師執行審計工作的前提是就某些事項與管理層

達成一致意見，包括(　　)。
   A. 管理層按照適用的財務報告編制基礎編制財務報表並使其實現公允反應。如果財務報表存在舞弊，那麼不能由註冊會計師替代管理層承擔責任
   B. 管理層對與財務報表相關的內部控制的設計、運行與維護承擔完全責任
   C. 如果管理層不認可也不理解編制財務報表的責任，註冊會計師只能考慮出具非無保留意見
   D. 註冊會計師能夠接觸與編制財務報表相關的所有信息，能夠合理預期獲取審計所需要的信息
3. 以下事項屬於註冊會計師制訂具體審計計劃時應當考慮的內容有(　　)。
   A. 識別、評估與應對舞弊嫌疑或舞弊指控
   B. 對銷售業務流程內部控制的瞭解、評價，以及設計的擬實施控制測試性質、時間安排和範圍
   C. 確定的財務報表整體重要性水平
   D. 利用專家或其他第三方工作
4. 下列關於認定層次重大錯報風險的說法中，正確的有(　　)。
   A. 認定層次的重大錯報風險由固有風險和控制風險組成
   B. 註冊會計師可以通過設計和實施適當的審計程序降低固有風險
   C. 註冊會計師評估認定層次的重大錯報風險的目的是確定所需實施的進一步審計程序的性質、時間安排和範圍，以獲取充分、適當的審計證據
   D. 認定層次的重大錯報風險評估結果必須量化
5. 下列關於審計風險模型各風險要素的說法中，恰當的有(　　)。
   A. 審計風險是預先設定的
   B. 審計風險是註冊會計師審計前面臨的
   C. 重大錯報風險是評估的
   D. 檢查風險是註冊會計師通過實施實質性程序控制的

二、業務分析題

A 註冊會計師是×公司 2013 年度財務報表審計業務的項目合夥人。關於其制訂審計計劃的相關情況如下：

（1）總體審計策略用以確定審計範圍、時間安排、審計方向及審計資源的分配。

（2）具體審計計劃僅在審計開始階段進行。

（3）A 註冊會計師在判斷某事項對財務報表的影響是否重大時，考慮錯報對個別報表使用者可能產生的影響。

（4）依據 A 註冊會計師對重要性概念的理解，在依據重要性水平判斷一項錯報是否屬於重大錯報時，如果錯報的性質不嚴重，而且錯報金額低於重要性水平，就可以認為該錯報不屬於重大錯報。

（5）A 註冊會計師擬通過修正按計劃實施的實質性程序的性質、時間和範圍降低重大錯報風險。

要求：針對上述情況，分別指出 A 註冊會計師在計劃審計工作的過程中是否存在不當之處，簡要說明原因。

項目六　審計證據與審計工作底稿

學習目標

1. 瞭解審計證據的概念及分類；
2. 瞭解審計工作底稿的含義及歸檔要求；
3. 掌握審計證據的特性；
4. 掌握獲取審計證據的程序；
5. 掌握審計工作底稿的內容。

任務一　審計證據

收集和評價審計證據是註冊會計師得出審計結論、支撐審計意見的基礎。註冊會計師應當獲取充分、適當的審計證據，以得出合理的審計結論，作為形成審計意見的基礎。

一、審計證據的概念

審計證據是指註冊會計師為了得出審計結論、形成審計意見而使用的所有信息，包括財務報表依據的會計記錄中含有的信息和其他信息。

（一）構成財務報表基礎的會計記錄中含有的信息

依據會計記錄編制財務報表是被審計單位管理層的責任，註冊會計師應當測試會計記錄以獲取審計證據。財務報表依據的會計記錄一般包括對初始分錄的記錄和支持性記錄，如支票、電子資金轉帳記錄、發票、合同、總帳、明細帳、記帳憑證和未在記帳憑證中反應的對財務報表的其他調整，以及支持成本分配、計算、調節和披露的手工計算表和電子數據表。上述會計記錄是編制財務報表的基礎，構成註冊會計師執行財務報表審計業務所需獲取的審計證據的重要部分。

（二）可用作審計證據的其他信息

會計記錄中含有的信息本身並不足以提供充分的審計證據作為對財務報表發表審

計意見的基礎，註冊會計師還應當獲取用作審計證據的其他信息。可用作審計證據的其他信息包括註冊會計師從被審計單位內部或外部獲取的會計記錄以外的信息，通過詢問、觀察和檢查等審計程序獲取的信息，自己編制或獲取的可以通過合理推斷得出結論的信息。

　　財務報表依據的會計記錄中包含的信息和其他信息共同構成了審計證據，兩者缺一不可。如果沒有前者，審計工作將無法進行；如果沒有後者，可能無法識別重大錯報風險。只有將兩者結合在一起，才能將審計風險降至可接受的低水平，為註冊會計師發表審計意見提供合理基礎。

二、審計證據的特徵

　　註冊會計師應當保持職業懷疑態度，運用職業判斷，評價審計證據的充分性和適當性。

（一）審計證據的充分性

　　審計證據的充分性是對審計證據數量的衡量，主要與註冊會計師確定的樣本量有關。例如，對某個審計項目實施某一選定的審計程序，從700個樣本中獲得的證據要比從100個樣本中獲得的證據更充分。

　　註冊會計師需要獲取的審計證據的數量會受錯報風險的影響。錯報風險越大，需要的審計證據可能越多。具體來說，在可接受的審計風險水平一定的情況下，重大錯報風險越大，註冊會計師就應實施越多的測試工作，將檢查風險降至可接受水平，以將審計風險控制在可接受的低水平範圍內。例如，註冊會計師對某計算機公司進行審計，經過分析認為，受被審計單位行業性質的影響，存貨陳舊的可能性相當高，存貨計價的錯報可能性就比較大。為此，註冊會計師在審計中就要選取更多的存貨樣本進行測試，以確定存貨陳舊的程度，從而確認存貨的價值是否被高估。

（二）審計證據的適當性

　　審計證據的適當性是對審計證據質量的衡量，即審計證據在支持各類交易、帳戶餘額、列報（包括披露，下同）的相關認定或發現其中存在錯報方面具有相關性和可靠性。相關性和可靠性是審計證據適當性的核心內容，只有相關且可靠的審計證據才是高質量的。

1. 審計證據的相關性

　　審計證據要有證明力，必須與註冊會計師的審計目標相關。例如，註冊會計師在審計過程中懷疑被審計單位發出存貨卻沒有給顧客開票，需要確認銷售是否完整。註冊會計師應當從發貨單中選取樣本，追查與每張發貨單相應的銷售發票副本，以確定是否每張發貨單均已開具發票。如果註冊會計師從銷售發票副本中選取樣本，並追查至與每張發票相應的發貨單，由此所獲得的證據與完整性目標就不相關。

　　審計證據是否相關必須結合具體審計目標來考慮。在確定審計證據的相關性時，註冊會計師應當考慮以下幾點：

　　（1）特定的審計程序可能只為某些認定提供相關的審計證據，而與其他認定無關。

　　（2）針對同一項認定可以從不同來源獲取審計證據或獲取不同性質的審計證據。

（3）只與特定認定相關的審計證據並不能替代與其他認定相關的審計證據。

2. 審計證據的可靠性

審計證據的可靠性是指審計證據的可信程度。例如，註冊會計師親自檢查存貨所獲得的證據，就比被審計單位管理層提供給註冊會計師的存貨數據更可靠。

審計證據的可靠性受其來源和性質的影響，並取決於獲取審計證據的具體環境。註冊會計師在判斷審計證據的可靠性時，通常會考慮下列原則：

（1）從外部獨立來源獲取的審計證據比從其他來源獲取的審計證據更可靠。從外部獨立來源獲取的審計證據由完全獨立於被審計單位以外的機構或人士編制並提供，未經被審計單位有關職員之手，從而減少了偽造、更改憑證或業務記錄的可能性，因而其證明力最強。此類證據如銀行詢證函回函、應收帳款詢證函回函、保險公司等機構出具的證明等。

（2）內部控制有效時內部生成的審計證據比內部控制薄弱時內部生成的審計證據更可靠。如果被審計單位有著健全的內部控制且在日常管理中得到一貫的執行，會計記錄的可信賴程度將會增加。如果被審計單位的內部控制薄弱，甚至不存在任何內部控制，被審計單位內部憑證記錄的可靠性就大為降低。例如，如果與銷售業務相關的內部控制有效，註冊會計師就能從銷售發票和發貨單中取得比內部控制不健全時更加可靠的審計證據。

（3）直接獲取的審計證據比間接獲取或推論得出的審計證據更可靠。例如，註冊會計師通過觀察某項控制的運行得到的證據比通過詢問被審計單位某項內部控制的運行得到的證據更可靠。間接獲取的證據有被塗改及偽造的可能性，降低了可信賴程度。關於推論得出的審計證據，主觀性較強，人為因素較多，可信賴程度也受到影響。

（4）以文件、記錄形式（無論是紙質、電子或其他介質）存在的審計證據比口頭形式的審計證據更可靠。例如，會議的同步書面記錄比討論事項事後的口頭表述更可靠。口頭證據本身並不足以證明事實的真相，僅僅提供一些重要線索，為進一步調查確認所用。但在一般情況下，口頭證據往往需要得到其他相應證據的支持。

（5）從原件獲取的審計證據比從傳真件或複印件獲取的審計證據更可靠。註冊會計師可審查原件是否有被塗改或偽造的跡象，排除偽證，提高證據的可信賴程度。而傳真件或複印件容易是變造或偽造的結果，可靠性較低。

註冊會計師在按照上述原則評價審計證據的可靠性時，還應當注意可能出現的重要例外情況。例如，審計證據雖是從獨立的外部來源獲得，但如果該證據是由不知情者或不具備資格者提供，審計證據也可能是不可靠的。同樣，如果註冊會計師不具備評價證據的專業能力，那麼即使是直接獲取的證據，也可能不可靠。

充分性和適當性是審計證據的兩個重要特徵，兩者缺一不可，只有充分且適當的審計證據才是有證明力的。註冊會計師需要獲取的審計證據的數量也受審計證據質量的影響。審計證據質量越高，需要的審計證據數量可能越少。也就是說，審計證據的適當性會影響審計證據的充分性。

需要注意的是，儘管審計證據的充分性和適當性相關，但如果審計證據的質量存在缺陷，那麼註冊會計師僅靠獲取更多的審計證據可能無法彌補其質量上的缺陷。

三、審計證據的種類

從不同的角度看，審計證據有不同的類別。研究審計證據的分類，對有效取得證據、正確評價證據、提高審計工作效率都具有極其重要的意義。

按形態進行分類

按形態進行分類，審計證據可分為實物證據、書面證據、口頭證據和環境證據。

1. 實物證據

實物證據是指通過實際觀察或盤點所獲取的、用以證實實物資產的真實性和完整性的證據。例如，審計人員可以通過監盤的方式，證明各種存貨和固定資產是否存在。實物證據通常是證明實物資產存在的最有說服力的證據。它可以有效地證實實物資產的狀態、數量、特徵和質量等，但不能完全證實被審計單位對實物資產的所有權和價值情況，還必須與查證書面資料結合，取得其他有關證據。

2. 書面證據

書面證據是指審計人員所獲取的各種以書面形式存在的證實經濟活動的證據。書面證據是最基本的證據。它包括與審計有關的各種會計憑證、帳簿、報表、經濟合同、報告書及函件等，既包括被審計單位的書面資料，也包括從外部單位獲得的書面資料。書面證據數量多、來源廣，是審計人員取證的主要部分，也是審計人員形成審計報告、得出審計結論的重要基礎。

3. 口頭證據

口頭證據也稱陳述證據，是指有關人員對審計人員的提問所做的口頭答覆形成的一類證據。一般而言，口頭證據可能帶有個人觀點、意見和感情，可靠性較差，證明力較弱，大多數情況下只是作為旁證之用。審計人員往往可以通過口頭證據發掘出一些重要線索，從而有助於對某些需要審核的情況做進一步的調查，以收集到更為可靠的證據。

在審計過程中，收集口頭證據時，要注意證明人與被審計事項之間的關係。口頭證據一般以文字記錄、錄音等形式保存，文字記錄必須經敘述人簽字認可。相對而言，不同人員對同一問題所做的口頭陳述相同時，口頭證據具有較高的可靠性，但一般情況下，口頭證據需要得到其他相應證據的支持。

4. 環境證據

環境證據也稱情況證據，是指對被審計單位產生影響的各種環境因素形成的證據。環境證據包括被審計單位的內部控制情況、管理人員素質和各種管理條件等。這類證據一般可靠性較差，不屬於主要的審計證據，但它有助於審計人員瞭解被審計單位、被審計事項所處的環境，為確定審計重點和範圍提供依據。

四、獲取審計證據的程序

（一）獲取審計證據的總體程序

註冊會計師應當通過實施審計程序，獲取充分、適當的審計證據，得出合理的審

項目六　審計證據與審計工作底稿

計結論，作為形成審計意見的基礎。獲取審計證據的總體程序分為風險評估程序、控制測試（必要時或決定測試時）和實質性程序。

1. 風險評估程序

註冊會計師應當實施風險評估程序，以此作為評估財務報表層次和認定層次重大錯報風險的基礎。風險評估程序為註冊會計師確定重要性水平、識別需要特別考慮的領域、設計和實施進一步審計程序等工作提供了重要基礎，有助於註冊會計師合理分配審計資源，獲取充分、適當的審計證據。

2. 控製測試

實施控製測試的目的是測試內部控製在防止、發現並糾正認定層次重大錯報方面的運行有效性，從而支持或修正重大錯報風險的評估結果，據以確定實質性程序的性質、時間和範圍。

註冊會計師在下列情況下應當進行控製測試：

（1）在評估認定層次重大錯報風險時，預期控製的運行是有效的，註冊會計師應當實施控製測試以支持結果。

（2）僅實施實質性程序不足以提供有關認定層次的充分、適當的審計證據，註冊會計師應當實施控製測試，以獲取內部控製有效性的審計證據。

3. 實質性程序

註冊會計師應當針對評估的重大錯報風險設計和實施實質性程序，以發現認定層次的重大錯報。註冊會計師對重大錯報是一種判斷，可能無法充分識別所有重大錯報風險，並且由於內部控製存在固有局限性，無論重大錯報風險評估結果如何，註冊會計師都應當針對所有重大的各類交易帳戶餘額、列報實施實質性程序。

（二）獲取審計證據的具體程序

在實施風險評估程序、控製測試或實質性程序時，註冊會計師可根據需要單獨或綜合運用下列程序，以獲取充分、適當的審計證據。

1. 檢查

檢查是指註冊會計師對被審計單位內部或外部生成的、以紙質、電子或其他介質形式存在的記錄或文件進行審查，或對資產進行實物審查。

記錄或文件可提供可靠程度不同的審計證據，審計證據的可靠性取決於記錄或文件的來源和性質。而在檢查內部記錄或文件時，其可靠性取決於生成該記錄或文件的內部控製的有效性。

檢查有形資產程序主要適用於存貨和現金，也適用於有價證券、應收票據和固定資產等實物資產的審計。檢查有形資產可為其存在性提供可靠的審計證據，但不一定能夠為權利和義務或計價認定提供可靠的審計證據。對個別存貨項目進行檢查，可與存貨監盤一同實施。

2. 觀察

觀察是指註冊會計師察看相關人員正在從事的活動或執行的程序。例如，對客戶執行的存貨盤點或控製活動進行觀察。

審 計 學

通過觀察獲得的審計證據僅限於觀察發生的時點，並且在相關人員已知被觀察時，相關人員從事活動或執行程序可能與日常做法不同，從而會影響註冊會計師對真實情況的瞭解。因此，註冊會計師有必要獲取其他類型的佐證證據。

3. 詢問

詢問是指註冊會計師以書面或口頭方式，向被審計單位內部或外部的知情人員獲取財務信息和非財務信息，並對答覆進行評價的過程。

知情人員對詢問的答覆可能為註冊會計師提供尚未獲悉的信息或佐證證據，也可能提供與已獲悉信息存在重大差異的信息，註冊會計師應當根據詢問結果考慮修改審計程序或實施追加的審計程序。詢問本身不足以發現認定層次存在的重大錯報，也不足以測試內部控制運行的有效性，註冊會計師還應當實施其他審計程序以獲取充分、適當的審計證據。

4. 函證

函證是指註冊會計師為了獲取影響財務報表或相關披露認定的項目的信息，通過直接來自第三方的對有關信息和現存狀況的聲明，獲取和評價審計證據的過程。

通過函證獲取的證據可靠性較高。因此，函證是受到高度重視並經常被使用的一種重要程序。

5. 重新計算

重新計算是指註冊會計師以人工方式或使用計算機輔助審計技術，對記錄或文件中的數據計算的準確性進行核對。重新計算通常包括計算銷售發票和存貨的總金額，加總日記帳和明細帳，檢查折舊費用和預付費用的計算，檢查應納稅額的計算等。

6. 重新執行

重新執行是指註冊會計師以人工方式或使用計算機輔助審計技術，重新獨立執行作為被審計單位內部控制組成部分的程序或控制。例如，註冊會計師利用被審計單位的銀行存款日記帳和銀行對帳單，重新編制銀行存款餘額調節表，並與被審計單位編制的銀行存款餘額調節表進行比較。

7. 分析程序

分析程序是指註冊會計師通過研究不同財務數據之間，以及財務數據與非財務數據之間的內在關係，對財務信息做出評價。分析程序還包括通過調查識別出的、與其他相關信息不一致或與預期數據嚴重偏離的波動和關係。對於異常變動項目，註冊會計師應當重新考慮其所採用的審計方法是否恰當；必要時，應追加適當的審計程序，以獲取相應的審計證據。

在整個審計過程中，分析程序的應用範圍比較廣泛。它可以用作風險評估程序，以瞭解被審計單位及其環境；用作實質性程序，單獨或結合其他細節測試，收集充分、適當的審計證據；用作在審計結束或臨近結束時對財務報表進行總體復核。但由於分析程序需要計算金額、比率或趨勢，以評價財務信息，因此它對控製測試並不適用。

任務二 審計工作底稿

一、審計工作底稿的概念和編制目的

(一) 審計工作底稿的概念

審計工作底稿，是指註冊會計師對制訂的審計計劃、實施的審計程序、獲取的相關審計證據、以及得出的審計結論做出的記錄。審計工作底稿是審計證據的載體，是註冊會計師在審計過程中形成的審計工作記錄和獲取的資料。它形成於審計過程，也反應整個審計過程。

(二) 審計工作底稿的編制目的

註冊會計師應當及時編制審計工作底稿，以實現下列目的：

(1) 提供充分、適當的記錄，作為審計報告的基礎。審計工作底稿是註冊會計師形成審計結論，發表審計意見的直接依據。及時編制審計工作底稿有助於提高審計工作的質量，便於在出具審計報告之前，對取得的審計證據和得出的審計結論進行有效復核和評價。

(2) 提供證據，證明其按照中國註冊會計師審計準則的規定執行了審計工作。在會計師事務所因執業質量而涉及訴訟或有關監管機構進行執業質量檢查時，審計工作底稿能夠提供證據，證明會計師事務所是否按照審計準則的規定執行了審計工作。

二、審計工作底稿的性質

(一) 審計工作底稿的存在形式

審計工作底稿可以以紙質、電子或其他介質形式存在。

隨著信息技術的廣泛運用，審計工作底稿的形式從傳統的紙質形式擴展到電子或其他介質形式。為了便於會計師事務所內部進行質量控製和外部進行執業質量檢查或調查，以電子或其他介質形式存在的審計工作底稿，應與其他紙質形式的審計工作底稿一併歸檔，並應通過打印等方式，轉換成紙質形式的審計工作底稿。

(二) 審計工作底稿通常包括的內容

審計工作底稿通常包括總體審計策略、具體審計計劃、分析表、問題備忘錄、重大事項概要、詢證函回函、管理層聲明書、核對表、有關重大事項的往來信件（包括電子郵件），以及對被審計單位文件記錄的摘要或複印件等。此外，審計工作底稿通常還包括業務約定書、管理建議書、項目組內部或項目組與被審計單位舉行的會議記錄、與其他人士（如其他註冊會計師、律師、專家等）的溝通文件及錯報匯總表等。

一般情況下，分析表主要是指對被審計單位財務信息執行分析程序的記錄。例如，記錄對被審計單位本年各月收入與上一年度的同期數據進行比較的情況，記錄對差異的分析等。

問題備忘錄一般是指對某一事項或問題的概要的匯總記錄。在問題備忘錄中，註冊會計師通常記錄該事項或問題的基本情況、執行的審計程序或具體審計步驟，以及得出的審計結論。例如，有關存貨監盤審計程序或審計過程中發現問題的備忘錄。

核對表一般是指會計師事務所內部使用的、為便於核對某些特定審計工作或程序的完成情況的表格。例如，特定項目（如財務報表列報）審計程序核對表、審計工作完成情況核對表等。它通常以列舉的方式列出審計過程中註冊會計師應當進行的審計工作或程序，以及特別需要提醒注意的問題，並在適當情況下索引至其他審計工作底稿，便於註冊會計師核對是否已按照審計準則的規定進行審計。

三、編制審計工作底稿的總體要求

註冊會計師編制的審計工作底稿，應當使得未曾接觸該項審計工作的有經驗的專業人士清楚地瞭解：①按照審計準則的規定實施的審計程序的性質、時間和範圍；②實施審計程序的結果和獲取的審計證據；③就重大事項得出的結論。

四、審計工作底稿的基本要素

通常，審計工作底稿包括下列全部或部分要素：

（一）被審計單位名稱

列明被審計單位名稱的目的在於明確審計客體。

（二）審計項目名稱

列明審計項目名稱的目的在於明確審計內容。

（三）審計項目時點或期間

列明審計項目時點或期間的目的在於明確審計範圍。

（四）審計過程記錄

審計過程記錄一般包括以下幾個方面內容：

（1）特定項目或事項的識別特徵。識別特徵是指被測試的項目或事項表現出的徵象或標誌。識別特徵因審計程序的性質和所測試的項目或事項不同而不同。對某一個具體項目或事項而言，其識別特徵通常具有唯一性。這種特性可以使其他人員根據識別特徵在總體中識別該項目或事項並重新執行該測試。如在對被審計單位生成的訂購單進行細節測試時，註冊會計師可能以訂購單的日期或編號作為測試訂購單的識別特徵；對於需要選取或復核既定總體內一定金額以下的所有項目的審計程序，註冊會計師可能會以實施審計程序的範圍作為識別特徵；對於需要系統化抽樣的審計程序，註冊會計師可能會通過記錄樣本的來源、抽樣的起點及抽樣間隔來識別已選取的樣本；對於需要詢問被審計單位中特定人員的審計程序，註冊會計師可能會以詢問的時間、被詢問人的姓名及職位作為識別特徵；對於觀察程序，註冊會計師可能會以觀察的對

項目六　審計證據與審計工作底稿

象或過程、觀察的地點和時間作為識別特徵。
（2）重大事項。註冊會計師應當根據具體情況判斷某一事項是否屬於重大事項。重大事項通常包括以下幾個方面：
①引起特別風險的事項。
②實施審計程序的結果。該結果表明財務信息可能存在重大錯報，或需要修正以前對重大錯報風險的評估和針對這些風險擬採取的應對措施。
③導致註冊會計師難以實施必要審計程序的情形。
④導致出具非標準審計報告的事項。

註冊會計師應當及時記錄與管理層、治理層和其他人員對重大事項的討論，包括討論的內容、時間、地點和參加人員。

有關重大事項的記錄可能分散在審計工作底稿的不同部分。將這些分散在審計工作底稿中的有關重大事項的記錄匯總在重大事項概要中，不僅可以幫助註冊會計師集中考慮重大事項對審計工作的影響，還便於審計工作的復核人員全面、快速地瞭解重大事項，從而提高復核工作的效率。對於大型、複雜的審計項目，重大事項概要的作用尤為重要。因此本準則第十四條第一款規定，那麼註冊會計師應當考慮編制重大事項概要，將其作為審計工作底稿的組成部分，以有效地復核和檢查審計工作底稿，並評價重大事項的影響。

重大事項概要包括審計過程中識別的重大事項及其如何得到解決，或對其他支持性審計工作底稿的交叉索引。

（3）針對重大事項如何處理矛盾或不一致的情況。如果識別出的信息與針對某重大事項得出的最終結論相矛盾或不一致，註冊會計師應當記錄形成最終結論時如何處理該矛盾或不一致的情況。

上述情況包括但不限於註冊會計師針對該信息執行的審計程序、項目組成員因對某事項的職業判斷不同而向專業技術部門諮詢的情況，以及項目組成員和被諮詢人員不同意見（如項目組與專業技術部門的不同意見）的解決情況。

（4）其他準則中的相關記錄要求。

（五）審計結論

註冊會計師恰當地記錄審計結論非常重要。註冊會計師需要根據所實施的審計程序及獲取的審計證據得出結論，並以此作為財務報表形成審計意見的基礎。在記錄審計結論時需注意，在審計工作底稿中記錄的審計程序和審計證據是否足以支持所得出的審計結論。

（六）審計標示及其說明

審計工作底稿中可使用各種審計標示，但應說明其含義，並保持前後一致。以下是註冊會計師在審計工作底稿中列明標示並說明其含義的例子，供參考。在實務中，註冊會計師也可以依據實際情況運用更多的審計標示。

∧：縱加核對。
<：橫加核對。
B：與上年結轉數核對一致。

T：與原始憑證核對一致。
G：與總分類帳核對一致。
S：與明細帳核對一致。
T/B：與試算平衡表核對一致。
C：已發詢證函。
C\：已收回詢證函。

（七）索引號及編號

通常，審計工作底稿需要註明索引號及順序編號，相關審計工作底稿之間需要保持清晰的勾稽關係。在實務中，註冊會計師可以按照所記錄的審計工作的內容層次進行編號。例如，固定資產匯總表的編號為C1，按類別列示的固定資產明細表的編號為C1-1，以及列示單個固定資產原值及累計折舊的明細表編號，包括房屋建築物（編號為C1-1-1）、機器設備（編號為C1-1-2）、運輸工具（編號為C1-1-3）及其他設備（編號為C1-1-4）。相互引用時，需要在審計工作底稿中交叉註明索引號。

（八）編制者姓名及編制日期

在記錄實施審計程序的性質、時間和範圍時，註冊會計師應當記錄審計工作的執行人員及完成該項審計工作的日期。

（九）復核者姓名及復核日期

在記錄實施審計程序的性質、時間和範圍時，註冊會計師應當記錄審計工作的復核人員及復核的日期和範圍。在需要項目質量控製復核的情況下，還需要註明項目質量控製復核人員及復核的日期。

（十）其他應說明事項

對於審計工作底稿中由被審計單位及由第三者提供或代為編制的資料，註冊會計師應在審計工作底稿中註明來源及實施必要審計程序等內容。

五、審計工作底稿的復核

（一）項目組成員實施的復核

《中國註冊會計師審計準則第1121號——歷史財務信息審計的質量控製》規定，由項目組內經驗較多的人員（包括項目負責人）復核經驗較少人員的工作。

為了監督審計業務的進程，並考慮助理人員是否具備足夠的專業技能和勝任能力，以執行分派的審計工作，瞭解審計指令及按照總體審計計劃和具體審計計劃執行工作，有必要對執行業務的助理人員進行適當的督導和復核。

復核人員應當知悉並解決重大的會計和審計問題，考慮其重要程度並適當修改總體審計計劃和具體審計計劃。此外，項目組成員與客戶的專業判斷分歧應當得到解決，必要時，應考慮尋求恰當的諮詢。

復核工作應當由至少具備同等專業勝任能力的人員完成，復核時應考慮是否已按

照具體審計計劃執行審計工作，審計工作和結論是否予以充分記錄，所有重大事項是否已得到解決或在審計結論中予以反應，審計程序的目標是否已實現，審計結論是否與審計工作的結果一致並支持審計意見。

復核範圍因審計規模、審計複雜程度及工作安排的不同而存在顯著差異。有時由高級助理人員復核低層次助理人員執行的工作，有時由項目經理完成，並最終由項目負責人復核。如上所述，對工作底稿實施的復核必須留下證據，一般由復核者在相關審計工作底稿上簽名並署明日期。

(二) 項目質量控製復核

《中國註冊會計師審計準則第1121號——歷史財務信息審計的質量控製》規定，註冊會計師在出具審計報告前，會計師事務所應當指定專門的機構或人員對審計項目組執行的審計實施項目質量控製復核。

項目質量控製復核應當包括客觀評價下列事項：
(1) 項目組做出的重大判斷。
(2) 在準備審計報告時得出的結論。

會計師事務所採用制衡制度，以確保委派獨立的、有經驗的審計人員作為其所熟悉行業的項目質量控製復核人員。復核範圍取決於審計項目的複雜程度及未能根據具體情況出具審計報告的風險。許多會計師事務所不僅對上市公司審計進行項目質量控製復核，還會聯繫審計客戶的組合，對那些高風險或涉及公眾利益的審計項目實施項目控製質量復核。

六、審計工作底稿的歸檔

《會計師事務所質量控製準則第5101號——業務質量控製》和《中國註冊會計師審計準則第1131號——審計工作底稿》對審計工作底稿的歸檔做出了具體規定，涉及歸檔工作的性質和期限、審計工作底稿保管期限等方面。

(一) 審計工作底稿歸檔的性質

審計報告日後將審計工作底稿歸整為最終審計檔案是一項事務性的工作，不涉及實施新的審計程序或得出新的結論。

如果在歸檔期間對審計工作底稿做出的變動屬於事務性的，那麼註冊會計師可以做出變動，主要包括以下幾種情形：
(1) 刪除或廢棄被取代的審計工作底稿。
(2) 對審計工作底稿進行分類、整理和交叉索引。
(3) 對審計檔案歸整工作的完成核對表進行簽字認可。
(4) 記錄在審計報告日前獲取的、與審計項目組相關成員進行討論並取得一致意見的審計證據。

歸整審計檔案時，可將審計檔案分為永久性檔案和當期檔案。

(1) 永久性檔案。永久性檔案是指那些記錄內容相對穩定，具有長期使用價值，並對以後審計工作具有重要影響和直接作用的審計檔案。例如，被審計單位的組織結構、批准證書、營業執照、章程、重要資產的所有權或使用權的證明文件複印件等。

若永久性檔案中的某些內容已發生變化，註冊會計師應當及時予以更新。為保持資料的完整性以便滿足日後查閱歷史資料的需要，永久性檔案中被替換下的資料一般也需保留。例如，被審計單位因增加註冊資本而變更了營業執照等法律文件，被替換的舊營業執照等文件可以匯總在一起，與其他有效的資料分開，作為單獨部分歸整在永久性檔案中。

（2）當期檔案。當期檔案是指那些記錄內容經常變化，主要供當期和下期審計使用的審計檔案，如總體審計策略和具體審計計劃。

（二）審計工作底稿歸檔的期限

註冊會計師應當按照會計師事務所質量控製政策和程序的規定，及時將審計工作底稿歸整為最終審計檔案。審計工作底稿的歸檔期限為審計報告日後60天內。如果註冊會計師未能完成審計業務，審計工作底稿的歸檔期限為審計業務中止後的60天內。

如果針對客戶的同一財務信息執行不同的委託業務，出具兩個或多個不同的報告，那麼會計師事務所應當將其視為不同的業務，根據會計師事務所內部制定的政策和程序，在規定的歸檔期限內分別將審計工作底稿歸整為最終審計檔案。

（三）審計工作底稿歸檔後的變動

1. 需要變動審計工作底稿的情形

一般情況下，在審計報告歸檔之後不需要對審計工作底稿進行修改或增加。註冊會計師發現有必要修改現有審計工作底稿或增加新的審計工作底稿的情形主要有以下兩種。

（1）註冊會計師已實施了必要的審計程序，取得了充分、適當的審計證據並得出了恰當的審計結論，但審計工作底稿的記錄不夠充分。

（2）審計報告日後，發現例外情況要求註冊會計師實施新的或追加審計程序，或導致註冊會計師得出新的結論。例外情況主要是指審計報告日後發現與已審計財務信息相關、在審計報告日已經存在的事實，且該事實如果被註冊會計師在審計報告日前獲知，可能影響審計報告。例如，註冊會計師在審計報告日後才獲知法院在審計報告日前已對被審計單位的訴訟、索賠事項做出最終判決結果。例外情況可能在審計報告日後發現。也可能在財務報表報出日後發現，註冊會計師應當按照《中國註冊會計師審計準則第1332號——期後事項》第四章「財務報表報出後發現的事實」的相關規定，對例外事項實施新的或追加的審計程序。

2. 變動審計工作底稿時的記錄要求

在完成最終審計檔案的歸整工作後，如果發現有必要修改現有審計工作底稿或增加新的審計工作底稿，那麼無論修改或增加的性質如何，註冊會計師均應當記錄下列事項：

（1）修改或增加審計工作底稿的時間和人員，以及復核的時間和人員。

（2）修改或增加審計工作底稿的具體理由。

（3）修改或增加審計工作底稿對審計結論產生的影響。

（四）審計工作底稿的保存期限

會計師事務所應當自審計報告日起，對審計工作底稿至少保存 10 年。如果註冊會計師未能完成審計業務，會計師事務所應當自審計業務中止日起，對審計工作底稿至少保存 10 年。值得注意的是，對於連續審計的情況，當期歸整的永久性檔案雖然包括以前年度獲取的資料（有可能是 10 年以前），但由於其作為本期檔案的一部分、支持審計結論的基礎，註冊會計師對於這些對當期有效的檔案，應視為當期取得並保存 10 年。如果這些資料在某個審計期間被替換，被替換資料可以從被替換的年度起至少保存 10 年。

在完成最終審計檔案的歸整工作後，註冊會計師不得在規定的保存期限屆滿前刪除或廢棄審計工作底稿。

項目小結

審計證據是指註冊會計師為了得出審計結論、形成審計意見而使用的所有信息。它包括財務報表依據的會計記錄中含有的信息和其他信息。註冊會計師應當保持職業懷疑態度，運用職業判斷，評價審計證據的充分性和適當性。

審計證據的充分性是對審計證據數量的衡量，主要與註冊會計師確定的樣本量有關。審計證據的適當性是對審計證據質量的衡量，即審計證據在支持各類交易、帳戶餘額、列報的相關認定或發現其中存在錯報方面具有相關性和可靠性。充分性和適當性是審計證據的兩個重要特徵，兩者缺一不可，只有充分且適當的審計證據才是有證明力的。

註冊會計師需要獲取的審計證據的數量也受審計證據質量的影響。審計證據質量越高，需要的審計證據數量可能越少。也就是說，審計證據的適當性會影響審計證據的充分性。

註冊會計師應當通過實施審計程序，獲取充分、適當的審計證據，得出合理的審計結論，作為形成審計意見的基礎。獲取審計證據的總體程序分為風險評估程序、控製測試（必要時或決定測試時）和實質性程序。

在審計過程中，註冊會計師可根據需要單獨或綜合運用檢查、觀察、詢問、函證、重新計算、重新執行、分析等程序，以獲取充分、適當的審計證據。

審計工作底稿，是指註冊會計師對制訂的審計計劃、實施的審計程序、獲取的相關審計證據，以及得出的審計結論做出的記錄。審計工作底稿是審計證據的載體，是註冊會計師在審計過程中形成的審計工作記錄和獲取的資料。它形成於審計過程，也反應整個審計過程。

審 計 學

練習題

一、單項選擇題

1. 如果在歸檔期間對審計工作底稿做出的變動屬於事務性的，註冊會計師可以做出的變動中不正確的是(　　)。
   A. 刪除或廢棄部分審計工作底稿
   B. 對審計工作底稿進行分類、整理和交叉索引
   C. 對審計檔案歸整工作的完成核對表進行簽字認可
   D. 記錄在審計報告日前獲取的、與審計項目組相關成員進行討論並取得一致意見的審計證據

2. 註冊會計師執行會計報表審計業務獲取的下列審計證據中，可靠性最強的是(　　)。
   A. 購物發票　　　　　　　　　　B. 銷貨發票
   C. 採購訂貨單副本　　　　　　　D. 應收帳款函證回函

3. 作為內部證據的會計記錄在(　　)情況下可靠性較強。
   A. 在外部流轉
   B. 經註冊會計師驗證
   C. 有健全有效的內部控制制度
   D. 被審計單位管理當局聲明

4. 以下關於審計證據可靠性的表述不正確的是(　　)。
   A. 從外部獨立來源獲取的審計證據比從其他來源獲取的審計證據更可靠
   B. 內部控制有效時內部生成的審計證據比內部控制薄弱時內部生成的審計證據更可靠
   C. 註冊會計師推理得出的審計證據比直接獲取的審計證據可靠
   D. 直接獲取的審計證據比間接獲取或推論得出的更可靠

5. 充分性和適當性是審計證據的兩個重要特徵，下列關於審計證據的充分性和適當性表述不正確的是(　　)。
   A. 充分性和適當性缺一不可，只有充分且適當的審計證據才是有證明力的
   B. 審計證據質量越高，需要的審計證據數量可能越少
   C. 如果審計證據的質量存在缺陷，僅靠獲取更多的審計證據可能無法彌補其質量上的缺陷
   D. 如果審計證據的質量存在缺陷，註冊會計師必須收集更多數量的審計證據，否則無法形成審計意見

二、多項選擇題

1. 以下對審計證據的描述正確的是(　　)。
   A. 財務報表依據的會計記錄一般包括對初始分錄的記錄和支持性記錄
   B. 會計記錄中含有的信息本身並不足以提供充分的審計證據作為對財務報表發表審計意見的基礎，註冊會計師還應當獲取用作審計證據的其他信息
   C. 可用作審計證據的其他信息包括註冊會計師從被審計單位內部或外部獲取的

項目六 審計證據與審計工作底稿

　　會計記錄以外的信息
　　D. 財務報表依據的會計記錄中包含的信息和其他信息共同構成了審計證據，兩者缺一不可
2. 審計證據的充分性是對審計證據數量的衡量，主要與以下哪些因素有關(　　)。
　　A. 樣本量有關　　　　　　　　B. 重大錯報風險
　　C. 具體審計程序　　　　　　　D. 審計證據的質量
3. 註冊會計師在評價審計證據的充分性和適當性時特別要考慮以下方面(　　)。
　　A. 對文件記錄可靠性的考慮
　　B. 使用被審計單位生成信息時的考慮
　　C. 證據相互矛盾時的考慮
　　D. 獲取審計證據時對成本的考慮
4. 註冊會計師通過實施下列審計程序，獲取審計證據，得出結論，形成審計意見(　　)。
　　A. 風險評估程序　　　　　　　B. 瞭解內部控制
　　C. 控制測試　　　　　　　　　D. 實質性程序
5. 審計工作底稿通常包括(　　)。
　　A. 審計策略和具體審計計劃
　　B. 分析表、問題備忘錄、重大事項概要
　　C. 詢證函回函、管理層聲明書、核對表
　　D. 有關重大事項的往來信件

二、判斷題

　　1. 審計證據的適當性是對審計證據質量的衡量，即審計證據在支持各類交易、帳戶餘額、列報的相關認定，或發現其中存在錯報方面具有相關性和可靠性。(　　)
　　2. 如果在審計過程中識別出的情況使其認為文件記錄可能是偽造的，或文件記錄中的某些條款已發生變動，那麼註冊會計師應當做出進一步調查，包括直接向第三方詢證，或考慮利用專家的工作以評價文件記錄的真偽。(　　)
　　3. 註冊會計師在出具審計報告前，會計師事務所應當指定專門的機構或人員對審計項目組執行的審計實施項目質量控制復核。(　　)
　　4. 審計工作底稿只能以紙質形式存在。(　　)
　　5. 對工作底稿實施的復核必須留下證據，一般由復核者在相關審計工作底稿上簽名並署明日期。(　　)

案例分析

對「瓊民源」公司審計失敗案的反思：審計證據的缺失

「瓊民源」公司於1988年7月在海口註冊成立。1992年9月，它在全國證券交易自動報價系統中募集法入股3,000萬股，實收股本3,000萬元。1993年4月30日，它以瓊民源A股的名義在深圳上市，成為當時在深圳上市的5家異地企業之一。上市後的第二年，「瓊民源」公司便開始走下坡路，經營業績不掛，其股票無人問津。在1995年公布的年報中，「瓊民源」每股收益不足1厘，年報公布日（1996年4月30日）其股價僅為3.65元。從1996年7月1日起，「瓊民源」的股價以4.45元起步，在短短幾個月內股價已竄升至20元，翻了數倍。在被某些無形之手悉心把玩之後，「瓊民源」成了創造1996年中國股市神話中的一匹「大黑馬」。

經過一番精心包裝之後，1997年1月22日，瓊民源公司率先公布1996年年報。年報赫然顯示：「瓊民源」1996年每股收益0.867元，淨利潤比去年同比增長1,290.68倍，分配方案為每10股轉送9.8股。年報一公布，「瓊民源」股價便赫然飆升至26.18元，股市掀起了一陣不小的波動。有人為買入「瓊民源」股票而歡呼，有人為錯失良機而頓足，還有些人則報以疑惑——短短一年內有如此驕人的業績，瓊民源的利潤從何而來？為了消除股民的疑意，堅定投資者的信心，「瓊民源」公司兩次登報聲明，進一步說明瓊民源公司年報的正確性。而對「瓊民源」年報進行審計的海南中華會計師事務所也公開站出來，在媒介上表示報表的真實性不容置疑。

公司和事務所的「聲明」使股市得到暫時的平靜。然而，經過1997年2月28日罕見的、巨大的成交量之後，證交所突然宣布：「瓊民源」公司於3月1日起停牌。被「瓊民源」股票牢牢套住的眾多中小投資者經過一年多的等待，終於在1998年4月29日等來了中國證監會對「瓊民源」一案的處理決定。中國證監會對瓊民源公司、會計師事務所及相關機構做出了行政處罰。1998年11月12日，北京市第一中級人民法院也對此案做出了一審判決，追究直接責任人的刑事責任。

儘管「瓊民源」的有關人員在這一案件中難逃其責任，而作為對「瓊民源」年報進行審計的海南中華會計師事務所和出具資產評估報告的海南大正會計師事務所同樣負有不可卸的責任。因為，面對「瓊民源」1996年年報中利潤和資本公積如此大幅度的增加，具有審計專業知識的註冊會計師自然應該引起足夠的注意，保持應有的職業謹慎。但事實是，註冊會計師不但沒有這樣做，相反，在眾多投資者對資本公積、盈餘公積、未分配利潤等項目提出疑問的情況下，海南中華會計師事務所還站出來為「瓊民源」公司辯護，聲稱「報表的真實性不容置疑」。可見，「瓊民源」案會造成如此嚴重後果，很大程度與註冊會計師的失職及某種意義上的推波助瀾有關（本案例來源於中國審計網）。

項目七　審計抽樣

學習目標

1. 熟悉審計抽樣的含義及其基本特徵；
2. 瞭解審計抽樣的分類及其適用範圍；
3. 掌握抽樣風險和非抽樣風險；
4. 掌握審計抽樣在控製測試中的運用；
5. 掌握審計抽樣在細節測試中的運用。

任務一　審計抽樣概述

在設計審計程序時，註冊會計師應當確定選取測試項目的適當方法。選取測試項目的方法有選取全部項目、選取特定項目和審計抽樣三種。註冊會計師可以根據對被審計單位的瞭解、考慮評估的重大風險和審計效率，確定適當的選取測試項目的方法。三種選取測試項目的方法之間的邏輯關係如圖 7-1 所示。

那麼在何種情況下適合用審計抽樣呢？

（1）註冊會計師對於需要測試的帳戶餘額或交易事項缺乏特別的瞭解。

（2）當總體中項目數量太大而導致無法逐項審查，或者雖能逐項審查但需耗費大量成本時。

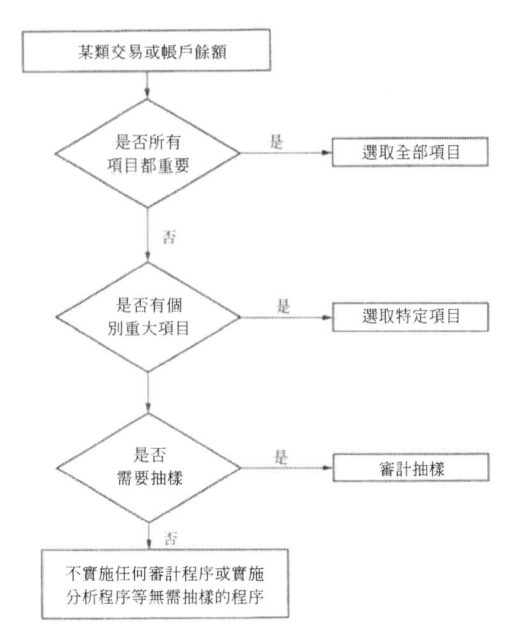

圖 7-1　三種選取測試項目的方法之間的邏輯關係

一、審計抽樣的含義

　　審計抽樣是指註冊會計師對某類交易或帳戶餘額中低於百分之百的項目實施審計程序，使所有抽樣單元都有被選取的機會。這使註冊會計師能夠獲取和評價與被選取項目（樣本）的某些特徵有關的審計證據，以形成或幫助形成對從中抽取樣本的總體的結論。其中，抽樣單元是指構成總體的個體項目；總體是指註冊會計師從中選取樣本並據此得出結論的整套數據。

　　審計抽樣的基本特徵：①對某類交易或帳戶餘額中低於百分之百的項目實施審計程序；②所有抽樣單元都有被選取的機會；③審計測試的目的是評價該帳戶餘額或交易類型的某一特徵。

二、審計抽樣的適用情形

　　審計抽樣並非在所有審計程序中都可使用，註冊會計師擬實施的審計程序將對審計抽樣產生重要影響。在風險評估程序、控制測試和實質性程序中，有些審計程序可以使用審計抽樣，有些審計程序則不宜使用審計抽樣。

　　風險評估程序通常不涉及審計抽樣，因為風險評估程序的目的是瞭解被審計單位及其環境，識別和評估重大錯報風險，不需要獲得對總體的結論性證據。

　　在控制測試中，當控制的運行留下軌跡時，註冊會計師可以考慮使用審計抽樣實施控制測試；對於未留下運行軌跡的控制，註冊會計師通常實施詢問、觀察等審計程序，以獲取有關控制運行有效性的審計證據，此時不宜使用審計抽樣。

項目七　審計抽樣

實質性程序包括對各類交易、帳戶餘額和披露的細節測試，以及實質性分析程序。在進行實質性細節測試時，註冊會計師可以使用審計抽樣獲取審計證據，以驗證有關財務報表金額的一項或多項認定（如應收帳款的存在性），或對某些金額做出獨立估計（如陳舊存貨的價值）。在實施實質性分析程序時，註冊會計師不宜使用審計抽樣。

三、審計抽樣的類型

（一）統計抽樣和非統計抽樣

根據抽樣結果評價方式的不同，審計抽樣可分為統計抽樣和非統計抽樣。

統計抽樣就是註冊會計師在計算正式抽樣結果時採用統計推斷技術的一種抽樣方法。統計抽樣必須同時具備下列兩個特徵：①隨機選取樣本；②運用概率論來評價樣本結果，包括計量抽樣風險。

非統計抽樣是註冊會計師完全憑主觀標準和個人經驗來評價樣本結果並對總體得出結論。採用非統計抽樣不能量化抽樣風險，這是與統計抽樣的根本區別。

註冊會計師在執行審計測試時，可以使用統計抽樣方法，也可以使用非統計抽樣方法，還可以將這兩種抽樣技術結合起來使用。在統計抽樣與非統計抽樣方法之間進行選擇時主要考慮成本效益。

不管統計抽樣還是非統計抽樣，兩種方法都要求註冊會計師在設計、實施和評價樣本時運用職業判斷。另外，對選取的樣本項目實施的審計程序通常與使用的抽樣方法無關。

（二）屬性抽樣和變量抽樣

按註冊會計師所瞭解的總體特徵不同，可將審計抽樣劃分為屬性抽樣和變量抽樣。

1. 屬性抽樣——適用於控制測試

屬性抽樣是一種用來對總體中某一事件發生率得出結論的統計抽樣方法，通常用於測試某一設定控制的偏差率，以支持註冊會計師評估的控制有效性。在屬性抽樣中，設定控制的每一次發生或偏離都被賦予同樣的權重，而不管交易的金額大小。例如，測試應付帳款總體中重複付款的次數等，而不必估計每次重複付款的金額是多少。

2. 變量抽樣——適用於實質性程序的細節測試

變量抽樣是一種用來對總體得出結論，以確定記錄金額是否合理的統計抽樣方法。變量抽樣通常回答下列問題：金額多少？帳戶是否存在錯報？

四、抽樣風險和非抽樣風險

審計風險取決於重大錯報風險和檢查風險。抽樣風險和非抽樣風險可能影響重大錯報風險的評估和檢查風險的確定。

（一）抽樣風險

抽樣風險是指註冊會計師根據樣本得出的結論，與對總體全部項目實施與樣本同樣的審計程序得出的結論存在差異的可能性。

在控製測試中，抽樣風險表現為信賴過度風險和信賴不足風險。信賴過度風險，是指註冊會計師推斷的控製有效性高於其實際有效性的風險。信賴不足風險，是指註冊會計師推斷的控製有效性低於其實際有效性的風險。對於註冊會計師而言，信賴過度風險更容易導致註冊會計師發表不恰當的審計意見，因而信賴過度風險與審計的效果有關。相反，信賴不足風險可能導致註冊會計師增加不必要的實質性程序，從而影響審計的效率。

在細節測試中，抽樣風險表現為誤受風險和誤拒風險。誤受風險，是指註冊會計師推斷某一重大錯報不存在而實際上存在的風險。誤拒風險，是指註冊會計師推斷某一重大錯報存在而實際上不存在的風險。對於註冊會計師而言，誤受風險更容易導致註冊會計師發表不恰當的審計意見，因而誤受風險與審計的效果有關。相反，誤拒風險可能導致註冊會計師增加不必要的實質性程序，從而影響審計的效率。

只要使用了審計抽樣就會存在抽樣風險。一般地，抽樣風險與樣本規模成反向變動。樣本規模越小，抽樣風險越大，所以可以通過擴大樣本規模來降低抽樣風險。

(二) 非抽樣風險

非抽樣風險是指由某些與樣本規模無關的因素導致註冊會計師得出錯誤結論的可能性。註冊會計師即使對某類交易或帳戶餘額的所有項目實施某種審計程序，也可能仍未能發現重大錯報或控製失效。

在審計過程中，可能導致非抽樣風險的原因包括下列情況：

(1) 註冊會計師選擇的總體不適合於測試目標。例如，註冊會計師在測試銷售收入完整性認定時將主營業務收入日記帳界定為總體。

(2) 未能適當地定義控製偏差或錯報，導致註冊會計師未能發現樣本中存在的偏差或錯報。例如，註冊會計師在測試現金支付授權控製的有效性時，未將簽字人未得到適當授權的情況界定為控製偏差。

(3) 選擇了不適於實現特定目標的審計程序。例如，註冊會計師依賴應收帳款函證來揭露未入帳的應收帳款。

(4) 註冊會計師未能適當地評價審計發現的情況。例如，註冊會計師錯誤解讀審計證據可能導致沒有發現誤差。註冊會計師對所發現誤差的重要性的判斷有誤，從而忽略了性質十分重要的誤差，也可能導致得出不恰當的結論。

非抽樣風險不能量化，但註冊會計師可以通過實施質量控製對審計工作進行指導、監督和復核，可通過改進審計程序將非抽樣風險降到可接受的水平，也可以制定適當的審計程序，保持應有的職業懷疑態度，以降低非抽樣風險。

五、審計抽樣的過程

審計抽樣的一般過程分為樣本設計、樣本選取和抽樣結果評價三個階段。

(一) 樣本設計

註冊會計師在樣本設計階段必須完成的工作包括確定測試目標、定義總體和抽樣單元、定義誤差三個環節。

項目七　審計抽樣

1. 確定測試目標

審計抽樣必須緊緊圍繞審計測試的目標展開，因此確定測試目標是樣本設計階段的第一項工作。一般而言，控制測試是為了獲取關於某項控制運行是否有效的證據，而細節測試的目的是確定某類交易或帳戶餘額的金額是否正確，獲取與存在的錯報有關的證據。

2. 定義總體和抽樣單元

在實施抽樣之前，註冊會計師必須仔細定義總體，確定抽樣總體的範圍。註冊會計師應當確保總體的適當性和完整性。適當性是指註冊會計師應確定總體適合於特定的審計目標，包括適合於測試的方向。完整性是指在實施審計抽樣時，註冊會計師需要實施審計程序，以獲取有關總體的完整性的審計證據。

抽樣單元，是指構成總體的個體項目。在定義抽樣單元時，註冊會計師應使其與審計測試目標保持一致。註冊會計師在定義總體時通常都指明了適當的抽樣單元。

如果總體項目存在重大的變異性，註冊會計師可以考慮將總體分層。分層，是指將總體劃分為多個子總體的過程，每個子總體由一組具有相同特徵（通常為貨幣金額）的抽樣單元組成。分層可以降低每一層中項目的變異性，從而在抽樣風險沒有成比例增加的前提下縮小樣本規模、提高審計效率。註冊會計師應當仔細界定子總體，以使每一抽樣單元只能屬於一個層。

3. 定義誤差

註冊會計師必須事先準確定義構成誤差的條件，否則執行審計程序時就沒有識別誤差的標準。在控制測試中，誤差是指控制偏差，註冊會計師要仔細定義所要測試的控制及可能出現偏差的情況；在細節測試中，誤差是指錯報，註冊會計師要確定哪些情況構成錯報。

(二) 樣本選取

1. 影響樣本規模的因素

樣本規模是指總體中選取樣本項目的數量。在審計抽樣中影響樣本規模的因素包括以下幾方面：

(1) 可接受的抽樣風險。可接受的抽樣風險與樣本規模反向變動。註冊會計師願意接受的抽樣風險越低，樣本規模通常越大。反之，註冊會計師願意接受的抽樣風險越高，樣本規模越小。

(2) 可容忍誤差。可容忍誤差是指註冊會計師能夠容忍的最大誤差。在其他因素既定的條件下，可容忍誤差越大，所需的樣本規模越小。

(3) 預計總體誤差。預計總體誤差是指註冊會計師預期在審計過程中發現的誤差。預計總體誤差越大，可容忍誤差也應當越大；但預計總體誤差不應超過可容忍誤差。在既定的可容忍誤差下，當預計總體誤差增加時，所需的樣本規模越大。

(4) 總體變異性。總體變異性是指總體的某一特徵（如金額）在各項目之間的差異程度。在控制測試中，註冊會計師在確定樣本規模時一般不考慮總體變異性。在細節測試中，註冊會計師確定適當的樣本規模時要考慮特徵的變異性。總體項目的變異性越低，通常樣本規模越小。

（5）總體規模。除非總體非常小，一般而言，總體規模對樣本規模的影響幾乎為零。

表 7-1 列示了審計抽樣中影響樣本規模的因素並分別說明了這些因素在控製測試和細節測試中的表現形式。

表 7-1　影響樣本規模的因素

影響因素	控製測試	細節測試	與樣本規模的關係
可接受的抽樣風險	可接受的信賴過度風險	可接受的誤受風險	反向變動
可容忍誤差	可容忍偏差率	可容忍錯報	反向變動
預計總體誤差	預計總體偏差率	預計總體錯報	同向變動
總體變異性	—	總體變異性	同向變動
總體規模	總體規模	總體規模	影響很小

2. 樣本選取

在選取樣本項目時，註冊會計師應當使總體中的每個抽樣單元都有被選取的機會。不管使用統計抽樣或非統計抽樣，均要求註冊會計師選取的樣本對總體來講具有代表性，否則就無法根據樣本推斷總體。選取樣本的基本方法包括隨機選樣、系統選樣和隨意選樣。

（1）隨機選樣。使用隨機數表或計算機輔助審計技術選樣又稱隨機選樣，其應用需以總體中的每一個項目都有不同的編號為前提。註冊會計師可以使用計算機生成的隨機數，如電子表格程序、隨機數碼生成程序、通用審計軟件程序等計算機程序產生的隨機數，也可以使用隨機數表獲得所需的隨機數。隨機數表的內容見表 7-2。

表 7-2　隨機數表（部分列示）

列\行	1	2	3	4	5	6	7	8	9	10
1	32,044	69,037	29,655	92,114	81,034	40,582	01,584	77,184	85,762	46,505
2	23,821	96,070	82,592	81,642	08,971	07,411	09,037	81,530	56,195	98,425
3	82,383	94,987	66,441	28,677	95,961	78,346	37,916	09,416	42,438	48,432
4	68,310	21,792	71,635	86,089	38,157	95,620	96,718	79,554	50,209	17,705
5	94,856	76,940	22,165	01,414	01,413	37,231	05,509	37,489	56,459	52,983
6	95,000	61,958	83,430	98,250	70,030	05,436	74,814	45,978	09,277	13,827
7	20,764	64,638	11,359	32,556	89,822	02,713	81,293	52,970	25,080	33,553
8	71,401	17,964	50,940	95,753	34,905	93,566	36,318	79,530	51,105	26,952
9	38,464	75,707	16,750	61,371	01,523	90,205	32,122	03,436	14,489	02,086
10	59,422	59,247	74,955	82,835	98,378	83,513	47,870	20,795	01,352	89,906

表 7-2 所列數字都是五位數字，使用時可以不限於五位數字，也可以用兩位、三位或四位數字。使用這種方法的步驟如下：

①對總體項目進行編號，建立總體中的項目與表中數字的一一對應關係。一般情況下，編號可利用總體項目中原有的某些編號，如憑證號、支票號、發票號等。在沒

有事先編號的情況下，註冊會計師需按一定的方法進行編號。如由 40 頁、每頁 50 行組成的應收帳款明細表，可採用 4 位數字編號，前兩位由 01~40 的整數組成，表示該記錄在明細表中的頁數，後兩位數字由 01~50 的整數組成，表示該記錄的行次。這樣，編號 0534 表示第 5 頁第 34 行的記錄。

②確定連續選取隨機數的方法。即從隨機數表中選擇一個隨機起點和一個選號路線，隨機起點和選號路線可以任意選擇，但一經選定就不得改變。從隨機數表中任選一行或任何一列開始，按照一定的方向（上下左右均可）依次查找，符合總體項目編號要求的數字，即為選中的號碼，與此號碼相對應的總體項目即為選取的樣本項目，一直到選足所需的樣本量為止。

【例 7-1】註冊會計師對被審計單位連續編號為 500~5,000 的現金支票進行隨機選樣，擬選取的樣本量為 20。確定使用後四位隨機數與現金支票號碼一一對應，假定從隨機數表的第一行、第一列開始，逐行向右查找，則選中的樣本為編號 2,044、2,114、1,034、0,582、1,584、3,821、2,592、1,642、1,530、2,383、4,987、2,438、1,792、1,635、0,209、4,856、2,165、1,414、1,413、2,983 的 20 個記錄。

（2）系統選樣。系統選樣又稱間隔選樣，也稱等距選樣，是指按照相同的間隔從審計對象總體中等距離地選取樣本的一種選樣方法。採用系統選樣，首先要計算選樣間距、確定選樣起點，然後再根據間距有順序地選取樣本。選樣間距的計算公式為

$$d = N/n$$

式中，d 為選樣間距；N 為總體規模；n 為樣本規模。

【例 7-2】假如銷售發票的總體範圍是 765~4,765，設定的樣本量為 200，那麼選樣間距為（4,765-765）÷200＝20。註冊會計師必須從 0~19 中選取一個隨機數作為抽樣起點。如果隨機選擇的數碼是 9，那麼第一個樣本項目是發票號碼為 774（765+9）的那一張，其餘的項目是 794（774+20），814（794+20），……，依次類推，直至第 4,754 號。

（3）隨意選樣。隨意選樣也稱任意選樣，是指註冊會計師不帶任何偏見地選取樣本，即註冊會計師不考慮樣本項目的性質、大小、外觀、位置或其他特徵而選取的總體項目。

隨機選樣和系統選樣屬於隨機基礎選樣方法，因而可以在統計抽樣中使用，當然也可以在非統計抽樣中使用。而隨意選樣屬於非隨機基礎選樣方法，因而不能在統計抽樣中使用，只能在非統計抽樣中使用。

（三）抽樣結果評價

註冊會計師對樣本實施必要的審計程序之後，要分析樣本誤差並重估抽樣風險，最後形成審計結論。

1. 分析樣本誤差

註冊會計師應當考慮樣本的結果、已識別的所有誤差的性質和原因，及其對具體審計目標和審計的其他方面可能產生的影響。

無論是統計抽樣還是非統計抽樣，對樣本結果的定性評估和定量評估一樣重要。即使樣本的統計評價結果在可以接受的範圍內，註冊會計師也應對樣本中的所有誤差（包括控制測試中的控制偏差和細節測試中的金額錯報）進行定性分析。

2. 推斷總體誤差

在實施控製測試時，由於樣本的誤差率就是整個總體的推斷誤差率，因此註冊會計師無需推斷總體誤差率。

在實施細節測試時，註冊會計師應當根據樣本中發現的誤差金額推斷總體誤差金額，並考慮推斷誤差對特定審計目標及審計的其他方面的影響。

3. 形成審計結論

註冊會計師應當評價樣本結果，以確定對總體相關特徵的評估是否得到證實或需要修正。

（1）控製測試中的樣本結果評價。在控製測試中，註冊會計師應當將總體偏差率與可容忍偏差率進行比較，但必須考慮抽樣風險。

①統計抽樣。在統計抽樣中，註冊會計師通常使用表格或計算機程序計算抽樣風險。用以評價抽樣結果的大多數計算機程序都能根據樣本規模、樣本結果，計算在註冊會計師確定的信賴過度風險條件下可能發生的偏差率上限的估計值。該偏差率上限的估計值即總體偏差率與抽樣風險允許限度之和。

如果估計的總體偏差率上限低於可容忍偏差率，那麼總體可以接受。這時註冊會計師對總體得出結論，樣本結果支持計劃評估的控製有效性，從而支持計劃的重大錯報風險評估水平。

如果估計的總體偏差率上限大於或等於可容忍偏差率，那麼總體不能接受。這時註冊會計師對總體得出結論，樣本結果不支持計劃評估的控製有效性，從而不支持計劃的重大錯報風險評估水平。此時註冊會計師應當修正重大錯報風險評估水平，並增加實質性程序的數量。註冊會計師也可以對影響重大錯報風險評估水平的其他控製進行測試，以支持計劃的重大錯報風險評估水平。

②非統計抽樣。在非統計抽樣中，抽樣風險無法直接計量。註冊會計師通常將樣本偏差率（即估計的總體偏差率）與可容忍偏差率進行比較，以判斷總體是否可以接受。

如果樣本偏差率大於可容忍偏差率，那麼總體不能接受。

如果樣本偏差率低於總體的可容忍偏差率，註冊會計師要考慮即使總體實際偏差率高於可容忍偏差率時仍出現這種結果的風險。第一，如果樣本偏差率大大低於可容忍偏差率，註冊會計師通常認為總體可以接受；第二，如果樣本偏差率雖然低於可容忍偏差率，但兩者很接近，註冊會計師通常認為總體實際偏差率高於可容忍偏差率的抽樣風險很高，因而總體不可接受；第三，如果樣本偏差率與可容忍偏差率之間的差額不是很大也不是很小，以至於不能認定總體是否可以接受時，那麼註冊會計師要考慮擴大樣本規模，以進一步收集證據。

（2）細節測試中的樣本結果評價。在細節測試中，註冊會計師首先必須根據樣本中發現的實際錯報要求被審計單位調整帳面記錄金額，將被審計單位已更正的錯報從推斷的總體錯報金額中減掉，然後應當將調整後的推斷總體錯報與該類交易或帳戶餘額的可容忍錯報相比較，但必須考慮抽樣風險。

①統計抽樣。在統計抽樣中，註冊會計師利用計算機程序或數學公式計算出總體錯報上限，並將計算的總體錯報上限與可容忍錯報進行比較。計算的總體錯報上限等

於推斷的總體錯報（調整後）與抽樣風險允許限度之和。

如果計算的總體錯報上限低於可容忍錯報，那麼總體可以接受。這時註冊會計師對總體得出結論，所測試的交易或帳戶餘額不存在重大錯報。

如果計算的總體錯報上限大於或等於可容忍錯報，那麼總體不能接受。這時註冊會計師對總體得出結論，所測試的交易或帳戶餘額存在重大錯報。

②非統計抽樣。在非統計抽樣中，註冊會計師運用其經驗和職業判斷評價抽樣結果。

如果樣本結果的評價顯示，對總體相關特徵的評估需要修正，註冊會計師可以單獨或綜合採取下列措施：提請管理層對已識別的錯報和存在更多錯報的可能性進行調查，並在必要時予以調整；修改進一步審計程序的性質、時間和範圍；考慮其對審計報告的影響。

如果調整後的總體錯報大於可容忍錯報，或雖小於可容忍錯報但兩者很接近，那麼註冊會計師通常得出總體實際錯報大於可容忍錯報的結論，因而總體不能接受。

如果調整後的總體錯報遠遠小於可容忍錯報，註冊會計師可以得出總體實際錯報小於可容忍錯報的結論，即該類交易或帳戶餘額不存在重大錯報，因而總體可以接受。

如果調整後的總體錯報雖然小於可容忍錯報但兩者之間的差距很接近（既不很小又不很大），註冊會計師必須特別仔細地考慮，總體實際錯報超過可容忍錯報的風險是否能夠接受，並考慮是否需要擴大細節測試的範圍，以獲取進一步的證據。

任務二　審計抽樣在控製測試中的運用

當控製的運行留下軌跡時，註冊會計師可以考慮使用審計抽樣和其他選取測試項目的方法實施控製測試。控製測試中常用屬性抽樣，屬性抽樣法通常有固定樣本量抽樣、停-走抽樣、發現抽樣等方法。本節主要介紹固定樣本量抽樣的方法和步驟。固定樣本量抽樣，是指註冊會計師對一個確定規模的樣本實施檢查，且等到某一確定規模的樣本全部選取、審查完以後，才做出審計結論的一種抽樣方法。

在控製測試中使用審計抽樣可以分為樣本設計、樣本選取和評價樣本結果三個階段。

一、樣本設計

（一）確定測試目標

實施控製測試的目標是提供關於內部控製運行有效性的審計證據，以支持計劃的重大錯報風險評估水平。例如，註冊會計師擬審計客戶 2013 年度外購存貨的「驗收手續」這一內部控製是否得到有效執行，可把具體的測試目標確定為檢查存貨入庫驗收單和購貨發票是否相符。

(二) 定義總體

總體應適合於特定的審計目標，並具有完整性（即總體的適當性和完整性）。如前例，可將抽樣總體確定為2013年度的所有購貨發票。如將總體確定為所有存貨入庫驗收單，顯然不能實現檢驗「驗收手續」內部控制是否得到有效執行這一目標，因為該總體不包含那些已入庫而沒有經過驗收的貨物。如果總體項目存在很大的差異，那麼可以將總體分層，即將一個總體劃分為多個子總體。

(三) 定義抽樣單元

抽樣單元是構成總體的個體項目。註冊會計師應根據所測試的控制定義抽樣單元。接前例，抽樣單元可定義為每一張購貨發票。

(四) 定義偏差率

在控制測試中，誤差是指控制偏差，即控制失效事件。註冊會計師要根據對內部控制的理解，確定哪些特徵能夠顯示測試控制的運行情況，然後據此定義控制偏差。接前例，若發現下列情況之一，即可界定為一個偏差：①發票未附驗收單據；②發票附有不屬於其本身的驗收單據；③發票和驗收單據記載的數量不符。

(五) 定義測試期間

註冊會計師通常在期中實施控制測試。由於期中測試獲取的證據只與控制截止期中測試時點的運行有關，註冊會計師需要確定如何獲取關於剩餘期間的證據。註冊會計師應當獲取與控制在剩餘期間發生的與所有重大變化的性質和程度有關的證據，包括其人員的變化。如果發生了重大變化，註冊會計師應修正其對內部控制的瞭解，並考慮對變化後的控制進行測試。或者，註冊會計師也可以考慮對剩餘期間實施實質性分析程序或細節測試。

二、樣本選取

(一) 影響樣本規模的因素

1. 可接受的信賴過度風險

在實施控制測試時，註冊會計師主要關注抽樣風險中的信賴過度風險。可接受的信賴過度風險與樣本規模反向變動。由於控制測試是控制是否有效運行的主要證據來源，因此，可接受的信賴過度風險應確定在相對較低的水平上。通常，相對較低的水平在數量上是指5%~10%的信賴過度風險。在實務中，一般的測試是將信賴過度風險確定為10%，特別重要的測試可以將信賴過度風險確定為5%。

2. 可容忍偏差率

可容忍偏差率是指註冊會計師在不改變其計劃評估的控制有效性從而不改變其計劃評估的重大錯報風險計劃水平的前提下，願意接受的對於設定控制的最大偏差率。可容忍偏差率與樣本規模反向變動。在實務中，註冊會計師通常認為，當偏差率為3%

~7%時，控制有效性的估計水平較高；可容忍偏差率最高為20%，偏差率超過20%時，由於估計控制運行無效，註冊會計師不需進行控制測試。

可容忍偏差率與計劃評估的控製有效性之間的關係見表7-3。

表7-3 可容忍偏差率與計劃評估的控製有效性之間的關係

計劃評估的控製有效性	可容忍偏差率（近似值,%）
高	3~7
中	6~12
低	11~20
最低	無需進行控制測試

3. 預計總體偏差率

預計總體偏差率與樣本規模反向變動。如果預計總體偏差率較高，意味著註冊會計師預期的控制運行有效性較低。在既定的可容忍偏差率下，當預計總體偏差率提高時，所需的樣本規模更大。因為預計總體偏差率越接近可容忍偏差率，註冊會計師越需要從樣本中得到更精確的信息，以控制（降低）實際總體偏差率超出可容忍偏差率的風險，所以需要的樣本規模越大。

4. 總體規模

總體規模對樣本規模的影響可以忽略。

（二）確定樣本規模

1. 公式法

在控制測試中，可以建立基於泊松分佈的統計模型，使用統計公式計算樣本規模。樣本規模的計算公式為

$$樣本規模（n）= \frac{可接受的信賴過度風險系數（R）}{可容忍偏差率（TR）}$$

其中，「可接受的信賴過度風險系數（R）」取決於特定的信賴過度風險和預期將出現的偏差的個數。控制測試中常用的風險系數見表7-4。

表7-4 控制測試中常用的風險系數表

預期發生偏差的數量	信賴過度風險	
	5%	10%
0	3.0	2.3
1	4.8	3.9
2	6.3	5.3
3	7.8	6.7
4	9.2	8.0
5	10.5	9.3

表 7-4（續）

預期發生偏差的數量	信賴過度風險	
	5%	10%
6	11.9	10.6
7	13.2	11.8
8	14.5	13.0
9	15.7	14.2
10	17.0	15.4

【例7-3】 註冊會計師確定的可接受信賴過度風險為10%，可容忍偏差率為7%，並預期至多發現一例偏差。根據預期的偏差個數1，信賴過度風險10%，從表中查的風險係數 R 為3.9，所需的樣本規模為

$$n = \frac{3.9}{0.07} = 56$$

2. 樣本量表法

註冊會計師也可以使用樣本規模表來確定樣本規模。在控制測試中，確定的可接受信賴過度風險為10%時所使用的樣本量表見表7-5。

表 7-5 控制測試中統計抽樣樣本規模——信賴過度風險 10%
（括號內是可接受的偏差數）

預計總體偏差率(%)	可容忍偏差率									
	2%	3%	4%	5%	6%	7%	8%	9%	10%	15%	20%
0.00	114 (0)	76 (0)	57 (0)	45 (0)	38 (0)	32 (0)	28 (0)	25 (0)	22 (0)	15 (0)	11 (0)
0.25	194 (1)	129 (1)	96 (1)	77 (1)	64 (1)	55 (1)	48 (1)	42 (1)	38 (1)	25 (1)	18 (1)
0.50	194 (1)	129 (1)	96 (1)	77 (1)	64 (1)	55 (1)	48 (1)	42 (1)	38 (1)	25 (1)	18 (1)
0.75	265 (2)	129 (1)	96 (1)	77 (1)	64 (1)	55 (1)	48 (1)	42 (1)	38 (1)	25 (1)	18 (1)
1.00	*	176 (2)	96 (1)	77 (1)	64 (1)	55 (1)	48 (1)	42 (1)	38 (1)	25 (1)	18 (1)
1.25	*	221 (3)	132 (2)	77 (1)	64 (1)	55 (1)	48 (1)	42 (1)	38 (1)	25 (1)	18 (1)
1.50	*	*	132 (2)	105 (2)	64 (1)	55 (1)	48 (1)	42 (1)	38 (1)	25 (1)	18 (1)
1.75	*	*	166 (3)	105 (2)	88 (2)	55 (1)	48 (1)	42 (1)	38 (1)	25 (1)	18 (1)
2.00	*	*	198 (4)	132 (3)	88 (2)	75 (2)	48 (1)	42 (1)	38 (1)	25 (1)	18 (1)
2.25	*	*	*	132 (3)	88 (2)	75 (2)	65 (2)	42 (1)	38 (1)	25 (1)	18 (1)
2.50	*	*	*	158 (4)	110 (3)	75 (2)	65 (2)	58 (2)	38 (1)	25 (1)	18 (1)
2.75	*	*	*	209 (6)	132 (4)	94 (3)	65 (2)	58 (2)	52 (2)	25 (1)	18 (1)
3.00	*	*	*	*	132 (4)	94 (3)	65 (2)	58 (2)	52 (2)	25 (1)	18 (1)

項目七　審計抽樣

表 7-5（續）

預計總體偏差率（%）	可容忍偏差率									
	2%	3%	4%	5%	6%	7%	8%	9%	10%	15%	20%
3.25	*	*	*	*	1,53(5)	113(4)	82(3)	58(2)	52(2)	25(1)	18(1)
3.50	*	*	*	*	194(7)	113(4)	82(3)	73(3)	52(2)	25(1)	18(1)
3.75	*	*	*	*	*	131(5)	98(4)	73(3)	52(2)	25(1)	18(1)
4.00	*	*	*	*	*	149(6)	98(4)	73(3)	65(3)	25(1)	18(1)
5.00	*	*	*	*	*	*	160(8)	115(6)	78(4)	34(2)	18(1)
6.00	*	*	*	*	*	*	*	182(11)	116(7)	43(3)	25(2)
7.00	*	*	*	*	*	*	*	*	199(14)	52(4)	25(2)

註1：*表示大於1000，樣本規模太大，因而在多數情況下不符合成本效益原則。
註2：本表假設總體為大總體。

如［例7-3］中，根據信賴過度風險10%，預期的偏差個數1，可容忍偏差率為7%，預計總體偏差率為1.75%，通過查表7-5可知，兩者交叉處為55，即所需的樣本規模為55，這與公式法計算的樣本規模56接近。

當樣本規模確定以後，就要選擇適當的選樣方法（隨機數表選樣或計算機輔助審計技術選樣、系統選樣），選取足夠的樣本，然後實施審計程序。

三、評價樣本結果

將樣本中發現的偏差數量除以樣本規模，就可以算出樣本偏差率。樣本偏差率就是註冊會計師對總體偏差率的最佳估計，因而在控製測試中無需另外推斷總體偏差率，但註冊會計師必須考慮抽樣風險。常用的評價樣本結果的方法有下面兩種。

（一）公式法

$$總體偏差率上限 = \frac{風險系數}{樣本規模} \times 100\%$$

【例7-4】接［例7-3］，註冊會計師對56個項目實施了既定的審計程序，且未發現偏差，則在既定的可接受信賴過度風險10%下，根據樣本結果計算的總體偏差率上限為

$$總體偏差率上限 = \frac{2.3}{56} \times 100\% = 4.1\%$$

其中，風險系數是根據可接受的信賴過度風險10%，偏差數量0，在表7-4中查得為2.3。

這意味著，如果樣本規模為56且未發現偏差，那麼實際總體偏差率超過4.1%的風險為10%，即有90%的把握保證實際總體偏差率不超過4.1%。由於註冊會計師確定的可容忍偏差率為7%，因此可以得出結論，實際總體偏差率超過可容忍偏差率的風險很小，總體可以接受。也就是說，樣本結果證實註冊會計師對控製運行有效性的估計和評估的重大錯報風險水平是適當的。

【例7-5】接［例7-3］，如果在56個樣本中有2個偏差，那麼在既定的可接受信賴

過度風險10%下，按照公式計算的總體偏差率上限為

$$總體偏差率上限 = \frac{5.3}{56} \times 100\% = 9.5\%$$

其中，根據可接受的信賴過度風險10%，偏差數量2，在表7-4中查得為，風險系數5.3。

這意味著，如果樣本規模為56且有2個偏差，那麼實際總體偏差率超過9.5%的風險為10%。在可容忍偏差率為7%的情況下，註冊會計師可以得出結論，實際總體偏差率超過可容忍偏差率的風險很大，因而不能接受總體。也就是說，樣本結果不支持註冊會計師對控制運行有效性的估計和評估的重大錯報風險水平。註冊會計師應當擴大控制測試的範圍，以證實初步評估結果；或提高重大錯報風險評估水平，並增加實質性程序的數量；或者對影響重大錯報風險評估水平的其他控制進行測試，以支持計劃的重大錯報風險評估水平。

（二）樣本結果評價表法

註冊會計師也可以使用樣本結果評價表來評價統計抽樣的結果。可接受的信賴過度風險為10%的總體偏差率上限見表7-6。

表7-6　控制測試中統計抽樣結果評價——信賴過度風險為10%時的偏差率上限

樣本規模	實際發現的偏差數										
	0	1	2	3	4	5	6	7	8	9	10
20	10.9	18.1	*	*	*	*	*	*	*	*	*
25	8.8	14.7	19.9	*	*	*	*	*	*	*	*
30	7.4	12.4	16.8	*	*	*	*	*	*	*	*
35	6.4	10.7	14.5	18.1	*	*	*	*	*	*	*
40	5.6	9.4	12.8	16.0	19.0	*	*	*	*	*	*
45	5.0	8.4	11.4	14.3	17.0	19.7	*	*	*	*	*
50	4.6	7.6	10.3	12.9	15.4	17.8	*	*	*	*	*
55	4.1	6.9	9.4	11.8	14.1	16.3	18.4	*	*	*	*
60	3.8	6.4	8.7	10.8	12.9	15.0	16.9	18.9	*	*	*
70	3.3	5.5	7.5	9.3	11.1	12.9	14.6	16.3	17.9	19.6	*
80	2.9	4.8	6.6	8.2	9.8	11.3	12.8	14.3	15.8	17.2	18.6
90	2.6	4.3	5.9	7.3	8.7	10.1	11.5	12.8	14.1	15.4	16.6
100	2.3	3.9	5.3	6.6	7.9	9.1	10.3	11.5	12.7	13.9	15.0
120	2.0	3.3	4.4	5.5	6.6	7.6	8.7	9.7	10.7	11.6	12.6
160	1.5	2.5	3.3	4.2	5.0	5.8	6.6	7.3	8.0	8.8	9.5
200	1.2	2.0	2.7	3.4	4.0	4.6	5.3	5.9	6.5	7.1	7.6

註1：*表示超過20%。

註2：本表以百分比表示偏差率上限；本表假設總體足夠大。

【例 7-6】 接［例 7-4］，註冊會計師選擇用可接受的信賴過度風險為 10% 的表（即表 7-6）來評價樣本結果。樣本規模為 56，可以選擇樣本規模為 55 的那一行。當樣本中未發現偏差時，應選擇偏差數為 0 的那一列，兩者交叉處的 4.1% 即為總體偏差率上限，與利用公式計算的結果 4.1% 相等。

【例 7-7】 接［例 7-6］，當樣本中發現 2 個偏差時，應選擇偏差數為 2 的那一列，兩者交叉處的 9.4% 即為總體的偏差率上限，與利用公式計算的結果 9.5% 相近。

四、在控製測試中使用非統計抽樣

在控製測試中使用非統計抽樣時，抽樣的基本流程和主要步驟與使用統計抽樣時相同，只是在確定樣本規模、選取樣本和推斷總體的具體方法上有所差別。選取樣本和推斷總體在本章第一節已闡述，現只對樣本規模的確定進行介紹。

在控製測試中使用非統計抽樣時，註冊會計師可以根據表 7-7 確定所需的樣本規模。在預計沒有控製偏差的情況下對人工控製進行測試的最低樣本數量見表 7-7。

表 7-7 人工控製最低樣本規模表

控製執行頻率	控製發生次數	最低樣本數量
1 次/年度	1 次	1
1 次/季度	4 次	2
1 次/月度	12 次	3
1 次/周	52 次	5
1 次/日	250 次	20
每日數次	大於 250 次	25

非統計抽樣舉例：假設被審計單位 20×× 年發生了 500 筆採購交易，註冊會計師初步評估該控製運行有效，那麼所需的樣本數量至少是 25 個。如果 25 個樣本中沒有發現偏差，那麼控製測試的樣本結果支持計劃的控製運行有效性和重大錯報風險的評估水平。如果 25 個樣本中發現了 1 個偏差，註冊會計師有兩種處理辦法：其一，認為控製沒有有效運行，控製測試樣本結果不支持計劃的控製運行有效性和重大錯報風險的評估水平，因而提高重大錯報風險評估水平，增加相關帳戶的實質性程序；其二，再測試 25 個樣本，如果其中沒有再發現偏差，也可以得出樣本結果支持控製運行有效性和重大錯報風險的初步評估結果，反之則證明控製無效。

任務三 審計抽樣在細節測試中的運用

在實施細節測試時，註冊會計師可能使用統計抽樣方法，也可能使用非統計抽樣方法。註冊會計師在細節測試中使用的統計抽樣方法主要是傳統變量抽樣法和概率比例規模抽樣法（簡稱 PPS 抽樣）。

一、傳統變量抽樣

(一) 設計樣本

1. 確定測試目標

細節測試旨在對各類交易、帳戶餘額或列報的相關認定進行測試，尤其是對存在或發生、計價認定的測試。註冊會計師實施審計程序的目標就是確定相關認定是否存在重大錯報。通過在帳戶餘額中選取項目進行測試，註冊會計師可以檢查出那些虛構項目、餘額中不應包含的項目（分類錯誤的項目）及評估錯誤的項目。

2. 定義總體

根據審計目標確定審計對象總體與抽樣單元其要求同屬性抽樣，即總體的確定要滿足適當性和完整性。例如，若審計目標是審查應收帳款餘額是否存在，則審計對象總體應確定為應收帳款明細帳；若審計目標是審查應收帳款餘額是否完整，則審計對象總體不僅包括應收帳款明細帳，還應包括期後付款、未付發票等。

3. 定義抽樣單元

在細節測試中，抽樣單元可能是一個帳戶餘額、一筆交易或交易中的一個記錄（如銷售發票中的單個項目），甚至是每個貨幣單元。

4. 界定錯報

在細節測試中，誤差是指錯報。註冊會計師應根據審計目標，確定什麼構成錯報。例如，在對應收帳款存在性的細節測試中（如函證），客戶在函證日之前支付、被審計單位在函證日之後不久收到的款項不構成誤差。而且，被審計單位在不同客戶之間誤登明細帳也不影響應收帳款總帳餘額。即使在不同客戶之間誤登明細帳可能對審計的其他方面（如對舞弊的可能性或壞帳準備的適當性的評估）產生重要影響，註冊會計師在評價應收帳款函證程序的樣本結果時也不宜將其判定為誤差。註冊會計師還可能將被審計單位自己發現並已在適當期間予以更正的錯報排除在外。

(二) 確定樣本規模

1. 影響樣本規模的因素

（1）可接受的誤受風險。註冊會計師願意接受的誤受風險越低，樣本規模通常越大；註冊會計師願意接受的誤受風險越高，樣本規模越小。因而，樣本規模與它呈反向變動。

（2）可容忍錯報。可容忍錯報是指在不導致財務報表存在重大錯報的情況下，註冊會計師對各類交易、帳戶餘額、列報確定的可接受的最大錯報金額。某帳戶的可容忍錯報實際上就是該帳戶的重要性水平。樣本規模與它呈反向變動。

（3）預計總體錯報。它是指預計總體發生錯報的金額。審計人員應根據前期審計發現的差錯、被審計單位經營業務和經營環境的變化、與內部控制的評價及分析相符合的結果等，確定審計對象總體的預計錯報金額。如果存在較大的預計錯報金額，那麼需要選取較大的樣本量；反之，只需要較少的樣本量。因而，樣本規模與它呈同向

變動。

（4）總體變異性。總體變異性是指總體的某一特徵（如金額）在各項目之間的差異程度。總體變異性越低，通常樣本規模越小。樣本規模與它呈同向變動。

（5）總體規模。總體中的項目數量在細節測試中對樣本規模的影響很小。

2. 樣本規模的確定

$$n = \left[\frac{SD^*(Z_A + Z_R)N}{TM - E^*} \right]^2$$

式中　n——初始樣本規模；

　　　SD^*——估計的總體標準離差；

　　　Z_A——可接受的誤受風險的置信係數（見表7-8）；

　　　Z_R——可接受的誤拒風險的置信係數（見表7-8）；

　　　N——總體規模；

　　　TM——總體可容忍錯報（重要性）；

　　　E^*——預計總體錯報。

表7-8　可接受的誤受風險、可接受的誤拒風險的置信係數表

置信度（%）	可接受的誤受風險（%）	可接受的誤拒風險（%）	置信係數
99	0.5	1	2.58
95	2.5	5	1.96
90	5	10	1.64
80	10	20	1.28
75	12.5	25	1.15
70	15	30	1.04
60	20	40	0.84
50	25	50	0.67
40	30	60	0.52
30	35	70	0.39
20	40	80	0.25
10	45	90	0.13
0	50	100	0

（三）選取樣本和實施審計程序

（1）隨機選取樣本（隨機數表選樣或計算機輔助審計技術選樣、系統選樣），然後實施審計程序。

（2）通過審查所抽取的樣本量，推斷總體金額 E。

根據推斷總體金額的方法不同，傳統變量抽樣分為三種具體的方法：均值估計抽樣、差額估計抽樣和比率估計抽樣。

①均值估計抽樣。均值估計抽樣是指通過抽樣審查確定樣本的平均值,再根據樣本平均值推斷總體的平均值和總值的一種變量抽樣方法。使用這種方法時,註冊會計師先計算樣本中所有項目審定金額的平均值,然後用這個樣本平均值乘以總體規模,得出總體金額的估計值。總體估計金額和總體帳面金額之間的差額就是推斷的總體錯報。即

$$樣本平均審定額 = \frac{樣本審定額}{樣本規模}$$

$$估計的總體金額 = 樣本平均審定額 \times 總體規模$$

$$推斷的總體錯報 = 總體帳面金額 - 估計的總體金額$$

例如,註冊會計師從總體規模為 1,000、帳面金額為 1,000,000 元的存貨項目中選擇了 200 個項目作為樣本。在確定了正確的採購價格並重新計算了價格與數量的乘積之後,註冊會計師將 200 個樣本項目的審定金額加總後除以 200,確定樣本項目的平均審定金額為 980 元,然後計算估計的存貨餘額為 980,000 元（980×1000）。推斷的總體錯報就是 20,000 元（1,000,000-980,000）。

②差額估計抽樣。差額估計抽樣是以樣本實際金額與帳面金額的平均差額來估計總體實際金額與帳面金額的平均差額,然後再以這個平均差額乘以總體規模,從而求出總體的實際金額與帳面金額的差額（即總體錯報）的一種方法。差額估計抽樣的計算公式為:

$$平均錯報 = \frac{樣本實際金融與帳面金額的差額}{樣本規模}$$

$$推斷的總體錯報 = 平均錯報 \times 總體規模$$

使用這種方法時,註冊會計師先計算樣本項目的平均錯報,然後根據這個樣本平均錯報椎斷總體。例如,註冊會計師從總體規模為 1000 個的存貨項目中選取了 200 個項目進行檢查,總體的帳面金額總額為 1,040,000 元。註冊會計師逐一比較 200 個樣本項目的審定金額和帳面金額並算出帳面金額（208,000 元）和審定金額（196,000 元）之間的差異額,本例中為 12,000 元。12,000 元的差額除以樣本項目個數 200,得到樣本平均錯報 60 元。然後註冊會計師用這個平均錯報乘以總體規模,計算出總體錯報為 60,000 元（60×1000）。

③比率估計抽樣。比率估計抽樣是指以樣本的實際金額與帳面金額之間的比率關係來估計總體實際金額與帳面金額之間的比率關係,然後再以這個比率乘以總體的帳面金額,從而求出估計的總體實際金額的一種抽樣方法。比率估計抽樣法的計算公式為

$$比率 = \frac{樣本審定金額}{樣本帳面金額}$$

$$估計的總體實際金額 = 總體帳面金額 \times 比率$$

$$推斷的總體錯報 = 估計的總體實際金額 - 總體帳面金額$$

如果上例中註冊會計師使用比率估計抽樣,樣本審定金額合計與樣本帳面金額的比例則為 0.94（196,000÷208,000）。註冊會計師用總體的帳面金額乘以該比例 0.94,得到估計的存貨餘額 977,600 元（1,040,000×0.94）。推斷的總體錯報則為 62,400 元（1,040,000—977,600）。

（3）計算抽樣風險允許的限度 CSR。首先,計算樣本標準差 SD,有

$$SD = \sqrt{\frac{\sum (e_j)^2 - n(\bar{e})^2}{n-1}}$$

式中，$\bar{e}$——樣本平均錯報 $\left(\bar{e} = \frac{\sum e_j}{n}\right)$；

e_j——樣本中的個別錯報。

而後，計算抽樣風險允許的限度 CSR，有

$$CSR = NZ_A \frac{SD}{\sqrt{n}} \sqrt{\frac{N-n}{N}}$$

（四）評價樣本結果

計算的總體錯報界限等於推斷的總體錯報加減抽樣風險允許的限度。

【例7-8】註冊會計師對XYZ公司進行審計測試的目標是確定在考慮壞帳準備之前的應收帳款是否存在重要錯報。XYZ公司在應收帳款明細表中總共列示了4,000筆應收帳款，帳面價值合計為600,000元。其資產總額為2,500,000元，稅前淨收益為400,000元。分析程序的結果表明沒有重大問題。註冊會計師確定的可容忍錯報額為21,000元，可接受的誤受風險為10%，可接受的誤拒風險為25%。

註冊會計師根據以前年度的審計測試結果，確定XYZ公司的預計總體錯報為1,500元（高估），並根據以前年度的審計測試結果，估計XYZ公司的總體標準差為20元。

1. 確定樣本規模

$$n = \left[\frac{SD^*(Z_A + Z_R)N}{TM - E^*}\right]^2$$
$$= \left[\frac{20 \times (1.28 + 1.15) \times 4,000}{21,000 - 1,500}\right]^2 = 9.97^2$$
$$= 99.4 \text{（取整為100）}$$

2. 選取樣本，實施審計程序

運用前面所述的選樣方法之一隨機選取100個樣本項目進行函證，75個帳戶經顧客證實，其餘25個帳戶採用替代程序驗證。在調整了時間性差異和顧客的錯誤後，確定了下列12個項目是客戶的錯誤（帶括號的為低估錯報）。

1.	12.75	2.	(69.46)	3.	85.28
4.	100.00	5.	(27.30)	6.	41.06
7.	(0.87)	8.	24.32	9.	36.59
10.	(102.16)	11.	54.71	12.	71.56

合計 = 226.48

3. 計算樣本平均錯報，推斷總體錯報

$$\bar{e} = 226.48 \div 100 = 2.26$$

$$E = 4,000 \times 2.26 = 9,040 \text{（元）}$$

或

$$E = 4,000 \times (226.48 \div 100) = 9,040 \text{（元）}$$

4. 計算抽樣風險允許的限度

首先，計算樣本標準差 $SD = \sqrt{\dfrac{\sum (e_j)^2 - n(\bar{e})^2}{n-1}}$

$$= \sqrt{\dfrac{45,124 - 100 \times 2.26^2}{99}}$$

$$\approx 21.2$$

然後，計算抽樣風險允許的限度 CSR，有

$$CSR = NZ_A \dfrac{SD}{\sqrt{n}} \sqrt{\dfrac{N-n}{N}}$$

$$CSR = 4,000 \times 1.28 \times \dfrac{21.2}{\sqrt{100}} \times \sqrt{\dfrac{4,000-100}{4,000}}$$

$$= 4,000 \times 1.28 \times \dfrac{21.2}{10} \times 0.99$$

$$= 4,000 \times 1.28 \times 2.12 \times 0.99$$

$$\approx 10,746$$

5. 評價抽樣結果，得出結論

計算總體錯報上限 $UCL = \dot{E} + CSR$

$$= 90,404 + 10,746$$

$$= 19,786$$

計算總體錯報下限 $LCL = \dot{E} - CSR$

$$= 9,040 - 10,746$$

$$= -1,706$$

計算的總體錯報上限 19,786 元和總體錯報下限 -1,706 元的絕對值均小於註冊會計師確定的可容忍錯報 21,000 元。因此，應收帳款的帳面價值是可以接受的。

二、概率比例規模抽樣

（一）概率比例規模抽樣的含義及抽樣單元

概率比例規模抽樣（簡稱 PPS 抽樣）是一種運用屬性抽樣原理對貨幣金額而不是對發生率得出結論的統計抽樣方法。PPS 抽樣以貨幣單元作為抽樣單元。在該方法下總體中的每個貨幣單元被選中的機會相同，所以總體中某一項目被選中的概率等於該項目的金額與總體金額的比率。項目金額越大，被選中的概率就越大，因而 PPS 抽樣有助於註冊會計師將審計重點放在較大的餘額或交易上，註冊會計師檢查的餘額或交易被稱為邏輯單元。

（二）PPS 抽樣的特點

1. PPS 抽樣的優點

（1）PPS 抽樣一般比傳統變量抽樣更易於使用。
（2）PPS 抽樣的樣本規模不需考慮所審計金額的預計變異性。
（3）PPS 抽樣中項目被選取的概率與其貨幣金額大小成比例，因而生成的樣本自動分層。
（4）PPS 抽樣可以如同大海撈針一樣發現極少量的大額錯報。
（5）如果註冊會計師預計錯報不存在或很小，那麼 PPS 抽樣的樣本規模通常比傳統變量抽樣方法更小。
（6）PPS 抽樣的樣本更容易設計，並且可以在能夠獲得完整的總體之前開始選取樣本。

2. PPS 抽樣的缺點

（1）如果註冊會計師在 PPS 抽樣的樣本中發現低估，在評價樣本時需要特別考慮。
（2）PPS 抽樣要求總體每一實物單元的錯報金額不能超出其帳面金額。
（3）對零餘額或負餘額的選取需要在設計時特別考慮。
（4）當發現錯報時，如果風險水平一定，PPS 抽樣在評價樣本時可能高估抽樣風險的影響，從而導致註冊會計師更可能拒絕一個可接受的總體帳面金額。
（5）在 PPS 抽樣中，註冊會計師通常需要逐個累計總體金額。但如果相關的會計數據以電子形式儲存，就不會額外增加大量的審計成本。
（6）當預計總體錯報金額增加時，PPS 抽樣所需的樣本規模也會增加。在這種情況下，PPS 抽樣的樣本規模可能大於傳統變量抽樣所需的規模。

三、在細節測試中使用非統計抽樣

統計抽樣和非統計抽樣的流程和步驟完全一樣，只是在確定樣本規模、選取樣本和推斷總體的具體方法上有所差別。選取樣本和推斷總體在本章第一節已闡述，現只對樣本規模的確定進行簡單介紹。

非統計抽樣中確定樣本規模的模型為

$$樣本規模 = \frac{總體帳面金額}{可容忍錯報} \times 保證系數$$

保證系數表見表 7-9。

表 7-9　保證系數表

評估的重大錯報風險	其他實質性程序未能發現重大錯報的風險			
	最高	高	中	低
最高	3.0	2.7	2.3	2.0
高	2.7	2.4	2.0	1.6
中	2.3	2.1	1.6	1.2
低	2.0	1.6	1.2	1.0

審計學

項目小結

審計抽樣是指註冊會計師對某類交易或帳戶餘額中低於百分之百的項目實施審計程序，使所有抽樣單元都有被選取的機會。

審計抽樣分為統計抽樣和非統計抽樣。統計抽樣分為屬性抽樣、傳統變量抽樣和概率比例規模抽樣（簡稱PPS抽樣）。屬性抽樣方法包括固定樣本量抽樣、停-走抽樣、發現抽樣；傳統變量抽樣方法根據推斷總體金額方式的不同分為均值估計抽樣、比率估計抽樣和差額估計抽樣。概率比例規模抽樣，是以貨幣單位作為抽樣單元進行選樣的一種方法，是一種運用屬性抽樣原理對貨幣金額而不是對發生率得出結論的統計抽樣方法。

抽樣風險主要有信賴不足風險、信賴過度風險、誤拒風險和誤受風險，其中信賴過度風險和誤受風險會影響審計效果，信賴不足風險和誤拒風險會影響審計效率。

選取樣本的方法主要有隨機數表法、系統選樣法和隨意選樣法。

練習題

一、單項選擇題

1. 下列各項風險中，對審計工作的效率和效果都產生影響的是(　　)。
   A. 信賴過度風險　　　　　　　B. 信賴不足風險
   C. 誤受風險　　　　　　　　　D. 非抽樣風險

2. 註冊會計師在確定審計對象總體時，應確保其(　　)。
   A. 真實性和完整性　　　　　　B. 相關性和可靠性
   C. 適當性和完整性　　　　　　D. 充分性和適當性

3. 註冊會計師選用系統選樣法從8,000張憑證中選取200張作為樣本，確定編號為第35號的憑證為隨機起點，則抽樣的第4張憑證的編號應為(　　)。
   A. 235　　　　　B. 200　　　　　C. 155　　　　　D. 195

4. 應收帳款金額為400萬元，可容忍的錯報金額為6萬元，根據抽樣結果推斷的差錯額為4.5萬元，而帳戶的實際差額為8萬元，這時，註冊會計師承受了(　　)。
   A. 信賴不足風險　　　　　　　B. 信賴過度風險
   C. 誤受風險　　　　　　　　　D. 誤拒風險

5. 有關抽樣風險與非抽樣風險的下列表述中，註冊會計師不能認同的是(　　)。
   A. 信賴不足風險與誤拒風險會降低審計效率
   B. 信賴過度風險與誤受風險會影響審計效果
   C. 非抽樣風險對審計工作的效率和效果都有影響
   D. 審計抽樣只與審計風險中的檢查風險相關

項目七　審計抽樣

一、多項選擇題

1. 審計抽樣主要應用於(　　)。
   A. 風險評估
   B. 控制測試（內部控制的運行留下軌跡時）
   C. 細節測試
   D. 實質性分析

2. 如果註冊會計師決定對帳戶餘額或交易事項進行審計抽樣，應當考慮是否符合審計抽樣的(　　)基本特徵。
   A. 所有抽樣單元都有被選取的機會
   B. 審計測試的目的是評價該帳戶餘額的某一特徵
   C. 對某類交易或帳戶餘額中低於百分之百的項目實施審計程序
   D. 審計測試的目的是評價該交易類型的某一特徵

3. 有關審計抽樣的下列表述中，註冊會計師不能認同的是(　　)。
   A. 註冊會計師可採用統計抽樣或非統計抽樣方法選取樣本，只要運用得當均可獲得充分、適當的審計證據
   B. 審計抽樣適用於控制測試和實質性測試中的所有審計程序
   C. 統計抽樣和非統計抽樣方法的選用，影響運用於樣本的審計程序的選擇
   D. 信賴過度風險和誤受風險可能導致不正確的審計結論

4. 不屬於屬性抽樣的方法有(　　)。
   A. 固定樣本量抽樣　　　　B. 均值估量抽樣
   C. 差額估量抽樣　　　　　D. 比率估量抽樣

5. (　　)既可以在統計抽樣中使用，又可以在非統計抽樣中使用。
   A. 隨機數選樣　　　　　　B. 隨意選樣
   C. 系統選樣　　　　　　　D. 選取特定項目

二、計算題

1. 某委託人應收帳款的編號為0001至5000，審計人員擬利用隨機數表選擇其中的175份進行函證（隨機數表請參見教材）。要求：

（1）以第2行、第1列數字為起始點，自左往右，以各數的後四位數為準，審計人員選擇的最初5個樣本的號碼分別是多少？

（2）以第4行、第2列數字為起始點，自上往下，以各數的前四位數為準，審計人員選擇的最初5個樣本的號碼分別是多少？

2. A註冊會計師審計甲公司2013年度財務報告。在針對存貨實施細節測試時，A註冊會計師決定採用傳統變量抽樣方法實施審計抽樣。甲公司2013年12月31日存貨帳面餘額合計15,000萬元，A註冊會計師確定總體規模為3,000，樣本規模為200，帳面餘額合計1,200萬元，樣本審定額合計為800萬元。要求：

請代A註冊會計師分別採用均值估計抽樣、差額估計抽樣和比率估計抽樣三種方法推斷總體金額。

項目八　風險評估

學習目標

1. 掌握風險評估程序；
2. 瞭解項目組討論的目的、內容；
3. 熟悉瞭解被審計單位及其環境的內容；
4. 瞭解內部控製的局限性；
5. 瞭解控製環境和控製活動的內容。

任務一　風險評估概述

20世紀80年代以來，隨著科學技術和經濟環境的變化，企業之間的競爭日趨激烈，經營風險日益增加，倒閉事件不斷發生，社會公眾對註冊會計師的審計工作提出了更高的要求，從而引發並推動了審計技術的革命，審計模式從最初的帳項基礎審計發展到現在的風險導向審計。風險導向審計的基本理念是審計工作的實施要以評估風險為切入點，將審計資源分配到最容易出現財務報表重大錯報的領域。

《中國註冊會計師審計準則第1211號——通過瞭解被審計單位及其環境識別和評估重大錯報風險》指出，註冊會計師應當瞭解被審計單位及其環境，以充分識別和評估財務報表重大錯報風險，設計和實施進一步審計程序。該準則為註冊會計師識別和評估重大錯報風險提供了規範性的指導思路。

一、風險評估的作用

風險評估是指通過瞭解被審計單位及其環境，識別和評估財務報表重大錯報風險（包括財務報表層次和認定層次重大錯報風險），從而為註冊會計師設計和實施風險應對措施提供基礎。

瞭解被審計單位及其環境是必要程序，特別是為註冊會計師在下列關鍵環節做出職業判斷提供重要基礎：一是確定重要性水平，並隨著審計工作的進程評估對重要性水平的判斷是否仍然適當；二是考慮會計政策的選擇和運用是否恰當，以及財務報表的列報是否適當（錯誤）；三是識別需要特別考慮的領域，包括關聯方交易、管理層運

項目八 風險評估

用持續經營假設的合理性，或交易是否具有合理的商業目的等（舞弊）；四是確定在實施分析程序時所使用的預期值（經驗數據）；五是設計和實施進一步審計程序，以將審計風險降至可接受的低水平。

瞭解被審計單位及其環境是一個連續和動態的收集、更新與分析信息的過程，貫穿於整個審計過程的始終。在評價對被審計單位及其環境瞭解的程度是否恰當時，註冊會計師需要考慮其對被審計單位及其環境的瞭解是否足以識別和評估財務報表的重大錯報風險。註冊會計師應當運用職業判斷確定需要瞭解被審計單位及其環境的程度。

二、風險評估程序

（一）風險評估程序的含義及目的

註冊會計師為了解被審計單位及其環境而實施的程序稱為「風險評估程序」。註冊會計師實施風險評估程序的目的是識別和評估財務報表重大錯報風險。

（二）風險評估程序的內容

註冊會計師為了解被審計單位及其環境應當實施的風險評估程序主要包括詢問被審計單位管理層和內部其他相關人員、分析程序、觀察和檢查。

1. 詢問被審計單位管理層和內部其他相關人員

註冊會計師通常可以考慮向管理層和財務負責人詢問下列事項：管理層所關注的主要問題；被審計單位的財務狀況和最近的經營成果及現金流量；可能影響財務報告的交易和事項或者目前發生的重大會計處理問題，如重大的購並事宜等；被審計單位發生的其他重要變化。

2. 分析程序

對在一定時期內存在可預期關係的大量交易，註冊會計師可以考慮運用分析程序。在實施分析程序時，註冊會計師應當預期可能存在合理關係並與被審計單位記錄的金額、依據記錄金額計算的比率或趨勢相比較。如果發現異常或未預期到的關係，註冊會計師應當在識別重大錯報風險時考慮這些比較結果。

3. 觀察和檢查

註冊會計師應當實施的觀察和檢查程序主要包括觀察被審計單位的生產經營活動，檢查文件和記錄，閱讀由管理層和治理層編制的報告，實地察看被審計單位的生產經營場所和設備。

除了採用上述程序從被審計單位內部獲取信息外，如果根據職業判斷，註冊會計師認為可以從被審計單位外部獲取信息以識別財務報表重大錯報風險，應當實施其他審計程序以獲取這些信息。例如，詢問被審計單位聘請的外部法律顧問、專業評估師、投資顧問和財務顧問等。

三、項目組內部討論

《中國註冊會計師審計準則第 1211 號——通過瞭解被審計單位及其環境識別和評估重大錯報風險》要求項目合夥人和項目組其他關鍵成員應當討論被審計單位財務報

表存在重大錯報的可能性,以及如何根據被審計單位的具體情況運用適用的財務報告編制基礎。項目組討論的目的是互通信息、交流見解,以使項目組成員瞭解在各自負責的領域發生重大錯報風險的可能性,以及各自實施的審計程序對其他人工作的影響。項目組討論的內容包括被審計單位面臨的經營風險、財務報表易發生錯報的領域和發生錯報的方式,特別是要關注由舞弊導致重大錯報風險的可能性。參與項目組討論的人員是項目組的關鍵成員。如果項目組需要擁有信息技術或其他特殊技能的專家,那麼這些專家也應參與討論。項目組應當根據具體情況,在整個審計過程中持續交換有關財務報表發生重大錯報可能性的信息。

任務二 瞭解被審計單位及其環境

一、總體要求

註冊會計師應當從下列方面瞭解被審計單位及其環境:①行業狀況、法律環境與監管環境及其他外部因素;②被審計單位的性質;③被審計單位對會計政策的選擇和運用;④被審計單位的目標、戰略及相關經營風險;⑤被審計單位財務業績的衡量和評價;⑥被審計單位的內部控製。

上述第①項是被審計單位的因素環境,第②、③、④項及第⑥項是被審計單位的內部因素,第⑤項則既有外部因素也有內部因素。

二、瞭解行業狀況、法律環境與監管環境及其他外部因素

(一)瞭解行業狀況

瞭解行業狀況有助於註冊會計師識別與被審計單位所處行業有關的重大錯報風險。註冊會計師應當瞭解被審計單位的行業狀況,主要包括所處行業的市場供求與競爭、生產經營的季節性和週期性、產品生產技術的變化、能源供應與成本、行業的關鍵指標和統計數據等。

(二)瞭解被審計單位所處的法律環境及監管環境

註冊會計師應當瞭解被審計單位所處的法律環境與監管環境,主要包括適用的會計準則、會計制度和行業特定慣例;對經營活動產生重大影響的法律法規及監管活動;對開展業務產生重大影響的政府政策,包括貨幣、財政、稅收和貿易等政策;與被審計單位所處行業和所從事經營活動相關的環保要求等。

(三)瞭解其他外部因素

註冊會計師應當瞭解影響被審計單位經營的其他外部因素,主要包括宏觀經濟的景氣度、利率和資金供求狀況、通貨膨脹水平及幣值變動、國際經濟環境和匯率變

項目八　風險評估

動等。

三、瞭解被審計單位的性質

（一）所有權結構

註冊會計師應當瞭解所有權結構及所有者與其他人員或實體之間的關係，考慮關聯方關係是否已經得到識別，以及關聯方交易是否得到恰當核算。同時，註冊會計師可能需要瞭解被審計單位控股母公司的情況，包括控股母公司的所有權性質、管理風格及其對被審計單位經營活動及財務報表可能產生的影響等。

（二）治理結構

良好的治理結構可以對被審計單位的經營和財務運作實施有效的監督，從而降低財務報表發生重大錯報的風險，因此註冊會計師應當瞭解被審計單位的治理結構。

（三）組織結構

複雜的組織結構可能導致某些特定的重大錯報風險。註冊會計師應當瞭解被審計單位的組織結構，考慮複雜組織結構可能導致的重大錯報風險，包括財務報表合併、商譽減值等問題。

（四）經營活動

瞭解經營活動有助於註冊會計師識別預期在財務報表中反應的主要交易類別、重要帳戶餘額和列報。註冊會計師應當瞭解被審計單位的經營活動，主要包括主營業務的性質、與生產產品或提供勞務相關的市場信息、業務的開展情況等。

（五）投資活動

瞭解被審計單位投資活動有助於註冊會計師關注被審計單位在經營策略和方向上的重大變化。註冊會計師應當瞭解被審計單位的投資活動，包括近期擬實施或已實施的併購活動與資產處置情況、證券投資、委託貸款的發生與處置、資本性投資活動等。

（六）籌資活動

瞭解被審計單位籌資活動有助於註冊會計師評估被審計單位在融資方面的壓力，並進一步考慮被審計單位在可預見未來的持續經營能力。註冊會計師應當瞭解被審計的籌資活動，主要包括債務結構和相關條款、主要子公司和聯營企業的重要融資安排、實際受益方及關聯方等。

四、瞭解被審計單位對會計政策的選擇和運用

註冊會計師應當關注的主要內容有：
（1）重要項目的會計政策和行業慣例。
（2）重大和異常交易的會計處理方法。
（3）在新領域和缺乏權威性標準或共識的領域採用重要會計政策產生的影響。

(4) 會計政策的變更。
(5) 被審計單位何時採用以及如何採用新頒布的會計準則和相關會計制度。

五、瞭解被審計單位的目標、戰略及相關經營風險

(一) 目標、戰略與經營風險

目標是企業經營活動的指針。戰略是企業管理層為實現經營目標採用的總體層面的策略和方法。經營風險源於對被審計單位實現目標和戰略產生不利影響的重大情況、事項、環境和行動,或源於不恰當的目標和戰略。

註冊會計師應當瞭解被審計單位是否存在與下列方面有關的目標和戰略,並考慮相應的經營風險。

(1) 行業發展,即因行業發展可能導致被審計單位不具備足以應對行業變化的人力資源和業務專長等而產生的風險。

(2) 開發新產品或提供新服務,即因新產品或新服務可能使被審計單位產品責任增加等而產生的風險。

(3) 業務擴張,即因業務擴張可能導致被審計單位對市場需求估計不準確等而產生的風險。

(4) 新的會計要求,即因被審計單位執行不當或不完整,或會計處理成本增加等而產生的風險。

(5) 監管要求,即因被審計單位法律責任的增加等產生的風險。

(6) 本期及未來的融資條件,即因被審計單位無法滿足條件而失去融資機會等而產生的風險。

(7) 信息技術的運用,即因被審計單位信息技術與業務流程難以融合等而產生的風險。

(二) 經營風險對重大錯報風險的影響

經營風險與財務報表重大錯報風險兩個概念既有聯繫又有區別。經營風險的範圍比財務報表重大錯報風險的範圍廣,多數經營風險都會產生財務後果,從而影響財務報表。因此,註冊會計師瞭解被審計單位的經營風險有助於識別財務報表重大錯報風險,但並非所有的經營風險都與財務報表相關,註冊會計師沒有責任識別或評估對財務報表沒有重大影響的經營風險。

六、瞭解被審計單位財務業績的衡量和評價

被審計單位內外部對其財務業績的衡量和評價可能對被審計單位管理層產生壓力,註冊會計師應當瞭解被審計單位財務業績的衡量和評價情況,考慮這種壓力是否會導致管理層採取行動,增加財務報表發生重大錯報的風險。

在瞭解被審計單位財務業績衡量和評價情況時,註冊會計師應當關注下列信息:關鍵業績指標、業績趨勢、預測、預算和差異分析,管理層和員工業績考核與激勵性報酬政策,分部信息與不同層次部門的業績報告,與競爭對手的業績比較;外部機構提出的報告。

任務三　瞭解被審計單位的內部控製

一、內部控製的概述

（一）內部控製的含義

內部控製是被審計單位為了合理保證財務報告的可靠性、經營的效率和效果及遵守法律法規，由治理層、管理層和其他人員設計和執行的政策和程序。

（二）內部控製的目標

內部控製的目標是合理保證以下幾個方面：
（1）財務報告的可靠性，該目標與管理層履行財務報表編制責任密切相關。
（2）經營的效率和效果，即經濟有效地使用企業資源，以最優方式實現企業的目標。
（3）遵守適用的法律法規的要求，即在法律法規的框架下從事經營活動。

（三）內部控製的要素

內部控製包括控製環境、風險評估、信息與溝通、控製活動、對控製的監督等要素。

1. 控製環境

控製環境是指建立、加強或削弱對特定政策、程序及其效率產生影響的各種因素，包括治理職能和管理職能，以及治理層和管理層對內部控製及其重要性的態度、認識和採取的措施。控製環境設定了被審計單位的內部控製基調，影響了員工對內部控製的認識和態度。良好的控製環境是實施有效內部控製的基礎。防止或發現並糾正舞弊和錯誤是被審計單位治理層和管理層的責任。在評價控製環境的設計和實施情況時，註冊會計師應當瞭解管理層在治理層的監督下，是否符合誠實守信和合乎道德的要求，以及是否建立了防止或發現並糾正舞弊和錯誤的恰當控製機制。

在評價控製環境的設計時，註冊會計師應當考慮構成控製環境的下列要素，以及這些要素如何被納入被審計單位業務流程：

（1）對誠信和道德價值觀念的溝通與落實。在註冊會計師瞭解和評估被審計單位誠信和道德價值觀念的樹立時，考慮的主要因素可能包括被審計單位是否有書面的行為規範並向所有員工傳達；被審計單位的企業文化是否強調誠信和道德價值觀念的重要性；管理層是否身體力行，以及高級管理人員是否起到表率作用；針對違反有關政策和行為規範的情況，管理層是否採取適當的懲罰措施等。

（2）對勝任能力的重視。註冊會計師在瞭解和評估被審計單位對勝任能力的重視情況時，考慮的主要因素可能包括：財務人員和信息管理人員是否具備與被審計單位

業務性質和複雜程度相稱的足夠的勝任能力，是否參加過相關的培訓，在發生錯誤時，是否可以通過適當的調整加以處理；管理層是否根據業務的發展和有關方面的需要配備足夠的財務人員；財務人員是否具備理解和運用會計準則所需的技能。

（3）治理層參與監督管理層的程度。註冊會計師在瞭解和評估治理層參與監督管理層的程度時，考慮的主要因素一般包括：董事會是否建立了審計委員會或類似機構；董事會、審計委員會或類似機構是否與內部審計人員和註冊會計師有聯繫和溝通，及聯繫和溝通的性質和頻率是否與被審計單位的規模和業務複雜程度相匹配；董事會、審計委員會或類似機構的成員是否具備適當的經驗和資歷；董事會、審計委員會或類似機構是否獨立於管理層；審計委員會或類似機構的數量和實踐是否與被審計單位的規模和業務複雜程度相匹配；董事會、審計委員會或類似機構是否充分地參與了財務報告的過程；董事會、審計委員會或類似機構是否足夠關注對經營風險的監控，進而影響被審計單位和管理層的風險評估過程；董事會成員是否具有相對的穩定性。

（4）管理層的理念和經營風格。註冊會計師在瞭解和評估被審計單位管理層的理念和經營風格時，主要考慮的因素包括：管理層是否對內部控製（包括信息技術控製）給予了適當的關注；管理層是否由一個或幾個人所控製，而董事會、審計委員會或類似機構是否實施有效監督；管理層在承擔和監控經營風險方面是風險偏好者還是風險規避者；管理層在選擇會計政策和做出會計估計時是傾向於激進還是保守；管理層對於信息流程及會計職能部門和人員是否給予了適當關注；對於重大的內部控製和會計事項，管理層是否徵詢了註冊會計師的意見，或者經常在這些方面與註冊會計師存在不同意見。

（5）組織結構和職權與責任的分配。註冊會計師在對被審計單位組織結構和職權與責任的分配進行瞭解和評估時，考慮的主要因素可能包括：在被審計單位內部是否有明確的職責劃分，是否將業務授權、業務記錄、資產保管和維護，以及業務執行的責任盡可能地分離；數據處理和管理的職責劃分是否合理；是否已針對授權交易建立適當的政策和程序。

（6）人力資源政策與實務。註冊會計師在對被審計單位人力資源政策與實務進行瞭解和評估時，考慮的主要因素可能包括：被審計單位在招聘、培訓、考核、諮詢、晉升、薪酬、補救措施等方面是否都有適當的政策和實務（尤其是在會計、財務和信息系統方面）；是否有書面的員工崗位職責手冊，或者在沒有書面文件的情況下，對於工作職責和期望是否做了適當的溝通和交流；人力資源政策與實務是否清晰，並且定期發布和更新；是否設定適當的程序，對分散在各地區和海外的經營人員建立和溝通人力資源政策與程序。

綜上所述，註冊會計師應當對控製環境的構成要素獲取足夠的瞭解，並考慮內部控製的實質及其綜合效果，以瞭解管理層和治理層對內部控製及其重要性的態度、認識及所採取的措施。

控製環境本身並不能防止或發現並糾正各類交易、帳戶餘額、列報認定層次的重大錯報。註冊會計師在評估重大錯報風險時，應當將控製環境連同其他內部控製要素產生的影響一併考慮。例如，將控製環境與對控製的監督和具體控製活動一併考慮。

2. 風險評估

風險評估是企業確認和分析與實現企業目標相關的風險的過程，是企業進行風險

項目八　風險評估

管理的基礎。在財務報表審計中，主要關注的風險評估過程包括識別與財務報告相關的經營風險，以及針對這些風險採取應對措施。通常可能產生風險的事項和情形包括：監管及經營環境的變化；新員工的加入，新信息系統的使用或對原系統進行升級，業務快速發展，新技術，新生產型號、產品和業務活動，企業重組，發展海外經營，新的會計準則等。

在註冊會計師對被審計單位整體層面的風險評估過程進行瞭解和評估時，考慮的主要因素可能包括：被審計單位是否已建立並溝通其整體目標，並輔以具體策略和業務流程層面的計劃；被審計單位是否已建立風險評估過程，包括識別風險、估計風險的重大性、評估風險發生的可能性，以及確定需要採取的應對措施；被審計單位是否已建立某種機制，識別和應對可能對被審計單位產生重大且普遍影響的變化；會計部門是否建立了某種流程，以識別會計準則的重大變化；當被審計單位業務操作發生變化並影響交易記錄的流程時，是否存在溝通渠道以通知會計部門；風險管理部門是否建立了某種流程，以識別經營環境包括監管環境發生的重大變化。

在審計過程中，如果發現與財務報表有關的風險因素，註冊會計師可通過向管理層詢問和檢查有關文件確定被審計單位的風險評估過程是否也發現了該風險；如果識別出管理層未識別的重大錯報風險，註冊會計師應當考慮被審計單位的風險評估過程為何沒有識別出這些風險，以及評估過程是否適合於具體環境。

3. 信息與溝通

信息與溝通是企業收集與交換相關人員執行、管理和控製業務活動所需信息的過程，包括收集和提供信息給適當人員，使之能夠履行職責。

註冊會計師應當瞭解與財務報告相關的信息系統（包括相關業務流程），主要有：在被審計單位經營過程中，對財務報表具有重大影響的各類交易；在信息技術和人工系統中，被審計單位的交易生成、記錄、處理、必要的更正、結轉至總帳，以及在財務報表中報告的程序；用以生成、記錄、處理和報告（包括糾正不正確的信息及信息如何結轉至總帳）交易的會計記錄、支持性信息和財務報表中的特定帳戶；被審計單位的信息系統如何獲取除交易以外的財務報表重大的事項和情況；用於編制被審計單位財務報表（包括作出的重大會計估計和披露）的財務報告過程；與會計分錄相關的控製，這些分錄包括用以記錄非經常性的、異常的交易或調整的非標準會計分錄。

註冊會計師還應當瞭解管理層與治理層（特別是審計委員會）之間的溝通，以及被審計單位與外部（包括與監管部門）的溝通，具體包括管理層就員工的職責和控製責任是否進行了有效溝通；針對可疑的不恰當的事項和行為是否建立了溝通渠道；組織內部溝通的充分性是否能夠使人員有效地履行職責；對於與客戶、供應商、監管者和其他外部人士的溝通，管理層是否及時採取適當的進一步行動；被審計單位是否受到某些監管機構發布的監管要求的約束；外部人士如客戶和供應商在多大程度上獲知被審計單位的行為守則。

4. 控製活動

控製活動是指有助於確保管理層的指令得以執行的政策和程序，包括與授權、業績評價、信息處理、實物控製和職責分離等相關的活動。

（1）授權。註冊會計師應當瞭解與授權有關的控製活動，包括一般授權和特別授

權。一般授權是指管理層制定的要求組織內部遵守的普遍適用於某類交易或活動的政策。特別授權是指管理層針對特定類別的交易或活動逐一設置的授權，如重大的資本支出和股票發行等。

（2）業績評價。註冊會計師應當瞭解與業績評價有關的控制活動，主要包括被審計單位分析與評價實際業績與預算的差異，綜合分析財務數據與經營數據的內在關係，將內部數據與外部信息來源相比較，評價職能部門、分支機構或項目活動的業績，以及對發現異常的差異或關係採取必要的調查與糾正措施。

（3）信息處理。註冊會計師應當瞭解與信息處理有關的控制活動，包括信息技術一般控制和應用控制。信息技術一般控制是指與多個應用系統有關的政策和程序，有助於保證信息系統持續恰當地運行，支持應用控制作用的有效發揮。它通常包括數據中心和網路運行控制、系統軟件的購置、修改及維護控制，接觸或訪問權限控制等。信息技術應用控制是指主要在業務流程層面運行的人工或自動化程序，與用於生成、記錄、處理、報告交易或其他財務數據的程序相關，通常包括檢查數據計算的準確性，審核帳戶和試算平衡表等。

（4）實物控制。註冊會計師應當瞭解實物控制，主要包括對資產和記錄採取適當的安全保護措施，對訪問計算機程序和數據文件設置授權，以及定期盤點並將盤點記錄與會計記錄相核對。

（5）職責分離。註冊會計師應當瞭解職責分離，主要包括瞭解被審計單位如何將交易授權、交易記錄、以及資產保管等職責分配給不同員工，以防止同一員工在履行多項職責時可能發生的舞弊或錯誤。

註冊會計師在瞭解控制活動時，應當重點考慮一項控制活動單獨或連同其他控制活動，是否能夠及如何防止或發現並糾正各類交易、帳戶餘額、列報存在的重大錯報。

5. 對控製的監督

對控製的監督是指被審計單位評價內部控制在一段時間內運行有效性的過程。該過程包括及時評價控制的設計和運行，以及根據情況的變化採取必要的糾正措施。通常，管理層通過持續的監督活動、單獨的評價活動或兩者相結合實現對控製的監督。註冊會計師在對被審計單位整體層面的監督進行瞭解和評估時，考慮的主要因素可能包括：被審計單位是否定期評價內部控制；被審計單位人員在履行正常職責時，能夠在多大程度上獲得內部控制是否有效運行的證據；與外部的溝通能夠在多大程度上證實內部產生的信息或者指出存在的問題；管理層是否採納內部審計人員和註冊會計師提出的有關內部控制的建議；管理層是否及時糾正控制運行中的偏差；管理層根據監管機構的報告及建議是否及時採取糾正措施；是否存在協助管理層監督內部控制的職能部門（如內部審計部門）。

二、與審計相關的控製

註冊會計師的審計目標是對財務報表是否不存在重大錯報發表審計意見，儘管要求註冊會計師在財務報表審計中考慮與財務報表編制相關的內部控制，但目的並非對被審計單位內部控制的有效性發表意見。因此，註冊會計師需要瞭解和評價的內部控制只是與財務報表審計相關的內部控制，並非被審計單位所有的內部控制。

三、對內部控制瞭解的深度

對內部控制瞭解的深度，是指在瞭解被審計單位及其環境時對內部控制瞭解的程度。它包括評價控制的設計，並確定其是否得到執行，但不包括對控製是否得到一貫執行的測試。

註冊會計師在瞭解內部控制時，應當評價控制的設計，並確定其是否得到執行。評價控制的設計是指考慮一項控製單獨或連同其他控製是否能夠有效防止或發現並糾正重大錯報。確定其是否得到執行是指某項控製存在且被審計單位使用。

需要強調的是，瞭解內部控制不同於控制測試。除非存在某些可以使控製得到一貫運行的自動化控製，註冊會計師對控製的瞭解並不能夠代替多控製運行有效性的測試。

四、內部控制的局限性

無論如何設計和執行，內部控制存在固有局限性。內部控制只能對財務報告的可靠性提供合理的保證，其固有局限性包括：一是在決策時人為判斷可能出現錯誤和由人為失誤導致內部控制失效。例如，被審計單位信息技術工作人員沒有完全理解系統如何處理銷售交易，為使系統能夠處理新型產品的銷售，可能錯誤地對系統進行更改，或者對系統的更改是正確的，但是程序員沒能把此次改轉化為正確的程序代碼。二是可能由於兩個或更多的人員進行串通或管理層凌駕於內部控制之上而規避錯誤。例如，管理層可能與客戶簽訂背後協議，對標準的銷售合同做出變動，從而導致收入確認發生錯誤。

此外，如果被審計單位內部行使控製職能的人員素質不適應崗位要求，那麼也會影響內部控制功能的正常發揮。被審計單位實施內部控制的成本效益問題也會影響其效能。當實施某項控製的成本大於控制收益而發生損失時，就沒有必要設置控制環節或控制措施。內部控制一般都是針對經常且重複發生的業務設置的。如果出現不經常發生或未預計到的業務，原有控制就可能不適用。

任務四　評估重大錯報風險

一、識別和評估財務報表層次和認定層次的重大錯報風險

在識別和評估重大錯報風險時，註冊會計師應當實施下列審計程序：一是在瞭解被審計單位及其環境的整個過程中識別風險，並考慮各類交易、帳戶餘額、列報。例如，被審計單位因相關法規的實施需要更新設備，可能面臨原有設備閒置或貶值的風險。二是將識別的風險與認定層次可能發生錯報的領域相聯繫。例如，銷售困難使產品市場價格下降，可能導致年末存貨成本高於其可變現淨值而需要計提存貨跌價準備，這顯示存貨的計價認定可能發生錯報。三是評估識別出的風險，並評價其是否更廣泛

地與財務報表整體相關，進而潛在影響多項認定。四是考慮識別的風險導致財務報表發生重大錯報的可能性。例如，被審計單位對於存貨跌價準備的計提實施了比較有效的內部控制，管理層已根據存貨的可變現淨值計提了相應的跌價準備。在這種情況下，財務報表發生重大錯報的可能性將相應降低。

二、需要特別考慮的重大錯報風險

　　作為風險評估的一部分，註冊會計師應當運用職業判斷，確定識別的風險哪些是需要特別考慮的重大錯報風險（以下簡稱特別風險）。

　　在確定哪些風險是特別風險時，註冊會計師應當根據風險的性質、潛在錯報的重要程度和發生的可能性，判斷風險是否屬於特別風險。在確定風險的性質時，註冊會計師應當考慮下列事項：風險是否屬於舞弊風險；風險是否與近期經濟環境、會計處理方法或其他方面的重大變化相關。因此，需要特別關注：交易的複雜程度；風險是否涉及重大的關聯方交易；財務信息計量的主觀程度，特別是計量結果是否具有高度不確定性；風險是否涉及異常或超出正常經營過程的重大交易。

　　日常的、不複雜的、經正規處理的交易不太可能產生特別風險。特別風險通常與重大的非常規交易和判斷事項有關。

　　非常規交易是指由於金額或性質異常而不經常發生的交易。非常規交易會導致特別風險產生，因為管理層更多地介入會計處理；數據收集和處理涉及更多的人工成分；複雜的計算或會計處理方法；非常規交易的性質可能使被審計單位難以對由此產生的特別風險實施有效控制。

　　判斷事項通常包括做出的會計估計。由於下列原因，與重大判斷事項相關的特別風險可能會導致更高的重大錯報風險產生：對涉及會計估計、收入確認等方面的會計原則存在不同的理解；所要求的判斷可能是主觀和複雜的；需要對未來事項做出假設。

　　由於與重大非常規交易或判斷事項相關的風險很少受到日常控制的約束，註冊會計師應當瞭解被審計單位是否針對特別風險設計和實施了控制。如果管理層未能實施控制以恰當應對特別風險，註冊會計師應當認為內部控制存在重大缺陷，並考慮其對風險評估的影響。在此情況下，註冊會計師應當就此類事項與治理層溝通。

三、僅通過實質性程序無法應對的重大錯報風險

　　作為風險評估的一部分，如果認為僅通過實質性程序獲取的審計證據無法將認定層次的重大錯報風險降至可接受的低水平，註冊會計師應當評價被審計單位針對這些風險設計的控制，並確定其執行情況。

　　在被審計單位對日常交易採用高度自動化處理的情況下，審計證據可能僅以電子形式存在，其充分性和適當性通常取決於自動化信息系統相關控制的有效性，註冊會計師應當考慮僅通過實施實質性程序不能獲取充分、適當審計證據的可能性。

四、對風險評估的修正

　　註冊會計師對認定層次重大錯報風險的評估應以獲取的審計證據為基礎，並可能隨著不斷獲取審計證據而做出相應的變化。如果通過實施進一步審計程序獲取的審計證據與通過初始評估獲取的審計證據相矛盾，那麼註冊會計師應當修正風險評估結果，

項目八　風險評估

並相應修改原計劃實施的進一步審計程序。

評估重大錯報風險與瞭解被審計單位及其環境一樣，也是一個收集、更新與分析信息的連續和動態過程，貫穿於整個審計過程的始終。

項目小結

註冊會計師應當瞭解被審計單位及其環境，以識別和評估財務報表重大錯報風險。瞭解被審計單位及其環境的內容包括：行業狀況、法律環境與監管環境及其他外部因素；被審計單位的性質；被審計單位對會計政策的選擇和運用；被審計單位的目標、戰略及相關經營風險；被審計單位財務業績的衡量和評價；被審計單位的內部控製。註冊會計師在瞭解被審計單位及其環境的過程中運用詢問、分析程序、觀察和檢查等審計程序稱為風險評估程序。在識別和評估財務報表重大錯報風險的過程中，註冊會計師還要考慮特別風險的影響，以及僅通過實質性程序無法應對的重大錯報風險的影響，並對風險評估進行修正。

練習題

一、單項選擇題

1. 下列各項中，不屬於內部控製要素的是(　　)。
   A. 控製風險　　　　　　　　B. 控製活動
   C. 對控製的監督　　　　　　D. 控製環境

2. 在瞭解內部控製時，A註冊會計師通常不實施的審計程序是(　　)。
   A. 瞭解控製活動是否得到執行　　B. 瞭解內部控製的設計
   C. 記錄瞭解的內部控製　　　　　D. 尋找內部控製運行中的缺陷

3. 無論如何設計和執行，內部控製只能對財務報告的可行性提供合理保證，其原因是(　　)。
   A. 建立和維護內部控製是公司管理層的職責
   B. 內部控製的成本不應超過預期帶來的收益
   C. 在決策時人為判斷可能出現錯誤
   D. 對資產和記錄採取適當的安全保護措施是公司管理層應當履行的經管責任

4. 註冊會計師瞭解被審計單位及其環境的目的是(　　)。
   A. 實施風險評估程序
   B. 收集充分適當的審計證據
   C. 識別和評估財務報表重大錯報風險
   D. 控製檢查風險

5. 內部控製的目標不包括(　　)。
   A. 財務報告的可靠性
   B. 審計風險處於低水平
   C. 經營的效率和效果

D. 在所有經營活動中遵守法律法規的要求

二、多項選擇題

1. 註冊會計師應當要求參與項目組討論的人員有(　　)。
   A. 項目負責人　　　　　　　　B. 關鍵審計人員
   C. 聘請的特定領域專家　　　　D. 項目質量控製復核人員

2. 在瞭解被審計單位及其環境時，註冊會計師可能實施的風險評估程序有(　　)。
   A. 詢問甲公司管理層和內部其他人員
   B. 實地查看甲公司生產經營場所和設備
   C. 檢查文件、記錄和內部控製手冊
   D. 重新執行內部控製

3. 下列活動中，註冊會計師認為屬於控製活動的有(　　)。
   A. 授權　　　B. 業績評價　　　C. 風險評價　　　D. 職責分離

4. 在註冊會計師瞭解控製活動時，下列說法正確的有(　　)。
   A. 註冊會計師應當瞭解與審計相關的控製活動
   B. 如果多項控製活動能夠實現同一控製目標，註冊會計師不必瞭解與該目標相關的每項控製活動
   C. 註冊會計師應當瞭解被審計單位與財務報表相關的的所有控製活動
   D. 註冊會計師應當瞭解被審計單位所有控製活動

5. 在應對僅通過實質性程序無法應對的重大錯報風險時，註冊會計師應當考慮的主要因素有(　　)。
   A. 被審計單位是否針對這些風險設計了控製
   B. 相關控製是否可以信賴
   C. 相關交易是否採用高度自動化的處理
   D. 會計政策是否發生變更

三、業務分析題

甲公司主要從事小型電子消費品的生產和銷售。A註冊會計師負責審計甲公司2013年度財務報表。A註冊會計師在審計工作底稿中記錄了所瞭解的甲公司情況及其環境，部分內容摘錄如下：

(1) 2013年年末，有網民稱甲公司B產品含有較高的有害化學成分，會對消費者健康造成不良影響。甲公司隨即發表聲明，表示B產品有害化學成分含量沒有超出現行安全標準，並公布了國家有關部門的檢測報告。但大部分網路調查顯示，仍有超過半數的網民對B產品安全性表示憂慮。

(2) 根據甲公司與丙銀行簽訂的貸款框架協議，丙銀行自2013年1月至2014年1月向甲公司提供累計金額不超過200,000萬元的流動資金貸款。2014年1月，丙銀行終止與甲公司的貸款協議。甲公司正在尋求維持日常經營活動的資金來源，但尚未取得實質性進展。

(3) 為加快新產品研發進度以應對激烈的市場競爭，甲公司於2013年6月支付500萬元購入一項非專利技術的永久使用權，並將其確認為使用壽命不確定的無形資產。最新行業分析報告顯示，甲公司的競爭對手乙公司已於2013年年初推出類似新產

項目八　風險評估

品，市場銷售業績良好。同時，乙公司宣布將於 2014 年 12 月推出更新一代的換代產品。

（4）由於 2012 年銷售業績未達到董事會制定的目標，甲公司於 2013 年 2 月更換了公司負責銷售的副總經理。

（5）除了於 2012 年 12 月借入的 2 年期、年利率 6% 的銀行借款 5,000 萬元外，甲公司沒有其他借款。上述長期借款專門用於擴建現有的一條生產線，以滿足 D 產品的生產需要。該生產線總投資 6,500 萬元，2012 年 12 月開工，2013 年 7 月完工並投入使用。（甲公司 2012 年資本化利息為 25 萬元，2013 年資本化利息為 250 萬元。）

要求：針對（1）~（5）項，假定不考慮其他條件，請逐項指出所列事項是否可能表明存在重大錯報風險。如果存在，請簡要說明理由，並分別說明該風險是屬於財務報表層次還是認定層次。如果屬於認定層次，請指出相關事項與何種交易或帳戶的何種認定相關。

項目九　風險應對

學習目標

1. 掌握總體應對措施的內容；
2. 熟悉增強審計程序不可預見性的審計程序；
3. 熟悉控製測試中獲取剩餘期間補充證據時應考慮的因素；
4. 瞭解控製測試中不得依賴以前審計所獲取證據的情形；
5. 瞭解確定一貫運行的自動化應用控製持續有效時應當考慮的因素。

任務一　針對財務報表層次重大錯報風險的總體應對措施

在評估重大錯報風險的過程中，註冊會計師應當確定識別的重大錯報風險是與特定的某類交易、帳戶餘額和披露的認定相關，還是與財務報表整體廣泛相關，進而影響多項認定。《中國註冊會計師審計準則第1231號——針對評估的重大錯報風險採取的應對措施》規範了註冊會計師針對評估的財務報表層次的重大錯報風險確定總體應對措施，針對認定層次的重大錯報風險設計和實施進一步審計程序，以將審計風險降至可接受的低水平。

一、應對財務報表層次重大錯報風險的措施

註冊會計師應當針對評估的財務報表層次重大錯報風險確定下列總體應對措施：

（1）向項目組強調保持職業懷疑的必要性。

（2）指派更有經驗或具有特殊技能的審計人員，或利用專家的工作。

（3）提供更多的督導。對於財務報表層次重大錯報風險較高的審計項目，審計項目組的高級別成員應強化對其他成員的指導和監督並加強項目質量復核。

（4）在選擇進一步審計程序時，應當注意使某些程序不被管理層預見或事先瞭解。在實務中，註冊會計師可以通過以下方式增強審計程序的不可預見性：①對某些未測試過的低於設定的重要性水平或風險較小的帳戶餘額和認定實施實質性程序；②調整實施審計程序的時間，使被審計單位不可預期；③採取不同的審計抽樣方法，使當期

項目九　風險應對

抽取的測試樣本與以前有所不同；④選取不同地點實施審計程序，或預先不告知被審計單位選定的測試地點。

（5）對擬實施審計程序的性質、時間和範圍做出總體修改。財務報表層次的重大錯報風險很可能源於薄弱的控制環境。有效的控制環境可以使註冊會計師提高對內部控制和被審計單位內部產生的證據的信賴程度。如果控制環境存在缺陷，註冊會計師在對擬實施審計程序的性質、時間和範圍做出總體修改時應當考慮：①在期末而非期中實施更多的審計程序；②主要依賴實質性程序獲取審計證據；③修改審計程序的性質，獲取更具說服力的審計證據；④擴大審計程序的範圍。

二、總體應對措施對擬實施進一步審計程序的總體審計方案的影響

由於財務報表層次重大錯報風險可能對財務報表的多項認定產生廣泛影響，並相應增加註冊會計師對認定層次重大錯報風險的評估難度。因此，註冊會計師評估的財務報表層次重大錯報風險及採取的總體應對措施，對擬實施進一步審計程序的總體審計方案具有重大影響。

擬實施進一步審計程序的總體方案包括實質性方案和綜合性方案。其中，實質性方案是指註冊會計師實施的進一步審計程序以實質性程序為主；綜合性方案是指註冊會計師在實施進一步審計程序時，將控制測試與實質性程序結合使用。當評估的財務報表層次重大錯報風險屬於高風險水平時，擬實施進一步審計程序的總體方案往往更傾向於實質性方案。反之，則採用綜合性方案。

任務二　針對認定層次重大錯報風險的進一步審計程序

一、進一步審計程序的含義和要求

（一）進一步審計程序的含義

進一步審計程序是指註冊會計師針對評估的各類交易、帳戶餘額、列報（包括披露，下同）認定層次重大錯報風險實施的審計程序，包括控制測試和實質性程序。註冊會計師設計和實施的進一步審計程序的性質、時間和範圍，應當與評估的認定層次重大錯報風險具備明確的對應關係。

（二）設計和實施進一步審計程序時的考慮因素

在設計和實施進一步審計程序時，註冊會計師應當考慮下列因素：

（1）風險的重要性。風險的重要性是指風險造成後果的嚴重程度。風險的後果越嚴重，就越需要註冊會計師關注和重視，越需要精心設計有針對性的進一步審計程序。

（2）重大錯報發生的可能性。重大錯報發生的可能性越大，同樣越需要註冊會計師精心設計進一步審計程序。

(3) 涉及的各類交易、帳戶餘額和披露的特徵。不同的交易、帳戶餘額和披露產生的認定層次的重大錯報風險也會存在差異,適用的審計程序也有差別,需要註冊會計師區別對待,並設計有針對性的進一步審計程序予以應對。

(4) 被審計單位採用的特定控製的性質。不同性質的控製(尤其是人工控製還是自動化控製)對註冊會計師進一步的審計程序具有重要影響。

(5) 註冊會計師是否擬獲取審計證據,以確定內部控製在防止或發現並糾正重大錯報方面的有效性。如果註冊會計師在風險評估時預期內部控製運行有效,隨後擬實施的進一步審計程序就必須包括控製測試,且實質性程序自然會受到之前控製測試結果的影響。

註冊會計師應當根據對認定層次重大錯報風險的評估結果,恰當選用實質性方案或綜合性方案,但無論選擇何種方案,註冊會計師都應當對所有重大的各類交易、帳戶餘額和披露設計和實施實質性程序。

但在某些情況下(如僅通過實質性程序無法應對的重大錯報風險),註冊會計師必須通過實施控製測試,才可能有效應對評估出的某一認定的重大錯報風險;而在另一些情況下(如註冊會計師的風險評估程序未能識別出與認定相關的任何控製,或註冊會計師認為控製測試很可能不符合成本效益原則),註冊會計師可能認為僅實施實質性程序就是適當的。

無論選擇何種方案,註冊會計師都應當對所有重大的各類交易、帳戶餘額、列報設計和實施實質性程序。

二、進一步審計程序的性質

進一步審計程序的性質是指進一步審計程序的目的和類型。其中:進一步審計程序的目的包括通過實施控製測試確定內部控製運行的有效性,通過實施實質性程序發現認定層次的重大錯報;進一步審計程序的類型包括檢查、觀察、詢問、函證、重新計算、重新執行和分析程序。

三、進一步審計程序的時間

(一)進一步審計程序的時間的含義

進一步審計程序的時間是指註冊會計師何時實施進一步審計程序,或審計證據適用的期間或時點。進一步審計程序的時間,在某些情況下指的是審計程序的實施時間,在另一些情況下是指需要獲取的審計證據適用的期間或時點。

(二)進一步審計程序的時間的選擇

進一步審計程序的時間的選擇問題主要涉及註冊會計師選擇在何時實施進一步審計程序,以及選擇獲取什麼期間或時點的審計證據的問題。註冊會計師可以在期中或期末實施進一步審計程序,但在期中實施進一步審計程序存在很大的局限性:

(1) 註冊會計師往往難以僅憑在期中實施的進一步審計程序獲取有關期中以前的充分、適當的審計證據;

(2) 即使註冊會計師在期中實施的進一步審計程序能夠獲取有關期中以前的充分、

適當的審計證據，但從期中到期末這段剩餘期間還往往會發生重大的交易或事項，從而對審計期間的財務報表認定產生重大影響；

（3）被審計單位管理層也完全有可能在註冊會計師於期中實施了進一步審計程序之後對期中以前的相關會計記錄做出調整甚至篡改。在期中實施了進一步審計程序之後，註冊會計師所獲取的審計證據已經發生了變化。

為此，如果註冊會計師在期中實施了進一步審計程序，還應當針對剩餘期間獲取審計證據。

註冊會計師在確定何時實施審計程序時應當考慮的重要因素包括：

（1）控制環境。良好的控制環境可以抵消在期中實施進一步審計程序的局限性，使註冊會計師在確定實施進一步審計程序的時間時有更大的靈活度。

（2）何時能得到相關信息。例如，某些控制活動可能僅在期中（或期中以前）發生，而之後可能難以再被觀察到；某些電子化的交易和帳戶文檔如未能及時取得，可能被覆蓋。在這些情況下，註冊會計師若希望獲取相關信息，則需要考慮能夠獲取相關信息的時間。

（3）錯報風險的性質。例如，被審計單位可能為了保證盈利目標的實現，而在會計期末以後偽造銷售合同以虛增收入，此時註冊會計師需要考慮在期末（即資產負債表日）這個特定時點獲取被審計單位截至期末所能提供的所有銷售合同及相關資料，以防範被審計單位在資產負債表日後偽造銷售合同虛增收入的做法。

（4）審計證據適用的期間或時點。註冊會計師應當根據需要獲取的特定審計證據，確定何時實施進一步審計程序。例如，為了獲取資產負債表日的存貨餘額證據，顯然不宜在與資產負債表日間隔過長的期中時點或期末以後時點實施存貨監盤等相關審計程序。

需要說明的是，雖然註冊會計師在很多情況下可以根據具體情況選擇實施進一步審計程序的時間，但也存在著一些限制選擇的情況。某些審計程序只能在期末或期末以後實施，包括將財務報表與會計記錄相核對、檢查財務報表編制過程中所做的會計調整等。如果被審計單位在期末或接近期末發生了重大交易，或重大交易在期末尚未完成，註冊會計師應當考慮交易的發生或截止等認定可能存在的重大錯報風險，並在期末或期末以後檢查此類交易。

四、進一步審計程序的範圍

（一）進一步審計程序的範圍的含義

進一步審計程序的範圍是指實施進一步審計程序的數量，包括抽取的樣本量、對某項控制活動的觀察次數等。

（二）確定進一步審計程序的範圍時考慮的因素

在確定審計程序的範圍時，註冊會計師應當考慮下列因素：

（1）確定的重要性水平。確定的重要性水平越低，註冊會計師實施進一步審計程序的範圍越廣。

（2）評估的重大錯報風險。評估的重大錯報風險越高，對擬獲取審計證據的相關性、可靠性的要求越高，因此註冊會計師實施的進一步審計程序的範圍也越廣。

(3) 計劃獲取的保證程度。計劃獲取的保證程度，是指註冊會計師計劃通過實施的審計程序獲取測試結果可靠性的信心。計劃獲取的保證程度越高，對測試結果的可靠性要求越高，註冊會計師實施的進一步審計程序的範圍越廣。例如，註冊會計師對財務報表是否不存在重大錯報的信心可能來自控制測試和實質性程序。如果註冊會計師計劃從控制測試中獲取更高的保證程度，控制測試的範圍就更廣。

任務三　控制測試

一、控制測試的含義和要求

控制測試指的是測試控制運行的有效性。在測試控制運行的有效性時，註冊會計師應當從下列方面獲取關於控制是否有效運行的審計證據：①控制在審計期間的不同時點是如何運行的；②控制是否得到一貫執行；③控制由誰執行；④控制以何種方式運行（如人工控制或自動化控制）。

作為進一步審計程序的類型之一，控制測試並非任何情況下都需要實施。當存在下列情形之一時，註冊會計師應當實施控制測試：①在評估認定層次重大錯報風險時，預期控制的運行是有效的；②僅實施實質性程序不足以提供認定層次充分、適當的審計證據。

二、控制測試的性質

（一）控制測試的性質的含義

控制測試的性質是指控制測試時所使用的審計程序的類型及其組合。

雖然控制測試與瞭解內部控制的目的不同，但兩者採用的審計程序的類型通常相同，包括詢問、觀察、檢查和穿行測試。此外，控制測試的程序包括重新執行。

（二）控制測試性質的選擇

註冊會計師選擇控制測試的性質通常會考慮以下因素：

（1）特定控制的性質。註冊會計師應當根據特定控制的性質選擇所需實施審計程序的類型。例如，某些控制可能存在反應控制運行有效性的文件記錄，這種情況下，註冊會計師應當考慮檢查這些文件記錄以獲取控制運行有效性的審計證據；某些控制可能不存在文件記錄，或文件記錄與證實控制運行有效性不相關，註冊會計師應當考慮實施檢查以外的其他審計程序或借助計算機輔助審計技術，以獲取有關控制運行有效性的審計證據。

（2）與認定直接相關和間接相關的控制。在設計控制測試時，註冊會計師不僅應當考慮與認定直接相關的控制，還應當考慮這些控制所依賴的與認定間接相關的控制，以獲取支持控制運行有效性的審計證據。

（3）如何對一項自動化的應用控制實施控制測試。對於一項自動化的應用控制，

項目九 風險應對

由於信息技術處理過程的內在一貫性,註冊會計師可以利用該項控製得以執行的審計證據和信息技術一般控製(特別是對系統變動的控製)運行有效性的審計證據,並將其作為支持該項控製在相關期間運行有效性的重要審計證據。

(4)雙重目的控製測試。控製測試的目的是評價控製是否有效運行,細節測試的目的是發現認定層次的重大錯報。儘管兩者目的不同,但註冊會計師可以考慮針對同一交易同時實施控製測試和細節測試,以實現雙重目的。

(5)實施實質性程序的結果對控製測試結果的影響。如果通過實施實質性程序未發現某項認定存在錯報,這本身並不能說明與該認定有關的控製是有效運行的;但如果實施實質性程序時發現被審計單位沒有識別出的重大錯報,通常表明內部控製存在重大缺陷,註冊會計師應當就這些缺陷與管理層和治理層進行溝通。

三、控製測試的時間

(一)控製測試的時間的含義

控製測試的時間包含兩層含義:一是何時實施控製測試,二是測試所針對的控製適用的時點或期間。

對於控製測試,註冊會計師在期中實施此類程序具有更積極的作用。但需要說明的是,即使註冊會計師已獲取有關控製在期中運行有效性的審計證據,也需要考慮如何能夠將控製在期中運行有效性的審計證據合理延伸至期末。一個基本的考慮是針對期中至期末這段剩餘期間獲取充分、適當的審計證據。因此,如果已獲取有關控製在期中運行有效性的審計證據,並擬利用該證據,註冊會計師應當實施下列審計程序:①獲取這些控製在剩餘期間變化情況的審計證據;②確定針對剩餘期間還需獲取的補充審計證據。

上述兩項審計程序中,第一項是針對期中已獲取審計證據的控製,考察這些控製在剩餘期間的變化情況:如果這些控製在剩餘期間沒有發生變化,註冊會計師可能決定信賴期中獲取的審計證據;如果這些控製在剩餘期間發生了變化(如信息系統、業務流程或人事管理等方面發生變動),註冊會計師需要瞭解並測試控製的變化對期中審計證據的影響。第二項是針對期中證據以外的、剩餘期間的補充證據。

(二)不得依賴以前審計獲取證據的情形

鑒於特別風險的特殊性,對於旨在減輕特別風險的控製,不論該控製在本期是否發生變化,註冊會計師都不應依賴以前審計獲取的證據。因此,如果確定評估的認定層次重大錯報風險是特別風險,並擬信賴旨在減輕特別風險的控製,註冊會計師不應依賴以前審計獲取的審計證據,而應在本期審計中測試這些控製的運行有效性。

也就是說,如果註冊會計師擬信賴針對特別風險的控製,那麼所有關於該控製運行有效性的審計證據必須來自當年的控製測試。相應地,註冊會計師應當在每次審計中都測試這類控製。

四、控製測試的範圍

(一) 控製測試範圍的含義

控製測試範圍是指某項控製活動的測試次數。註冊會計師應當設計控製測試，以獲取控製在整個擬信賴的期間有效運行的充分、適當的審計證據。

(二) 確定控製測試範圍的考慮因素

註冊會計師在確定控製測試的範圍時，應當考慮以下因素：
（1）在整個擬信賴的期間，被審計單位執行控製的頻率。控製執行的頻率越高，控製測試的範圍越大。
（2）在審計期間，註冊會計師擬信賴控製運行有效性的時間長度。
（3）為證實控製能夠防止或發現並糾正認定層次重大錯報，所需獲取審計證據的相關性和可靠性。
（4）通過測試與認定相關的其他控製獲取的審計證據的範圍。
（5）在風險評估時擬信賴控製運行有效性的程度。
（6）控製的預期偏差。

任務四　實質性程序

一、實質性程序的含義和要求

(一) 實質性程序的含義

實質性程序是指註冊會計師針對評估的認定層次的重大錯報風險實施的直接用以發現認定層次重大錯報的審計程序。實質性程序包括針對各類交易、帳戶餘額、列報的細節測試及實質性分析程序。無論評估的重大錯報風險結果如何，註冊會計師都應當針對所有重大的各類交易、帳戶餘額、列報實施實質性程序。

(二) 實施實質性程序的總體要求

註冊會計師實施的實質性程序應當包括下列與財務報表編制完成階段相關的審計程序：
（1）將財務報表與其所依據的會計記錄相核對。
（2）檢查財務報表編制過程中做出的重大會計分錄和其他會計調整。

二、實質性程序的性質

（一）實質性程序的性質的含義

實質性程序的性質，是指實質性程序的類型及其組合。實質性程序的兩種基本類型是細節測試和實質性分析程序。細節測試是對各類交易、帳戶餘額、列報的具體細節進行的測試，目的在於直接識別財務報表認定是否存在錯報。實質性分析程序從技術特徵上看仍然是分析程序，主要是通過研究數據間關係評價信息，只是將該技術方法用作實質性程序，用以識別各類交易、帳戶餘額、列報及相關認定是否存在錯報。

（二）實質性程序的設計

註冊會計師應當根據各類交易、帳戶餘額、列報的性質選擇實質性程序的類型。細節測試和實質性分析程序的目的和技術手段存在一定差異，細節測試適用於對各類交易、帳戶餘額、列報認定的測試，尤其是對存在或發生、計價認定的測試；對在一段時期內存在可預期關係的大量交易，註冊會計師可以考慮實施實質性分析程序。

註冊會計師在設計實質性分析程序時應當考慮下列因素：對特定認定使用實質性分析程序的適當性；對已記錄的金額或比率做出預期時，所依據的內部或外部數據的可靠性；做出預期的準確程度是否足以在計劃的保證水平上識別重大錯報；已記錄金額與預期值之間可接受的差異額。

此外，當實施實質性分析程序時，如果使用被審計單位編制的信息，註冊會計師應當考慮測試與信息編制相關的控製，以及這些信息是否在本期或前期經過審計。

三、實質性程序的時間

在審計資源既定的情況下，註冊會計師在期中實施實質性程序，可能減少期末實施實質性程序的數量，因而可能增加期末存在錯報而未被發現的風險，並且該風險將隨著剩餘期間的延長而增加。所以，在考慮是否在期中實施實質性程序時應當考慮下列因素：

（1）控製環境和其他相關的控製。控製環境和其他相關的控製越薄弱，註冊會計師越不宜依賴期中實施的實質性程序。

（2）實施審計程序所需信息在期中之後的可獲得性。如果實施實質性程序所需信息在期中之後可能難以獲取，註冊會計師應考慮在期中實施實質性程序；但如果實施實質性程序所需信息在期中之後的可獲得性並不存在明顯困難，該因素不應成為註冊會計師在期中實施實質性程序的重要影響因素。

（3）實質性程序的目標。如果針對某項認定實施實質性程序的目標就包括獲取該認定的期中審計證據，註冊會計師應當在期中實施實質性程序。

（4）評估的重大錯報風險。註冊會計師評估的某項認定的重大錯報風險越高，針對該認定所需獲取的審計證據的相關性和可靠性要求也就越高，註冊會計師越應當考慮將實質性集中於期末（或接近期末）實施。

（5）各類交易或帳戶餘額及相關認定的性質。例如，某些交易或帳戶餘額及相關認定的特殊性質（收入截止認定、未決訴訟）決定了註冊會計師必須在期末（或接近期末）實施實質性程序。

(6)針對剩餘期間，能否通過實施實質性程序或將實質性程序與控製測試相結合，降低期末存在錯報而未被發現的風險。

如果針對剩餘期間註冊會計師可以通過實施實質性程序或將實質性程序與控製測試相結合，較有把握地降低期末存在錯報而未被發現的風險，註冊會計師可以考慮在期中實施實質性程序；但如果針對剩餘期間註冊會計師認為還需要消耗大量審計資源才有可能降低期末存在錯報而未被發現的風險，甚至沒有把握通過適當的進一步審計程序降低期末存在錯報而未被發現的風險，註冊會計師就不宜在期中實施實質性程序。

四、實質性程序的範圍

在確定實質性程序的範圍時，註冊會計師應當考慮評估的認定層次重大錯報風險和實施控製測試的結果。註冊會計師評估的認定層次的重大錯報風險越高，需要實施實質性程序的範圍越廣。如果對控製測試結果不滿意，註冊會計師應當考慮擴大實質性程序的範圍。

項目小結

註冊會計師應當針對財務報表層次重大錯報風險設計和實施總體應對措施，並針對認定層次重大錯報風險設計和實施進一步審計程序，以將審計風險降至可接受的低水平。進一步審計程序是相對於風險評估程序而言的，是指註冊會計師針對評估的各類交易、帳戶餘額和披露認定層次重大錯報風險設計和實施的審計程序，包括控製測試和實質性程序。進一步審計程序的性質是指進一步審計程序的目的和類型。進一步審計程序的時間是指註冊會計師何時實施進一步審計程序，或審計證據適用的期間或時點。進一步審計程序的範圍是指實施進一步審計程序的數量，包括抽取的樣本量、對某項控製活動的觀察次數等。控製測試是指用於評價內部控製在防止或發現並糾正認定層次重大錯報方面的運行有效性的審計程序。實質性程序是指註冊會計師針對評估的重大錯報風險實施的直接用以發現認定層次重大錯報的審計程序，包括細節測試和實質性分析程序。

練習題

一、單項選擇題

1. 註冊會計師設計和實施的進一步審計程序的性質、時間和範圍，應當與評估的（　　）重大錯報風險具備明確的對應關係。
 A. 財務報表層次 B. 認定層次
 C. 帳戶餘額 D. 交易或事項
2. 在對資產存在認定獲取審計證據時，正確的測試方向是（　　）。
 A. 從財務報表到尚未記錄的項目
 B. 從尚未記錄的項目到財務報表
 C. 從會計記錄到支持性證據

項目九　風險應對

　　D. 從支持性證據到會計記錄
3. 如果註冊會計師評估的財務報表層次重大錯報風險為高水平，那更傾向於採用(　　)。
　　A. 實質性方案
　　B. 綜合性方案
　　C. 僅通過實質性程序無法應對的審計方案
　　D. 以控制測試為主的審計方案
4. 註冊會計師在期中實施進一步審計程序時獲取的審計證據存在局限性。下列說法中，不恰當的是(　　)。
　　A. 僅憑在期中實施的進一步審計程序很難獲取有關期中以前的充分、適當的審計證據
　　B. 如果在期中實施了進一步審計程序，註冊會計師不需要針對剩餘期間獲取補充審計證據
　　C. 如果在期中實施了進一步審計程序，註冊會計師應當針對剩餘期間獲取補充審計證據
　　D. 如果註冊會計師在期中實施了進一步審計程序，由於被審計單位管理層有可能在註冊會計師期中實施的進一步審計程序之後對期中以前的相關會計記錄做出調整甚至篡改，因此，期中獲取的審計證據可靠性較差
5. 關於設計進一步審計程序的範圍，以下判斷中，不恰當的是(　　)。
　　A. 如果擬定從控制測試中獲取更高的保證程度，那應當擴大控製測試的範圍
　　B. 如果擬定從控制測試中獲取更低的保證程度，那應當擴大控製測試的範圍
　　C. 實際執行的重要性水平越高，則越可以縮小進一步審計程序的範圍
　　D. 如果評估的認定層次重大錯報風險越高，那應當擴大進一步審計程序的範圍

二、多項選擇題

1. 關於以下審計程序，適合用於控制測試的有(　　)。
　　A. 詢問　　　　B. 分析程序　　　　C. 檢查和觀察　　　　D. 重新執行
2. 如果在期中實施了控製測試，在針對剩餘期間獲取補充審計證據時，註冊會計師通常考慮的因素有(　　)。
　　A. 控制環境
　　B. 評估的重大錯報風險水平
　　C. 在期中對有關控制有效性獲取的審計證據的程度
　　D. 擬減少實質性程序的範圍
3. 在測試內部控制的運行有效性時，註冊會計師應當獲取的審計證據有(　　)。
　　A. 控制是否存在
　　B. 控制在審計期間不同時點是如何運行的
　　C. 控制是否得到一貫執行
　　D. 控制由誰執行
4. 下列各種情形中，註冊會計師應當測試控制運行有效的有(　　)。
　　A. 被審計單位是小型企業
　　B. 評估認定層次重大錯報風險時，預期控制的運行有效

141

C. 僅實施實質性程序並不能夠提供認定層次充分、適當的審計證據
D. 以前年度審計中發現很多錯報
5. 以下因素中很可能導致註冊會計師實施較大控制測試範圍的有(　　)。
A. 控製執行的頻率越低
B. 控製的預期偏差率越低
C. 對審計證據的相關性和可靠性的要求越高
D. 擬信賴控製運行有效性的期間越長

項目十　貨幣資金審計

學習目標

1. 熟悉貨幣資金內部控制制度；
2. 掌握庫存現金的監盤程序；
3. 掌握銀行存款餘額調節表的審查程序；
4. 掌握銀行存款函證程序；
5. 瞭解其他貨幣資金的實質性程序。

任務一　貨幣資金審計概述

一、貨幣資金的特點

貨幣資金審計是指對企業的庫存現金、銀行存款和其他貨幣資金收付業務及其結存情況的真實性、正確性和合法性所進行的審計。由於貨幣資金具有流動性大、收付業務頻繁等特點，因此，在企業財務審計中往往作為審查重點。

1. 流動性強

貨幣資金是企業流動資產的重要組成部分，在企業全部資產總額中所占比重不算太大，但由於其使用靈活、易兌現、便於攜帶，貨幣資金作為一種流通手段是企業資產中最活躍、流動性最強的資產。

2. 業務量大

在企業的日常生產經營活動中，貨幣資金的收付業務頻繁，業務量大。

3. 控製較為嚴格

由於貨幣資金具有流動性大、收付業務頻繁等特點，企業制定比較嚴格的貨幣資金內部控制措施，加強貨幣資金審計，評審貨幣資金內部控製制度的健全性和有效性，審查貨幣資金結存數額的真實性和貨幣資金收付業務的合法性。

4. 固有風險高

針對貨幣資金收付頻繁的特點，發生錯誤的可能性大，因而貨幣資金的固有風險

水平較高，經常發生錯誤和舞弊現象。

二、貨幣資金的主要憑證和會計記錄

(1) 庫存現金盤點表。
(2) 銀行對帳單。
(3) 銀行存款餘額調節表。
(4) 有關科目的記帳憑證（現金收付款憑證、銀行存款收付款憑證）。
(5) 有關會計帳簿（現金日記帳、銀行存款日記帳）。

三、貨幣資金內部控製

1. 崗位分工

單位應當建立貨幣資金的崗位責任制，明確相關部門和崗位的職責權限，確保不相容崗位相互分離。例如出納人員不得兼任稽核，會計檔案的保管和收入、費用、債權債務帳目的登記工作，不得有一人辦理貨幣資金業務的全過程。

2. 授權批准

對貨幣資金建立嚴格的授權批准制度，明確審批人對貨幣資金業務的授權批准方式、權限、程序、責任和相關控製措施，規定經辦人辦理貨幣資金業務的職責分工和工作要求。審批人在授權範圍內進行審批，不得超越審批權限。對於重要貨幣資金支付業務，應當建立集體決策和審批，並建立責任追究制度，防止貪污、侵占、挪用貨幣資金行為。嚴禁未經授權的機構和人員辦理貨幣資金業務或直接接觸貨幣資金。

3. 票據印章的控製

(1) 單位應加強與貨幣資金相關的票據的管理，明確各種票據的購買、保管、領用、背書轉讓、註銷等環節的職責權限和程序，並專設登記簿進行記錄，防止空白票據的遺失和被盜。

(2) 加強銀行預留印鑒的管理。財務專用章應有專人保管，個人名章必須由本人或其他授權人保管。嚴禁一人保管收付款項的全部印章。

4. 庫存現金和銀行存款的管理

(1) 加強庫存現金限額的管理，超過庫存現金限額的及時送存銀行。

(2) 根據《現金管理暫行條例》，單位確定庫存現金的開支範圍，不屬於現金開支範圍的業務應及時辦理轉帳。

(3) 現金收入應當及時送存銀行，不得坐支。有特殊情況需要坐支現金的，應先經開戶銀行批准。

(4) 取得的貨幣資金收入必須及時入帳，不得私設「小金庫」，不得帳外設帳，嚴禁收款不入帳。

(5) 按照《支付結算辦法》等有關規定，加強銀行帳戶的管理，嚴格按照規定開立帳戶並辦理存款、取款和結算。

(6) 嚴格遵守銀行結算紀律，不準簽發沒有資金保障的票據和遠期支票，套取銀行信用；不準簽發、取得和轉讓沒有真實交易和債權債務的票據，套取銀行和他人資金；不準違反規定開立和使用他人銀行帳戶。

（7）指定專人定期核對銀行帳戶，每月至少核對一次，編制銀行存款調節表。
（8）單位應當定期和不定期進行庫存現金盤點，確保現金帳面餘額與庫存實際相符。

5. 監督檢查

建立對貨幣的監督檢查制度，明確監督檢查機構或人員的職責與權限，定期或不定期地進行檢查。

任務二　貨幣資金的內部控製制度與控製測試

一、貨幣資金內部控製制度

（一）崗位分工及授權批准

（1）企業應當建立貨幣資金業務的崗位責任制，明確相關部門和崗位的職責與權限，確保辦理貨幣資金業務的不相容崗位相互分離、制約和監督。

（2）企業應當對貨幣資金業務建立嚴格的授權批准制度，明確審批人對貨幣資金業務的授權批准方式、權限、程序、責任和相關控製措施，規定經辦人辦理貨幣資金業務的職責範圍和工作要求。審批人應當根據貨幣資金授權批准制度的規定，在授權範圍內進行審批，不得超越審批權限。

對於審批人超越授權範圍審批的貨幣資金業務，經辦人員有權拒絕辦理，並及時向審批人的上級授權部門報告。

（3）企業應當按照規定的程序辦理貨幣資金支付業務：①支付申請；②支付審批；③支付復核；④辦理支付。

出納人員應當根據復核無誤的支付申請，按規定辦理貨幣資金支付手續，及時登記現金日記帳和銀行存款日記帳。

（4）對於重要貨幣資金支付業務，企業應當實行集體決策和審批，並建立責任追究製度，防範貪污、侵占、挪用貨幣資金等行為。

（5）嚴禁未經授權的機構或人員辦理貨幣資金業務或直接接觸貨幣資金。

（二）現金和銀行存款的管理

（1）企業應當加強現金庫存限額的管理，超過庫存限額的現金應及時送存銀行。

（2）企業必須根據《現金管理暫行條例》，結合本單位的實際情況，確定本企業現金的開支範圍。不屬於現金開支範圍的業務應當通過銀行辦理轉帳結算。

（3）企業現金收入應當及時送存銀行，不得用於直接支付單位自身的支出。因特殊情況需坐支現金的，應事先報經開戶銀行審查批准。

企業借出款項必須執行嚴格的授權批准程序，嚴禁擅自挪用、借出貨幣資金。

（4）企業應當指定專人定期核對銀行帳戶，每月至少核對一次，編制銀行存款餘額

調節表，使銀行存款帳面餘額與銀行對帳單調節相符。如調節不符，應查明原因，及時處理。

(三) 票據及有關印章的管理

(1) 企業應當加強與貨幣資金相關的票據的管理，明確各種票據的購買、保管、領用、背書轉讓、註銷等環節的職責與權限和程序，並專設登記簿進行記錄，防止空白票據的遺失和被盜用。

(2) 企業應當加強銀行預留印鑒的管理。

財務專用章應由專人保管，個人名章必須由本人或其授權人員保管。嚴禁一人保管支付款項所需的全部印章。

按規定需要有關負責人簽字或蓋章的經濟業務，必須嚴格履行簽字或蓋章手續。

(四) 監督檢查

(1) 企業應當建立對貨幣資金業務的監督檢查制度，明確監督檢查機構或人員的職責權限，定期或不定期地進行檢查。

(2) 貨幣資金監督檢查的內容主要包括：相關崗位和人員的設置（不相容職務）、授權審批、印章、票據等。

(3) 對監督檢查過程中發現的貨幣資金內部控製中的薄弱環節，應當及時採取措施，加以糾正和完善。

二、貨幣資金的內部控製測試

1. 檢查一定期間的庫存現金、銀行存款日記帳及其相關帳戶記錄

在檢查某一特定期間的庫存現金、銀行存款日記帳時，應根據日期和憑證號欄的記載，查明是否是以記帳憑證為依據逐筆序時登記並結出餘額，有無前後日期和憑證號前後順序顛倒的情況。

2. 抽取並審查收款憑證

在檢查庫存現金與銀行存款日記帳的基礎上，還必須按貨幣資金收款憑證的類別，選取適當的樣本量，進行如下檢查：

(1) 將收款憑證與銷售發票等相關原始憑證核對。
(2) 將收款憑證與庫存現金、銀行存款日記帳的收入金額、日期核對。
(3) 將收款憑證與銀行存款簿、銀行對帳單核對。
(4) 將收款憑證與應收帳款等相關明細帳的有關記錄核對。

3. 抽取並審查付款憑證

為測試貨幣資金付款的內部控製，註冊會計師還必須按貨幣資金付款憑證的類別，選取適當的樣本量，進行如下檢查：

(1) 檢查付款的授權批准手續是否符合規定。
(2) 將付款憑證與購貨發票、報銷單據等相關原始憑證核對。
(3) 將付款憑證與庫存現金、銀行存款日記帳的支出金額、日期核對。
(4) 將付款憑證與銀行對帳單核對。
(5) 將付款憑證與應付帳款等相關明細帳的有關記錄核對。

4. 抽取一定期間的銀行存款餘額調節表，查驗其是否按月正確編制並經審核

為證實銀行存款記錄的正確性，註冊會計師必須抽取一定期間的銀行存款餘額調節表，將其同銀行對帳單、銀行存款日記帳及總帳進行核對，確定被審計單位是否按月編制並復核銀行存款餘額調節表。

5. 檢查外幣資金折算方法是否符合有關規定，是否與上年度一致

對有外幣貨幣資金的被審計單位，註冊會計師應檢查其外幣庫存現金日記帳、外幣銀行存款日記帳及「財務費用」「在建工程」等帳戶的記錄，確定企業有關現金、銀行存款的增減變動是否按業務發生時的市場匯率或業務發生當期期初的市場匯率折合為記帳本位幣，選取方法是否前後期保持一致；檢查企業的外幣現金、銀行存款帳戶的餘額是否按期末市場匯率折合為記帳本位幣金額，檢查有關匯兌損益的計算和記錄是否正確。

6. 評價貨幣資金的內部控製制度

在完成上述控製測試程序後，可以對被審計單位貨幣資金的內部控製及其實施情況進行評價。在評價過程中，既要分析其內部控製運行過程中的薄弱環節和缺點，又要確定其實施內部控製過程中的較強環節和優點，並據此對原定的審計程序加以修改和變動，最後確定實質性程序的內容和重點。

任務三　貨幣資金的實質性程序

一、貨幣資金的具體審計目標

貨幣資金的具體審計目標一般應包括：確定資產負債表中記錄的貨幣資金是存在的；確定應當記錄的貨幣資金均已記錄；確定記錄的貨幣資金由被審計單位擁有或控製；確定貨幣資金以恰當的金額包括在財務報表中，與之相關的計價調整已恰當記錄；確定貨幣資金已按照企業會計準則的規定在財務報表中做出恰當列報。

二、庫存現金審計的實質性程序

庫存現金審計的實質性程序一般包括以下幾個階段：

（1）核對庫存現金日記帳與總帳的金額是否相符，檢查非記帳本位幣庫存現金的折算匯率及折算金額是否正確。

（2）監盤庫存現金。

①目的：證實庫存現金是否存在。
②參加監盤人員：出納員、會計主管和註冊會計師。
③監盤時間：最好選擇在上午上班前或下午下班時進行。
④監盤範圍：一般包括被審計單位各部門經管的庫存現金。
⑤監盤方式：突擊進行。
⑥監盤過程。

（a）制訂庫存現金監盤計劃，確定監盤時間。

在進行現金盤點前，應由出納員將現金集中起來放入保險櫃，必要時可以封存，然後由出納員把已辦妥現金收付手續的收付款憑證登入庫存現金日記帳。如被審計單位庫存現金存放部門有兩處或兩處以上的，應同時進行盤點。

（b）審閱庫存現金日記帳並同時與現金收付憑證相核對。

（c）由出納員根據庫存現金日記帳加計累計數額，結出現金餘額。

（d）盤點保險櫃的現金實存數，同時由註冊會計師編制庫存現金監盤表（格式參見表10-1），分幣種、面值列示盤點金額。

（e）將盤點金額與庫存現金日記帳餘額進行核對，如有差異，應要求被審計單位查明原因，必要時應提請被審計單位做出適當調整；如無法查明原因，要求被審計單位按管理權限批准後做出調整。

（f）若有沖抵庫存現金的借條、未提現支票、未做報銷的原始憑證，應在監盤表中註明，必要時應提請被審計單位做出調整。

（g）庫存現金追溯調整。如果註冊會計師不是在資產負債表日對庫存現金進行監盤，那應將監盤日的金額追溯調整至資產負債表日的金額。

表 10-1　庫存現金監盤表

被審計單位：＿＿＿＿＿＿＿＿　　索引號：＿＿＿＿＿＿＿＿
項目：＿＿＿＿＿＿＿＿＿＿　　財務報表截止日/期間：＿＿＿＿
編制：＿＿＿＿＿＿＿＿＿＿　　復核：＿＿＿＿＿＿＿＿＿＿
日期：＿＿＿＿＿＿＿＿＿＿　　日期：＿＿＿＿＿＿＿＿＿＿

檢查盤點記錄		實有庫存現金盤點記錄								
項目	項次	人民幣	美元	某外幣	面額	人民幣		美元		某外幣	
						張	金額	張	金額	張	金額
上一日帳面庫存餘額	①				1,000元						
盤點日未記帳傳票收入金額	②				500元						
盤點日未記帳傳票支出金額	③				100元						
盤點日帳面應有金額	④=①+②-③				50元						
盤點實有庫存現金數額	⑤				10元						
盤點日應有與實有差異	⑥=④-⑤				5元						

表 10-1（續）

檢查盤點記錄		實有庫存現金盤點記錄								
項目	項次	人民幣	美元	某外幣	面額	人民幣		美元		某外幣	
^	^	^	^	^	^	張	金額	張	金額	張	金額
差異原因分析	白條抵庫（張）				2元						
^					1元						
^					0.5元						
^					0.2元						
^					0.1元						
^					合計						
追溯調整	報表日至審計日庫存現金付出總額										
^	報表日至審計日庫存現金收入總額										
^	報表日庫存現金應有餘額										
^	報表日帳面匯率										
^	報表日餘額折合本位幣金額										
	本位幣合計										

出納員：　　　會計主管人員：　　　監盤人：　　　檢查日期：

審計說明：

三、銀行存款審計的實質性程序

銀行存款審計可供選擇的實質性程序一般包括以下幾個階段：

1. 獲取或編制銀行存款餘額明細表

（1）復核加計是否正確，並與總帳數和日記帳合計數核對是否相符。
（2）檢查非記帳本位幣銀行存款的折算匯率及折算金額是否正確。

2. 實質性分析程序

計算銀行存款累計餘額應收利息收入，分析與比較被審計單位銀行存款應收利息收入與實際利息收入的差異是否恰當，評估利息收入的合理性，檢查是否存在高息資金拆借，確認銀行存款餘額是否存在，利息收入是否已經完整記錄。

3. 檢查銀行存單

4. 取得並檢查銀行存款餘額對帳單和銀行存款餘額調節表

（1）目的。取得並檢查銀行存款對帳單和銀行存款餘額調節表的目的是證實資產負債表中所列銀行存款是否存在。

（2）要求。註冊會計師應當確認被審計單位是否根據不同銀行帳戶及貨幣種類分別編制銀行存款餘額調節表。

（3）檢查調節事項的內容。

①檢查是否存在跨期收支和跨行轉帳的調節事項。編制跨行轉帳業務明細表，檢查跨行轉帳業務是否同時對應轉入和轉出，未在同一期間完成的轉帳業務是否反應在銀行存款餘額調節表的調整事項中。

②檢查大額在途存款的日期，查明發生在途存款的具體原因，追查期後銀行對帳單存款記錄日期，確定被審計單位與銀行記帳時間差異是否合理，確定在資產負債表日是否需提請被審計單位進行適當調整。

③檢查被審計單位的未付票據明細清單。查明被審計單位未及時入帳的原因，確定帳簿記錄時間晚於銀行對帳單的日期是否合理。

④檢查被審計單位未付票據明細清單中有記錄，但截止資產負債表日銀行對帳單無記錄且金額較大的未付票據，獲取票據領取人的書面說明。確認資產負債表日是否需要進行調整。

⑤檢查資產負債表日後銀行對帳單是否完整地記錄了調節事項中銀行未付票據金額。

5. 函證銀行存款

（1）函證的必要性。註冊會計師應當對銀行存款（包括零餘額帳戶和在本期內註銷的帳戶）、借款及與金融機構往來的其他重要信息實施函證程序，除非有充分證據表明某一銀行存款、借款及與金融機構往來的其他重要信息對財務報表不重要且與之相關的重大錯報風險很低。如果不對這些項目實施函證程序，註冊會計師應當在審計工作底稿中說明理由。

（2）函證的目的。註冊會計師對銀行存款函證的目的是獲取證據證實資產負債表中所列銀行存款是否存在，瞭解企業欠銀行的債務和企業未入帳的銀行借款及未披露的或有負債。

（3）函證的對象。它包括銀行存款（包活零餘額帳戶和在本期內註銷的帳戶）、借款及與金融機構往來的其他重要信息。

（4）函證的方式。銀行存款函證是積極式詢證函。

四、其他貨幣資金的實質性程序

其他貨幣資金包括企業到外地進行臨時或零星採購而匯往採購地銀行並開立採購專戶的款項所形成的外埠存款、企業為取得銀行匯票按照規定存入銀行的款項所形成的銀行匯票存款、企業為取得銀行本票按照規定存入銀行的款項而形成的銀行本票存款、信用卡存款和信用證保證金存款等。

其他貨幣資金審計可選擇的實質性程序包括以下幾個方面：

（1）核對明細帳期末合計數與總帳數是否相符。

（2）函證外埠存款戶、銀行匯票存款戶、銀行本票存款戶期末餘額。

（3）對於外幣等其他貨幣資金，檢查其折算匯率是否正確。

（4）抽查一定數量的原始憑證作為樣本進行測試，檢查其經濟內容是否完整，有無適當的審批授權，並核對相關帳戶的進帳情況。

項目十　貨幣資金審計

(5) 抽取資產負債表日後大額收支憑證並進行截止測試，如有跨期收支事項，應做適當調整。

(6) 確定其他貨幣資金的披露是否恰當。

項目小結

貨幣資金是指企業處於貨幣形態的資金，是企業資金運動的起點和終點。它與其他各項業務循環交易都有直接或間接的關係，是各個業務循環的樞紐。本章主要闡述了貨幣資金與各個業務循環的關係，貨幣資金的審計目標、內部控製、控製測試、實質性程序等內容。

本章的重點是掌握貨幣資金審計的實質性程序、瞭解貨幣資金內部控製測試的內容。本章的難點在於貨幣資金實質性程序的內容。

練習題

一、單項選擇題

1. 關於出納員職責的以下情形中，沒有違背「不相容職務分離控製原則」要求的是(   )。
   A. 出納員承擔現金收付、銀行結算及貨幣資金的日記帳核算工作，且同時兼任會計檔案保管工作
   B. 出納員保管簽發支票所需的全部印章
   C. 出納員兼任收入明細帳和總帳的登記工作
   D. 出納員兼任固定資產卡片的登記工作

2. 以下事項中可能表明甲公司貨幣資金內部控製存在重大缺陷的是(   )。
   A. 甲公司的財務專用章由財務負責人本人或其授權人員保管，出納員個人名章由其本人保管
   B. 對重要貨幣資金支付業務，甲公司實行集體決策授權控製
   C. 甲公司現金收入及時存入銀行，但在特殊情況下，經開戶銀行審查批准方可坐支現金
   D. 甲公司指定出納員每月必須核對銀行帳戶，針對每一銀行帳戶分別編製銀行存款餘額調節表，使銀行存款帳面餘額與銀行對帳單調節相符

3. A註冊會計師負責審計甲公司2013年財務報表。2014年1月5日對甲公司全部庫存現金進行監盤後，確認實有現金數額為11,000元。截至2014年1月4日，甲公司庫存現金帳面餘額為12,000元，1月5日發生的現金收支全部未登記入帳，其中收入金額為33,000元、支出金額為34,000元，2014年1月1日至1月4日庫存現金收入總額為165,200元、現金支出總額為165,500元，則A註冊會計師確認甲公司2013年12月31日的庫存現金實有數是(   )元。
   A. 11,300　　　B. 12,300　　　C. 9700　　　D. 12,700

4. 甲公司某銀行帳戶的銀行對帳單餘額為1,585,000元。在檢查該帳戶銀行存款

餘額調節表時，A 註冊會計師注意到以下事項：在途存款 100,000 元，未提現支票 50,000 元，未入帳的銀行存款利息收入 35,000 元，未入帳的銀行代扣水電費 25,000 元。假定不考慮其他因素，A 註冊會計師審計後確認的該銀行存款帳戶餘額應是( )元。

A. 1,535,000　　　　B. 1,575,000　　　C. 1,595,000　　　D. 1,635,000

5. 註冊會計師考慮是否需要對銀行存款實施函證程序的以下判斷中，恰當的是( )。

A. 如果有充分證據表明某一銀行存款、借款及與金融機構往來的其他重要信息的控制風險較高，那可以不對該銀行帳戶實施函證，但需要在審計工作底稿中說明理由

B. 如果有充分證據表明某一銀行存款、借款及與金融機構往來的其他重要信息的固有風險比較高時，那可以不對銀行帳戶實施函證，但需要在審計工作底稿中說明理由

C. 如果有充分證據表明某一銀行存款、借款及與金融機構往來的其他重要信息對財務報表不重要且與之相關的重大錯報風險很低，那可以不對該銀行帳戶實施函證，但需要在審計工作底稿中說明理由

D. 如果有充分證據表明某一銀行存款、借款及與金融機構往來的其他重要信息的審計風險比較高時，那可以不對該銀行帳戶實施函證，但需要在審計工作底稿中說明理由

二、多項選擇題

1. 企業在辦理貨幣資金支付業務時，應包括的環節有( )。

A. 支付審批　　　B. 支付辦理　　　C. 支付申請　　　D. 支付復核

2. 以下註冊會計師設計的進一步審計程序中，屬於控制測試的有( )。

A. 核對現金日記帳的收入金額是否正確

B. 核對現金收款憑證與應收帳款明細帳的有關記錄是否相符

C. 檢查外幣現金的折算金額是否正確

D. 核對實付金額與購貨發票是否相符

3. 註冊會計師接受委託對被審計單位 2014 年財務報表進行審計，在瞭解與銀行存款相關的內部控制時，應將貨幣資金項目的重大錯報風險確定為高水平的情況有( )。

A. 銀行存款的支付均附有審批後的原始憑證

B. 出納與會計崗位分離

C. 向關係單位出借銀行帳戶時均附有財務經理的審批

D. 對於與本單位無關的款項收支，不計入銀行存款日記帳

4. 註冊會計師在檢查被審計單位編制的銀行存款餘額調節表是否合理時，以下做法恰當的有( )。

A. 確認期末企業已開出支票，但持票人尚未存入銀行的款項已包括在銀行存款餘額表中

B. 確認期末企業將臨時帳戶中的款項轉入基本戶，尚未收到的款項未包括在銀行存款餘額調節表中

C. 確認期末企業採用現金支付的電費已包括在銀行存款餘額調節表中
D. 確認期末銀行已收取，但企業未收取的款項已包括在銀行存款餘額調節表中

5. 註冊會計師在對被審計單位實施風險評估程序後，認為在實質性程序中有必要針對銀行存款項目實施函證程序，以下應發函的情況有（　　）。
   A. 零餘額的帳戶
   B. 交易頻繁但期末餘額較小帳戶
   C. 涉及大量餘額較小的帳戶
   D. 已註銷的帳戶

三、簡答題

2013 年 12 月，ABC 會計師事務所接受委託對 W 公司 2013 年財務報表進行審計。在對 W 公司內部控製進行瞭解後，註冊會計師在審計工作底稿中做了如下記錄：

（1）為加強貨幣資金支付管理，貨幣資金支付審批實行分級管理辦法：單筆付款金額在 10 萬元以下的，由財務部經理審批；單筆付款金額在 10 萬元以上的、50 萬元以下的，由財務總監審批；單筆付款金額在 50 萬元以上的，由總經理審批。

（2）為統一財務管理，提高會計核算水平，設置內部審計部，由主管會計兼任內部審計負責人。

（3）定期和不定期地進行現金盤點，將盤盈或盤虧的情況報經管理層准後，進行相關帳務處理。

（4）對於超過授權範圍審批的貨幣資金業務，出納人員在辦理後應及時向上級部門報告。

（5）對於簽發票據所必需的印鑒，由財務主管負責保管，出納人員使用完畢應及時交還財務主管。

要求：假定 W 公司的其他內部控製不存在缺陷，請指出 W 公司上述內部控製在設計與運行方面是否存在缺陷，請簡要說明理由。

項目十一　採購與付款循環的審計

學習目標

1. 瞭解採購與付款循環涉及的主要業務活動；
2. 掌握採購與付款循環的控製程序；
3. 掌握應付帳款審計的實質性程序；
4. 掌握固定資產審計的實質性程序；
5. 掌握其他相關帳戶的實質性程序。

任務一　採購與付款循環的審計概述

　　採購與付款循環是企業資金週轉的關鍵環節。只有及時組織好資產的採購、驗收業務，才能保證生產、銷售業務的正常運行。一個企業的採購與付款循環是由向供應商購入商品、勞務或其他資產，以及支付現金等有關業務活動組成的。根據財務報表項目與業務循環的相關程度，採購與付款循環所涉及的財務報表項目主要是資產負債表項目，一般包括應付帳款、固定資產、在建工程、工程物資、固定資產清理、無形資產、開發支出、商譽、長期待攤費用、應付票據、預付款項和長期應付款等；利潤表項目通常為管理費用。採購與付款循環的主要會計報表項目如表 11-1 所示。

表 11-1　採購與付款循環的主要會計報表項目

業務循環	資產負債表項目	利潤表項目
銷售與收款循環	應付帳款、固定資產、在建工程、工程物資、固定資產清理、無形資產、開發支出、長期待攤費用、應付票據、預付款項和長期應付款	管理費用

　　採購與付款循環的特徵主要體現在兩方面：一是該循環中的主要業務活動，二是該循環所涉及的主要憑證和帳戶。

項目十一　採購與付款循環的審計

一、採購與付款循環的主要業務活動和關鍵內部控製環節

採購與付款循環涉及採購、驗收、儲存、會計等部門，企業應盡可能地將各項職能活動指派給不同的部門或職員來完成，以保證業務處理的正確、可靠。典型的採購與付款循環所涉及的主要業務活動應包括八個方面的內容。其流程如圖 11-1 所示。

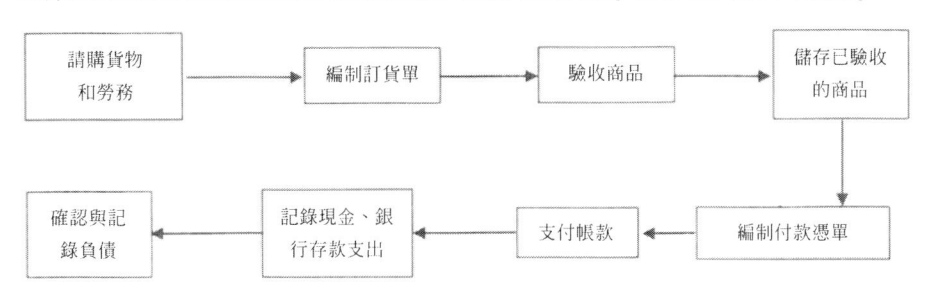

圖 11-1　採購與付款循環業務流程圖

1. 請購貨物和勞務

企業採購貨物，首先應提出採購申請。企業對日常經營活動所需物資的購買均採取一般授權方式。對於需要購買的已列入存貨清單的項目，由倉庫負責填寫請購單，其他部門也可以對所需要購買的未列入存貨的項目編制請購單。但對於資本支出和租賃合同等，則通常要求做特別授權，由指定人員提出請購。為加強控製，請購單必須經由對這類支出預算負責的主管人員簽字批准。請購單是證明有關採購交易的「發生」認定的憑據之一。

2. 編制訂貨單

企業的採購部門只對經過批准的請購單填制和發出訂貨單。訂貨單應正確填寫所需要的商品名稱、規格、數量、價格、廠商名稱和地址等。對於每張訂貨單，採購部門應確定最佳的供應商。對一些大額、重要的採購項目，應採取競價方式來確定供應商，以保證供貨的質量、及時和低成本。企業應對訂貨單的編制和處理加以檢查，確定是否收到商品並正確入帳。對訂貨單的檢查與採購交易的「完整性」認定有關。

3. 驗收商品

企業收到供應商發來的貨物，均應由獨立的驗收部門負責驗收。驗收所收商品與訂貨單上的要求是否相符，盤點商品數量並檢查商品質量。驗收後，驗收部門對已收貨物的每張訂貨單填制一式多聯、預先連續編號的驗收單，作為收貨和驗收的依據。驗收完畢後，應立即將貨物送交倉庫或其他請購部門，並將驗收單副聯分送採購部門、存儲部門和應付憑單部門。

驗收單是支持資產或費用，以及與採購有關的負債的「存在或發生」認定的重要憑證。定期獨立檢查驗收單的順序以確定每筆採購交易都已編制憑單，這與採購交易的「完整性」認定有關。

4. 儲存已驗收的商品

貨物送到倉庫後，需要由存儲部門首先進行點驗和簽收，並通知會計部門記錄入

庫的貨物數量。將已驗收貨物的保管與採購職責相分離，以便減少未經授權的採購和盜用貨物的風險。存放貨物的倉儲區應相對獨立，限制無關人員接近。這些控制與貨物的「存在」認定有關。

5. 編制付款憑單

應付憑單部門在編制付款憑單前應確定訂購單、驗收單和供應商發票的內容的一致性。由被授權人員在憑單上簽字，以示批准照此憑單要求付款。經適當批准和有預先編號的憑單為記錄採購交易提供了依據。這些控制與「存在」「發生」「完整性」「權利和義務」和「計價和分攤」等認定有關。

6. 支付帳款

企業在準備付款前，應核對付款條件，並檢查資金是否充足。企業有多種款項結算方式。以支票結算方式為例，編制和簽署支票的有關控制包括：獨立檢查已簽發支票的總額與所處理的付款憑單的總額是否一致；由被授權的財務部門的人員負責簽署支票，確定每張支票都附有一張已經適當批准的未付款憑單，並確定支票收款人姓名和金額與憑單一致；支票一經簽署就應在其憑單和支持性憑證上用加蓋印戳或打洞等方式將其註銷，以免重複付款。支票簽署人不應簽發無記名甚至空白的支票；支票應預先連續編號，保證支出支票存根的完整性和作廢支票處理的恰當性；只有被授權的人員才能接近未經使用的空白支票。

7. 記錄現金、銀行存款支出

會計部門應根據已簽發的支票（以支票結算方式為例）編制付款記帳憑證，並據以登記銀行存款日記帳及其他相關帳簿。會計主管應獨立檢查記入銀行存款日記帳和應付帳款明細帳的金額的一致性，以及與支票匯總記錄的一致性。通過定期比較銀行存款日記帳記錄的日期與支票副本的日期，獨立檢查入帳的及時性並編制銀行存款餘額調節。

8. 確認與記錄負債

正確確認已驗收貨物和已接受勞務的債務，要求準確、及時地記錄負債。該記錄對企業財務報表反應企業實際現金支出有重大影響。在收到供應商發票時，應付帳款部門應將發票上記載的品名、規格、價格、數量、條件及運費與訂貨單、驗收單上的有關資料核對。應付帳款確認與記錄的一項重要控制是要求記錄現金支出的人員不得經手現金、有價證券和其他資產。審計人員應核對所記錄的憑單總數與應付憑單部門送來的每日憑單匯總表是否一致，並定期獨立檢查應付帳款總帳餘額與應付憑單部門未付款憑單檔案中的總金額是否一致。

二、採購與付款業務循環的主要憑證和會計記錄

同銷售與收款循環一樣，在內部控制比較健全的企業，採購與付款交易通常要經過請購—訂貨—驗收—付款這樣的程序，處理採購與付款交易通常也需要使用很多憑證與會計記錄。典型的採購與付款循環所涉及的主要憑證與會計記錄有以下幾種。

1. 請購單

請購單（Purchase Requisition）是由產品製造、資產使用等部門的有關人員填寫，

項目十一　採購與付款循環的審計

送交採購部門，申請購買商品、勞務或其他資產的書面憑證。

2. 訂貨單

訂貨單（Purchase Order）是由企業採購部門填寫，向另一個企業購買訂單上所指定的商品、勞務或其他資產的書面憑證。

3. 驗收單

驗收單（Receiving Report）或稱驗收報告，是企業收到商品、資產時所編制的，列示從供應商處收到的商品、資產的名稱、種類、數量及其他資料等內容的憑證。

4. 賣方發票

賣方發票（Purchase Invoice）是供應商開具的，交給買方以載明發運的貨物或提供的勞務的種類、數量、應付款金額和付款條件等事項的憑證。

5. 付款憑單

付款憑單（Payment Voucher）是採購方的應付憑單。它是由部門編制的，載明已收到商品、資產或接受勞務的廠商、應付款金額與付款日期的憑證，是採購方內部記錄和支付負債的授權證明文件。

6. 轉帳憑證

轉帳憑證是指記錄轉帳交易的記帳憑證。它是根據有關轉帳業務（即不涉及庫存現金、銀行存款收付的各項業務）的原始憑證編制的。

7. 付款憑證

付款憑證包括現金付款憑證和銀行存款付款憑證，是指用來記錄庫存現金和銀行存款支出業務的記帳憑證。

8. 應付帳款明細帳和總帳

應付帳款是企業因購買材料、商品與接受勞務供應等而應付給供應單位的款項。企業必須以審核無誤的供貨商的發票、付款憑單等憑證為依據分別設置應付帳款的總帳和明細帳來記錄應付帳款，並在月末進行總帳和明細帳餘額核對。

9. 庫存現金日記帳、銀行存款日記帳及總帳

現金日記帳與銀行存款日記帳由出納人員按照業務的發生順序逐筆登記，每日終了應結出餘額；現金和銀行存款總帳上由會計登記的。期末，將日記帳與總帳核對並做到帳帳相符。

10. 供應商對帳單

供應商對帳單是由供應商按月編制的，標明期初餘額、本期購買、本期支付給賣方的款項和期末餘額的憑證。供應商對帳單是供應商對有關業務的陳述。如果不考慮買賣雙方在收發貨物上可能存在的時間差等因素，其期末餘額通常應與採購方相應的應付帳款期末餘額一致。

知識拓展

不同行業類型的採購和費用如表11-2所示。

表11-2 不同行業類型的採購和費用

行業類型	典型的採購和費用支出
貿易業	產品的選擇和購買、產品的存儲和運輸、廣告促銷費用、售後服務費用
一般製造業	生產過程所需的設備支出，原材料、易耗品、配件的購買與存儲支出，市場經濟費用，把產成品運達顧客或零售商發生的運輸費用，管理費用
專業服務業	律師、會計師、財務顧問的費用支出，印刷、通信、差旅費、電腦、車輛等辦公設備的購置和租賃，書籍資料和研究設施的費用
金融服務業	建立專業化和安全的計算機信息網路和用戶自動存取款設備的支出，給付儲戶的存款利息，支付其他銀行的資金拆借利息、手續費、現金存放、現金運送和網路銀行設施的安全維護費用，客戶關係維護費用
建築業	建材支出，建築設備和器材的租金或購置費用，支付給分包商的費用，保險支出和安保成本，建築保證金和通行許可審批方面的支出，交通費、通信費等，當在外地施工時還會發生的建築工人的住宿費用

任務二　採購與付款循環的內部控製與控製測試

一、採購交易的內部控製

（1）適當的職責分離。
①物資的採購人員不能同時負責物資的驗收保管。
②物資的採購人員、保管人員、使用人員不能同時負責會計記錄。
③採購人員應與審批付款人員相分離。
④審批付款人員應與執行付款人員相分離。
⑤記錄應付帳款的人員應與出納人員相分離。
（2）內部核查程序。
①採購與付款交易相關崗位及人員的設置情況。重點是否存在採購與付款交易不相容職務混崗的現象。
②採購與付款交易授權批准制度的執行情況。重點是大宗採購與付款交易的授權批准手續是否健全，是否存在越權審批的行為。

項目十一　採購與付款循環的審計

③應付帳款和預付帳款的管理。重點是應付帳款和預付帳款支付的正確性、時效性和合法性。

④有關單據、憑證和文件的使用和保管情況。重點是憑證的登記、領用、傳遞、保管、註銷手續是否健全、使用和保管制度是否存在漏洞。

（3）所記錄的採購都確已收到商品或接受勞務。

（4）已發生的採購交易都已記錄。

（5）所記錄的採購交易估價正確。

二、付款交易的內部控製

（1）按有關貨幣資金內部會計控製的規定辦理採購付款交易。

（2）財會部門在辦理付款交易時，應當對採購發票、結算憑證、驗收證明等相關憑證的真實性、完整性、合法性及合規性進行嚴格審核。

（3）應當加強應付帳款和應付票據的管理，由專人按照約定的付款日期、折扣條件等管理應付款項。已到期的應付款項需經有關授權人員審批後方可辦理結算與支付。

（4）應當建立預付帳款和定金的授權批准制度，加強預收帳款和定金的管理。

（5）應當建立退貨管理制度，對退貨條件、退貨手續、貨物出庫、退貨貨款回收等做出明確規定，及時收回退貨款。

（6）應當定期與供應商核對應付帳款、應付票據、預付款項等往來款項。如有不符，應查明原因，及時處理。

三、評估重大錯報風險

在實施控製測試和實質性程序之前，註冊會計師需要瞭解被審計單位與採購與付款交易相關的內部控製的設計、執行情況，評估認定層次和財務報表重大錯報風險，並對被審計單位特殊的交易活動和可能影響財務報表真實反應的事項保持職業懷疑態度。影響採購與付款交易的重大錯報風險可能包括以下幾個方面：

（1）管理層錯報費用支出的偏好和動因。被審計單位管理層可能為了完成預算，滿足業績考核要求，保證從銀行獲得額外的資金，吸引潛在投資者，影響股東，影響公司股價，或通過把私人費用計入公司實現個人盈利而錯報支出。常見的方法可能有以下幾種：

①把通常應當及時計入損益的費用資本化，然後通過資產的逐步攤銷予以消化。這對增加當年的利潤和留存收益都將產生影響。

②平滑利潤。通過多計準備或少計負債和準備，把損益控製在被審計單位管理層預期的範圍之內。

③利用特別目的實體把負債從資產負債表中剝離出來，或利用關聯方之間的費用定價優勢製造虛假的收益增長趨勢。

④通過複雜的稅務安排推延或隱瞞所得稅和增值稅。

⑤被審計單位管理層把私人費用計入企業費用，把企業資金當作私人資金運作。

（2）費用支出的複雜性。

（3）管理層凌駕於控製之上和員工舞弊的風險。

（4）採用不正確的費用支出截止期。將本期採購並收到的商品計入下一會計期間

或者將下一會計期間採購的商品提前計入本期。

（5）低估應付帳款。在承受反應較高盈利水平和營運資本的壓力下，被審計單位管理層可能試圖低估應付帳款和準備，包括對存貨和應收帳款減值，以及對已售商品提供的擔保應計提的準備。

（6）不正確地記錄外幣交易。當被審計單位進口用於出售的商品時，可能由採用不恰當的外幣匯率導致該項採購的記錄出現差錯。

（7）舞弊和盜竊的固有風險。如果被審計單位經營大型零售業務，由於所採購商品和固定資產的數量及支付的款項龐大，交易複雜，容易造成商品發運錯誤，員工和客戶發生舞弊和盜竊的風險較高。如果那些負責付款的會計人員有權接觸應付帳款主文檔，並能夠通過在應付帳款主文檔中擅自添加新的帳戶來虛構採購交易，那風險也會增加。

（8）延遲向供應商付款。這可能導致不能申請原本可以享受的購貨折扣，或者即使提出申請也不被接受，增加了不必要的開支。

（9）存貨的採購成本沒有按照適當的計量屬性確認，結果可能導致存貨成本和銷售成本的核算不正確。

（10）存在未記錄的權利和義務。這可能導致資產負債表分類錯誤，以及財務報表附註不正確或披露不充分。

總之，當被審計單位管理層具有高估利潤的動機時，註冊會計師應當主要關注費用支出和應付帳款的低估。重大錯報風險集中體現在遺漏交易，採用不正確的費用支出截止期，以及錯誤劃分資本性支出和費用性支出方面。這些將對完整性、截止、發生、存在、準確性和分類認定產生影響。註冊會計師需要充分瞭解被審計單位對採購與付款交易的控制活動，可以通過審閱以前年度審計工作底稿、觀察內部控制執行情況、詢問管理層和員工、檢查相關的文件和資料等方法加以瞭解。在此基礎上設計並實施進一步審計程序，才能有效應對重大錯報風險。

四、控製測試

1. 檢查購貨與付款業務的業務憑證

從採購部門的業務檔案中抽取訂貨單樣本，索取其購貨與付款業務的各種憑證與記錄，沿著採購業務的正常程序加以追蹤，進行如下檢查：

（1）檢查每一筆採購業務是否均有請購單、訂購單、購貨發票和驗收單，核對請購單、訂購單、購貨發票和驗收單是否一致。

（2）檢查對請購單、訂購單、驗收單的編制和購貨發票的核對及付款是否進行適當的職責分工。

（3）檢查每一筆採購業務的請購單、訂購單及付款是否經過適當授權審批。

（4）核對請購單與訂購單是否一致，請購單和訂購單是否連續編號。

（5）核對採購合同上確定的價格、付款日期與財會部門核准的支付條件是否一致。

（6）檢查合同是否經過有關部門審查，核對購貨發票上所購物品的數量、規格、品種與合同是否一致。

2. 檢查購貨與付款業務的帳務處理

從請購單、訂購單、購貨發票和驗收單等原始憑證追查至應付帳款明細帳與總帳，

存貨明細帳與總帳、庫存現金日記帳、銀行存款日記帳等，以確定被審計單位編制的記帳憑證是否正確，過帳是否及時和正確。

3. 實地觀察或詢問物資的保管情況

註冊會計師通過詢問倉庫管理人員的職責、實地觀察存貨的保管情況，以確定存貨是否存放在安全的地點並由專門人員保管，並限制未經過批准的人接觸。

4. 檢查帳簿的核對

註冊會計師主要檢查被審計單位是否定期核對與購貨與付款業務相關的明細帳和總帳，是否定期與供貨商核對有關記錄。

任務三 採購與付款業務循環的控製測試

只有健全的內部控製程序和內部控製目標，才能正確處理採購交易和應付帳款，保證各種有關記錄的真實可靠。審計人員應通過對內部控製的瞭解，來確定採購過程的各項業務存在哪些關鍵的內部控製及控製目標，並對每一控製目標的控製風險做出初步評估，以便決定對哪些控製制訂實施控製測試的計劃。

一、採購與付款業務循環的內部控製

1. 職責分工控製

企業應當建立採購與付款交易的崗位責任制，明確相關部門和崗位的職責、權限，確保辦理採購與付款交易的不相容崗位相互分離、制約和監督。應當分離的職務主要有：物資的採購人員不能同時負責物資的驗收與保管，物資的採購人員、保管人員、使用人員不能同時負責會計記錄，採購人員應與審批付款人員相分離，審批付款人員應與執行付款人員相分離，記錄應付帳款的人員應與出納人員相分離。

2. 請購控製

請購控製包含以下內容：請購商品或勞務時應填寫請購單，請購單的內容必須完整；請購單應根據生產需要和其他需要由倉庫管理部門或其他部門根據授權填寫；請購單必須經有關主管人員審批，審批後的請購單送交採購部門。

3. 訂購控製

訂購控製包含以下內容：訂購單內容必須正確、完整；訂購單應預先連續編號，以確保日後能被完整地保存，會計人員能對所有訂貨單進行處理；在訂購單發出前，必須由專人檢查訂購單是否得到授權人的簽字，以及是否有經請購部門主管批准的請購單作為支持憑證，以確保訂購單的有效性；由專人復查訂購單的編制過程和內容；訂購單應一式多份，不同職能部門及供應商均應保存。

4. 驗收控製

貨物的驗收應由獨立於請購、採購和會計部門外的部門及人員來承擔，驗收部門

及人員的主要責任是檢驗收到貨物的數量和質量。驗收人員應通過計數、過磅或測量等方法來證明收到的貨物與貨運單或訂購單上所列的數量是否一致；驗收人員應檢驗有無因運輸造成的損壞，並在可能的範圍內對貨物的質量進行檢驗；驗收人員驗收完畢之後，必須填制驗收單或寫驗收報告，並簽字。

5. 記錄應付帳款控製

應付帳款的記錄必須由獨立於請購、採購、驗收、付款的人員來進行；應付帳款的入帳必須以審核無誤的供貨商的發票、付款憑單等憑證為依據；企業必須分別設置應付帳款的總帳和明細帳來記錄應付帳款，並在月末進行總帳和明細帳餘額核對，以檢查記帳過程中的差錯。

6. 支付貨款控製

獨立檢查已簽發支票的總額與所處理的那批付款憑單的總額是否一致；支票應當由被授權的財務部門的人員負責簽署；被授權簽發支票的人員應確定每張支票都附有一張已經審批的未付款憑單，同時還應確定支票收款人姓名和金額與憑單一致；支票一經簽署就應在其憑單和支持性憑證上用加蓋印戳或打洞等方式將其註銷，以免重複付款；不應簽發無記名或空白的支票；支票應預先連續編號，保證支出支票存根的完整性和作廢支票處理的恰當性；應確保只有被授權人員才能接近未使用的空白支票。

7. 對帳控製

每月月末，應由獨立於應付帳款明細帳記錄的人員將來自供應商的對帳單與應付帳款明細帳核對。企業還應定期取得銀行對帳單並與銀行存款餘額進行核對。

審計人員必須瞭解被審計單位採購交易的內部控製，並確定其存在哪些關鍵的內部控製及控製目標。一旦確認了每一目標的有效控製和薄弱環節，就要對每一目標的控製風險做出初步評估，並決定對哪些控製制定實施控製測試的計劃。而與這些目標有關的、旨在發現金額錯誤的實質性程序，應由控製風險的初步評估和計劃實施的控製測試加以確定。

二、採購與付款循環的內部控製測試

採購與付款循環的內部控製測試包括採購交易測試和付款交易測試兩個部分。購貨是存貨流動的起點，是影響存貨增加和現金支付的重要環節。購貨記錄是整個存貨記錄是否適當的基礎。因此，採購交易測試是採購與付款循環審計及存貨審計的重要內容，往往採用屬性抽樣審計方法。在測試採購與付款循環中的大多數屬性時，通常選擇相對較低的可容忍誤差。

1. 採購交易的控製測試

（1）從採購部門的業務檔案中抽取購貨合同或訂貨單，查明是否附有請購單或其他授權批准文件。

（2）檢查訂貨單、驗收單、賣方發票和貨物入庫單，檢查其在貨物的名稱、型號規格、數量、價格等方面是否一致。

（3）檢查與採購交易相關的記帳憑證及有關明細帳分錄的登記、加總和過入總帳是否正確。

也可結合對應付帳款項目的審計來測試採購業務，其控製測試內容如下：

項目十一　採購與付款循環的審計

（1）從應付帳款明細表中選取一定數量的樣本，逐一審查其明細帳分錄的登記、加總與過入總帳是否正確，以證實應付帳款會計記錄的內部控製是否有效。

（2）檢查所選樣本明細帳戶各筆過帳所附的原始憑證，如請購單、訂貨單、驗收單、賣方發票和已付支票等。註冊會計師既要審查這些原始憑證是否完整、正確，內容是否一致，是否經過授權批准，又要核對有關原始憑證所載數量、金額是否同相關明細帳戶相一致。

根據開展上述控製測試時所取得的證據，註冊會計師應該對採購交易內部控製的有效性進行分析，並在此基礎上評價內部控製的可信賴程度和控製風險，從而確定實質性程序的範圍。

2. 付款交易的控製測試

在內部控製健全的企業，與採購相關的付款交易同樣有其內部控製目標和內部控製。審計人員應針對每個具體的內部控製目標確定關鍵的內部控製，並對此實施相應的控製測試。付款交易中的控製測試的性質取決於內部控製的性質，而付款交易的實質性程序的實施範圍，在一定程度上取決於關鍵控製是否存在以及控製測試的結果。由於採購和付款交易同屬一個交易循環，聯繫緊密，因此，付款交易的一部分測試可與測試採購交易一併實施，但另一些付款交易測試仍需單獨實施。

【例 11-1】審計人員於 2011 年 12 月 12—15 日對海華公司購貨與付款循環的內部控製進行瞭解和測試，並在相關審計工作底稿中記錄了瞭解和測試的事項，摘錄如下：

（1）海華公司的材料採購經授權批准後方可進行。採購部根據經批准的請購單發出訂購單。貨物運達後，驗收部根據訂購單的要求驗收貨物，並編制一式多聯的、未連續編號的驗收單。倉庫根據驗收單驗收貨物。在驗收單上簽字後，將貨物移入倉庫加以保管。驗收單上有數量、品名、單價等要素。驗收單一聯交採購部登記採購明細帳和編制付款憑單。付款憑單經批准後，月末交會計部。其中，一聯交會計部登記材料明細帳；一聯由倉庫保留並登記材料明細帳。會計部只根據附驗收單的付款憑單登記有關帳簿。

（2）會計部審核付款憑單後，支付採購款項。海華公司授權會計部的經理簽署支票，經理將其授權給會計人員甲負責，但保留了支票印章。甲根據已適當批准的憑單，在確定支票收款人名稱與憑單一致後簽署支票，並在憑單上加蓋「已支付」的印章。對付款控製程序的測試表明，審計人員未發現與公司規定有不一致之處。

要求：根據上述摘錄，請代審計人員指出購貨與付款循環內部控製方面的缺陷，並提出改進建議。

【解答】海華公司採購與付款循環內部控製方面的缺陷有：

（1）驗收單未連續編號，不能保證所有採購部已記錄或不被重複記錄。應建議海華公司對驗收單進行連續編號。

（2）付款憑單未附訂購單及供應商的發票等，會計部無法核對採購事項是否真實，登記有關帳簿時金額或數量可能就會出現差錯。應建議海華公司將訂購單和發票等與付款憑單一起交會計部。

（3）會計部門月末審核付款憑單後才付款，未能及時將材料採購和債務登帳並按約定時間付款。應建議該公司採購部及時將付款憑單交會計部，按約定時間付款。

審 計 學

項目小結

本項目主要闡述了採購與付款循環的主要業務活動、所涉及的主要憑證和會計記錄、相應的內部控制及其測試,以及該循環主要報表項目的實質性程序。

採購與付款循環的內部控制主要包括適當的職責分離,嚴密的購貨控制、驗收控制和嚴格的付款授權審批控制。

控制測試要點包括抽查若干有關業務的重要原始憑證或進行實地觀察,查看是否嚴格按內部控製程序運作,並與有關的記帳憑單相核對,評估採購與付款循環的內部控制是否存在重大錯報風險。

對於與本循環相關的應付帳款、應付票據、固定資產及其累計折舊、固定資產減值準備、無形資產等項目,有針對性地確定審計目標,採用檢查、詢問、函證、重新計算、重新執行和分析程序等方法,相應實施實質性程序,驗證其記錄是否真實、完整,金額是否正確,每一項目在報表上是否恰當列報。

練習題

一、單項選擇題

ABC 會計師事務所 A 註冊會計師負責審計甲上市公司 2013 年財務報表。

1. 在設計的下列審計程序中,A 註冊會計師不能通過實施這些審計程序獲取審計證據從而證實採購交易記錄的完整性認定存在錯報的是(   )。
   A. 從連續編號的訂購單追查至相應的驗收單和應付帳款明細帳
   B. 從連續編號的驗收單追查至供應商發票和應付帳款明細帳
   C. 以應付帳款明細帳為起點追查至相應的供應商發票、驗收單和訂購單
   D. 從供應商發票追查至驗收單和應付帳款明細帳

2. 在設計應對甲公司 2013 年應付帳款錯報風險的以下審計程序中,最有可能獲取審計證據以證明已記錄的應付帳款存在認定不存在錯報的是(   )。
   A. 以應付帳款明細帳為起點,追查至採購相關的原始憑證,如採購交易訂購單、供應商發票和驗收單等
   B. 檢查採購訂單文件以確定是否預先連續編號
   C. 從採購交易訂購單、供應商發票和驗收單等原始憑證,追查至應付帳款明細帳
   D. 向採購供應商函證零餘額的應付帳款

3. 在對甲公司採購交易設計進一步審計程序時,擬從甲公司 2013 年 12 月 31 日的驗收單追查至相應的供應商發票、訂購單,同時再追查至應付帳款明細帳,A 註冊會計師設計的該審計路徑主要是為了獲取審計證據以證明應付帳款的(   )認定不存在錯報。
   A. 存在   B. 完整性
   C. 計價和分攤   D. 準確性

項目十一　採購與付款循環的審計

4. 在擬定的下列審計程序中，與查找未入帳應付帳款最不相關的是(　　)。
   A. 檢查財務報表日後現金支出的主要憑證
   B. 檢查財務報表日後未付購貨款項的主要原始憑證，包括供應商發票和驗收單等
   C. 追查財務報表日前簽發的驗收單、相關的供應商發票
   D. 以截至 2013 年 12 月 31 日的應付帳款明細帳為起點選取異常項目追查至相關驗收單、供應商發票以及訂購單等原始憑證

5. 在擬定的下列審計程序中，A 註冊會計師最有可能獲取審計證據從而證明甲公司 2013 年財務報表存在未入帳負債的是(　　)。
   A. 審查財務報表日後貨幣資金支出情況
   B. 審查批准採購價格和折扣標記
   C. 審查應付帳款、應付票據的函證回函
   D. 審查供應商發票與債權人名單

二、多項選擇題

1. 在採購與付款循環的審計中，對於(　　)，企業通常要求做特別授權，只允許指定人員提出請購。
   A. 行政管理部門採購辦公用品　　B. 資本支出
   C. 租賃合同　　　　　　　　　　D. 倉庫採購材料

2. 記錄採購交易之前，應付憑單部門應編制付款憑單，這項功能的控制包括(　　)。
   A. 確定供應商發票的內容與相關的驗收單、訂購單的一致性和供應商發票計算的正確性
   B. 編制有預先順序編號的付款憑單，並附上支持性憑證，同時獨立檢查付款憑單的正確性
   C. 在付款憑單上填入應借記的資產或費用帳戶名稱
   D. 由被授權人員在憑單上簽字，以示批准照此憑單要求付款

3. 在手工系統下，會計部門應根據已簽發的支票編制付款記帳憑證，並據以登記銀行存款日記帳及其他相關帳簿，其相關的控制包括(　　)。
   A. 會計主管應獨立檢查計入銀行存款日記帳和應付帳款明細帳的金額的一致性，以及與支票匯總記錄的一致性
   B. 通過定期比較銀行存款日記帳記錄的日期與支票副本的日期，獨立檢查入帳的及時性
   C. 獨立編制銀行存款餘額調節表
   D. 支票簽署人不應簽發無記名或空白的支票

4. 註冊會計師實施的下列審計程序中，能證實採購交易記錄的存在認定的有(　　)。
   A. 復核採購明細帳、總帳及應付帳款明細帳，注意是否有大額或不正常的金額
   B. 檢查賣方發票、驗收單、訂購單和請購單的合理性和真實性
   C. 追查存貨的採購至存貨永續盤存記錄
   D. 檢查取得的固定資產

5. 註冊會計師實施實地檢查固定資產程序時，可以以( )為起點。
   A. 固定資產明細分類帳　　　　　　B. 固定資產總帳
   C. 實地　　　　　　　　　　　　　D. 累計折舊明細帳

三、簡答題

甲公司是 ABC 會計師事務所的常年審計客戶，主要從事日用消費品的生產和銷售。A 註冊會計師負責審計甲公司 2013 年度財務報表。2013 年度甲公司財務報表整體重要性為稅前利潤的 5%，即 500 萬元。

資料一：A 註冊會計師在審計工作底稿中記錄了所瞭解的甲公司情況及其環境，以下為部分內容摘錄。

（1）2013 年度，甲公司主要原材料價格有所上漲。為穩定採購價格，甲公司適當增加部分新供應商，供應商數量由 2011 年年末的 40 家增加到 2013 年年末的 45 家。經審核批准後，所有新增供應商的信息被輸入採購系統的供應商信息主文檔。以前年度審計中，在進行與供應商數據維護相關的控制測試時未發現控制缺陷。

（2）2013 年 3 月，甲公司向乙公司採購合同總價為 1,000 萬元的原材料，原材料已入庫。雙方因原材料質量問題產生爭議，甲公司未記錄該筆採購交易。2013 年 11 月，乙公司根據合同約定提出仲裁申請，要求甲公司全額支付貨款並賠償利息。截至 2013 年 12 月 31 日，該案件仍處於聽證過程中。

（3）2012 年 12 月 31 日，甲公司採購的金額為 800 萬元的原材料已入庫，但因未收到供應商發票，未確認應付帳款。A 註冊會計師在審計甲公司 2012 年度財務報表時，提出了相應的審計調整建議，甲公司予以採納。

（4）甲公司自 2013 年 1 月 1 日起推行新的付款預算管理制度，規定各部門必須在每月 20 日之前提交下月付款預算，超出預算的付款申請必須由部門經理、財務總監和總經理批准。

資料二：A 註冊會計師在工作底稿中記錄了所獲取的甲公司的財務數據，部分內容摘錄見表 11-3。

表 11-3　甲公司的財務數據（部分內容）

單位：萬元

項目	2011 年未審數	2010 年已審數
應付帳款		
——發票已收	5,000	4,500
——發票未收	200	800

資料三：A 註冊會計師在工作底稿中記錄了擬實施的控制測試和實質性程序，以下為部分內容。

（1）對於 2013 年度新增的供應商，檢查相關的審核批准手續是否按規定執行。

（2）從 2013 年度應付帳款——發票已收明細帳貸方發生額中選取 60 筆採購交易，測試三單核對（訂購單、入庫驗收單和供應商發票）控制的運行是否有效，並檢查訂購單是否得到適當的批准。

（3）獲取 2013 年 12 月 31 日應付帳款——發票未收帳戶明細清單，與相關訂購單

項目十一 採購與付款循環的審計

和入庫驗收單進行核對。

（4）獲取 2013 年 12 月和 2012 年 1 月的原材料入庫記錄，抽樣檢查相關的應付帳款是否計入正確的期間。

（5）向甲公司的外部法律顧問發出法律意見詢證函，詢問訴訟、索賠及評估情況。

要求：

（1）針對資料一第（1）至（4）項，結合資料二，假定不考慮其他條件，逐項指出資料一所列事項是否可能表明存在重大錯報風險。如果認為存在重大錯報風險，簡要說明理由，並說明該風險主要與哪些財務報表項目（僅限於存貨、應付帳款、預付款項、其他應收款、預提費用、營業成本和銷售費用）的哪些認定相關。

（2）針對資料三第（1）至（5）項，假定不考慮其他條件，逐項指出審計程序與根據資料一（結合資料二）識別的重大錯報風險是否直接相關。如果直接相關，指出對應的是哪一項重大錯報風險；如果不直接相關，指出該審計程序與哪個財務報表項目的哪一項認定最相關。

四、綜合題

ABC 會計師事務所首次接受委託，負責審計 X 股份有限公司 2013 年的財務報表，以下為 X 公司 2013 年度發生的相關交易和事項及其會計處理。

（1）X 公司 2013 年 12 月 31 日應付帳款帳戶餘額為貸方餘額 1,000 萬元，其明細組成如下：

應付帳款——a 公司	500
應付帳款——b 公司	400
應付帳款——c 公司	－100
應付帳款——d 公司	200
合計	1000

（2）X 公司採用完工百分比法確認合同收入和合同費用，按累計發生的合同成本佔合同預計總成本的比例確定合同完工進度。2013 年 1 月，X 公司作為承包商與 Y 公司簽訂了一項造價為 500 萬元的固定造價合同，預計總成本是 360 萬元，2013 年實際發生成本為 200 萬元，2013 年年底預計為完成該合同尚需在來年支付成本 200 萬元，合同結果能夠可靠估計，但是 X 公司並未確認與該合同相關的主營業務收入和主營業務成本。

（3）X 公司會計政策規定，採用平均年限法計提固定資產折舊，每年年度終了對固定資產進行逐項檢查，考慮是否計提固定資產減值準備。X 公司的辦公大樓於 2012 年 1 月啟用，原價值為 5,500 萬元，預計使用年限為 20 年，預計淨殘值為 500 萬元。2013 年 7 月 1 日至 2013 年年底，X 公司對該項固定資產進行了更新改造，X 公司因此未計提更新改造期間的折舊。

（4）X 公司在建工程項目中有房屋建築物（倉庫）1,000 萬元，本年 6 月已完工交付使用，但 X 公司未結轉固定資產（該公司房屋建築物的殘值率 5%，使用年限 20 年）。

（5）2009 年 1 月 1 日，X 公司以銀行存款 6,000 萬元購入一項無形資產。2009 年和 2010 年年末，X 公司預計該項無形資產的可收回金額分別為 4,500 萬元和 4,200 萬元。該項無形資產的預計使用年限為 10 年，按月採用直線法攤銷。X 公司於每年年末

對無形資產計提減值準備；計提減值準備後，原預計使用年限不變。X公司2013年未攤銷該無形資產。

要求：針對上述交易事項（1）~（5），請分別回答註冊會計師是否應該提出審計處理建議？若建議應當做出審計調整的，請直接列示全部相應的審計調整分錄（包括重分類調整分錄）。

項目十二 生產與存貨循環的審計

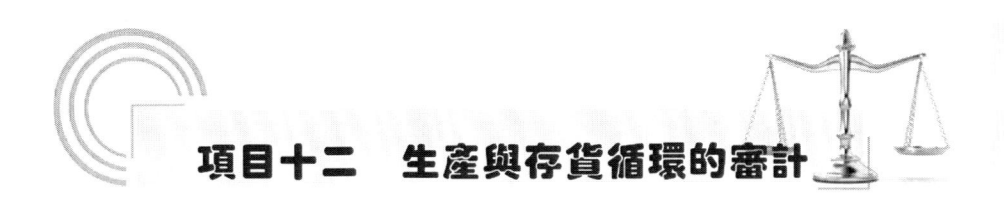

學習目標

1. 瞭解生產與存貨循環涉及的主要業務活動；
2. 掌握生產與存貨循環的控制程序；
3. 掌握存貨審計的實質性程序；
4. 掌握生產成本審計及營業成本審計的實質性程序；
5. 掌握其他相關帳戶的實質性程序。

任務一 生產與存貨循環概述

一、生產與存貨循環的構成內容

生產與存貨循環涉及的主要業務活動包括計劃和安排生產、發出原材料、生產產品、存儲產品成本、發出產成品等。

1. 計劃和安排生產

由生產部門根據顧客訂單或者對銷售預測和生產需求的分析來決定生產授權，簽發預先編號的生產通知單。此外，生產部門還需要編制詳細的材料需求報告，進行工時預測和成本預測，編寫生產進度計劃表。

2. 發出原材料

生產部門根據生產的需要填寫生產領料單，向倉庫部門領取原材料。倉庫部門根據領料單發出材料。通常，領料部門、倉庫部門、會計部門各持一聯領料單。

3. 生產產品

生產部在領到材料後，投入必要的人力、物力、組織生產；在完成生產任務後，將產品交檢驗員驗收並辦理入庫手續或將半成品移交給下個部門進一步加工生產。

4. 存儲產品成本

產成品入庫，由倉庫部門點驗和檢查，簽收產品入庫單。簽收後，將實際入庫數

量通知會計部門，這樣各部門分清責任。

5. 發出產成品

裝運產成品時必須持有經有關部門批准的發運通知單。

二、生產與存貨循環的會計記錄

企業應當設置相應的總帳、明細帳及日記帳，以記錄生產和存貨循環的有關業務活動。企業應重視生產成本的核算，建立健全成本會計制度，將生產控製和成本核算有機結合。一方面，生產部門的通知單、領料單、入庫單等資料要匯集到會計部門，由會計部門進行檢查、監督和核對，瞭解和控製生產中的存貨流轉；另一方面，會計部門要對生產過程中的成本進行核算控製。加強生產成本的審計，對於維護財經法紀，提高成本管理水平，健全成本核算制度，促使企業挖掘內部潛力，節約勞動消耗，生產出適銷對路、物美價廉的產品等具有重要的意義。

知識拓展

不同行業類型的存貨性質區別如表12-1所示。

表12-1　不同行業類型的存貨性質區別

行業類型	存貨性質
汽車製造商和組裝商	汽車製造商購買汽車配件和車身部分作為原材料用於新汽車組裝，將組裝完的汽年銷售給零售分銷商。業務流程包括：第一，生產流程或裝配生產線的管理，包括嚴格、安全和高質量的標準，還包括將已完工產品轉換成可出售的產成品；第二，庫存商品的管理，包括存儲、行銷和分銷至零售商
一般製造商	產品的生產可能有各種生產流程。大部分企業將採購原材料用於製造產成品。生產流程包括對生產製造的管理，包括對質量標準的維護、對產成品的管理以及分銷至零售商
餐館和快餐連鎖店	餐館和快餐店連鎖店購買新鮮的農產品先做成食品後提供給消費者。業務流程通常涉及存貨的管理。比如，多數具有較短保存期的存貨需要特別的儲藏設備，以及食物健康標準的管理。而品牌食物和飲料商品的銷售通常無需加工過程，比如罐頭、瓶裝飲料和酒等
批發和零售業	超市、高級百貨商店以及多數商家包括電腦分銷商，通常從廠商、批發商或其他零售商處採購商品，然後出售。其業務流程包括產品的選擇與購買、存貨管理、客戶服務、行銷和質量標準的服務

項目十二　生產與存貨循環的審計

表 12-1（續）

行業類型	存貨性質
建築承包商	該行業需要購買材料，如根據建築合同或者標書，在建築過程中需要使用的磚頭、沙土和水泥等。建築承包商需雇用有豐富經驗的建築師和工人，發生的直接人工成本和間接費用將計入在建工程成本。分包商根據與主承包商談妥的價格提供具體的建築材料和勞務，發生的費用由主承包商承擔並計入工程成本
廣告、金融服務和教育業	廣告代理商、專業服務機構、學校、公用事業單位，銀行和保險公司等金融機構等可能只有消耗品存貨，如僅有文具、教學器材以及行政用的計算機設備等用於特殊經營目的的存貨
醫藥服務行業	醫生、藥師和醫院應當提供滿足病人需求的必需品，如等醫療設施，包括病床、膳食設備以及供應給病人的食品

任務二　生產與存貨循環的內部控製與控製測試

一、生產與存貨循環的內部控製

生產與存貨循環的內部控製主要包括存貨內部控製、成本會計制度內部控製。生產和存貨循環與其他業務循環的內在聯繫非常密切，相關的內部控製制度聯繫也較密切。特別是與存貨相關的內部控製涉及被審計單位供、產、銷各個環節，包括採購、驗收、倉儲、領用、加工、裝運出庫等方面，還包括存貨數量的盤存制度。

為了預防、檢查和糾正生產與存貨業務中的錯弊，健全的內部控製主要由以下控製環節組成：

1. 職責分工

完整的生產與存貨循環的主要職責有採購與付款、採購與驗收、儲存保管存貨、制訂審批生產計劃、領用材料生產產品、分配歸集產品的成本費用、檢驗和儲存產成品、盤點存貨、會計記錄等。這些職責應當有明確的分工：採購與付款、驗收、保管部門應相互獨立，防止購入不合格材料；存儲部門與生產或使用部門應相互獨立，防止多領材料或存貨被盜；生產計劃的制訂與審批應相互獨立，防止生產計劃不合理；產成品生產與檢驗應相互獨立，防止不合格產品入庫和出售；存貨的保管與會計記錄應相互獨立，防止篡改會計記錄、財產流失；存貨盤點由獨立於保管人員之外的其他部門人員定期進行，保證盤點的真實性。

2. 信息傳遞程序控製

管理當局通過授權審批、成本控製、永續盤存制等信息傳遞程序實施嚴格控製。

其主要包括三個方面的內容：

(1) 授權審批。即企業生產與存貨管理業務都必須經過授權，各項業務要經過嚴格的批准手續方可辦理。

(2) 成本控製。即生產與存貨價值流轉控製主要由財會部門來執行，為了正確核算和有效控製生產與存貨成本，必須建立健全生產與存貨成本會計制度，將生產控製與成本控製有機結合起來。

(3) 永續盤存制，即設置存貨明細帳對存貨收、發、存進行及時反應，根據有關會計憑證逐日、逐筆登記各種存貨的收、發、存數量和金額，隨時反應結存數量和金額，設置存貨總分類帳，並將明細帳置於總帳的控製之下，經常核對總帳與明細帳，核對存貨帳面結存數與實際庫存數，保證帳帳、帳實相符。永續盤存記錄由財會部門而不是倉儲部門負責，使管帳與管物兩個不相容職責分離。

3. 實物控製

生產與存貨循環過程中存貨種類繁多、收發頻繁，存貨實物控製貫穿於採購、驗收、存儲、發貨、生產和報廢等多個環節，因此加強實物控製非常重要。主要措施有限制非授權人員接近存貨，定期盤點、檢查存貨管理情況，保管與記錄嚴格分工。

二、生產與存貨循環的控製測試

(一) 以內部控製目標為起點的控製測試

(1) 註冊會計師應當通過控製測試獲取支持將被審計單位的控製風險評價為中或低的證據。如果能夠獲取這些證據，註冊會計師就可以接受較高的檢查風險，並在很大程度上可以通過實施實質性分析程序獲取進一步的審計證據，同時減少對生產與存貨交易和營業成本、存貨等相關項目的細節測試的依賴。

(2) 對於生產計劃這項主要業務活動，註冊會計師在實施控製測試時，應抽取生產通知單檢查其是否與月度生產計劃書一致。

(3) 對於發出材料這項業務活動，註冊會計師在實施控製測試時應當：①抽取出庫單及相關的領料單，檢查是否正確輸入並經適當層次復核；②抽取原材料盤點明細表並檢查是否經適當層次復核，有關差異是否得到處理。

(4) 對於生產產品和核算成本這兩項主要業務活動，註冊會計師在實施控製測試時應當：①抽取原材料領用憑證，檢查其是否與生產記錄日報表一致，是否經適當審核，如有差異是否及時處理；②抽取核對記錄，檢查差異是否得到處理；③抽取生產成本結轉憑證，檢查其與支持性文件是否一致並經適當復核。當然，必要時應當考慮利用計算機專家的工作。

(5) 對於儲存產成品和發出產成品這兩項主要業務活動，註冊會計師在實施控製測試時應當：①抽取產成品驗收單、產成品入庫單並檢查輸入信息是否準確；②抽取發運通知單、出庫單並檢查是否一致；③抽取發運單和相關銷售訂購單，檢查內容是否一致；④抽取銷售成本結轉憑證，檢查其與支持性文件是否一致並適當復核；⑤抽取產成品存貨盤點報告並檢查其是否經適當層次復核，有關差異是否得到處理。

(6) 成本會計制度的測試，包括直接材料成本測試、直接人工成本測試、製造費用測試和生產成本在當期完工產品與在產品之間分配的測試四項內容。

項目十二 生產與存貨循環的審計

①直接材料成本測試。對於採用定額單耗的企業，可選擇並獲取某一成本報告期若干種具有代表性的產品成本計算單，獲取樣本的生產指令或產量統計記錄及其直接材料單位消耗定額，根據材料明細帳或採購業務測試工作底稿中各種直接材料的單位實際成本，計算直接材料的總消耗量和總成本，與該樣本成本計算單中的直接材料成本核對。

②直接人工成本測試。對於採用計時工資制的企業，獲取樣本的實際工時統計記錄、職員分類表和職員工薪手冊（工資率）及人工費用分配匯總表。做如下檢查：核對成本計算單中直接人工成本與人工費用分配匯總表中該樣本的直接人工費用是否相符；核對樣本的實際工時統計記錄與人工費用分配匯總表中該樣本的實際工時是否相符；核對生產部門若干天的工時臺帳與實際工時統計記錄是否相符；當沒有實際工時統計記錄時，可根據職員分類表及職員工薪手冊中的工資率，計算並復核人工費用分配匯總表中該樣本的直接人工費用是否合理。

③製造費用測試。獲取樣本的製造費用分配匯總表、按項目分列的製造費用明細帳、與製造費用分配標準有關的統計報告及其相關原始記錄，並如下檢查：製造費用分配匯總表中，核對樣本分擔的製造費用與成本計算單中的製造費用是否相符；核對製造費用分配匯總表中的合計數與樣本所屬成本報告期的製造費用明細帳總計數是否相符；核對製造費用分配匯總表選擇的分配標準與相關的統計報告或原始記錄是否相符，計入成本計算單的數額是否正確，製造費用差異的計算與帳務處理是否正確，並注意標準製造費用在當年度內有何重大變更。

④生產成本在當期完工產品與在產品之間分配的測試。檢查成本計算單中在產品數量與生產統計報告或在產品盤存表中的數量是否一致；檢查在產品約當產量計算或其他分配標準是否合理；計算並復核樣本的總成本和單位成本，最終對當年採用的成本會計制度做出評價。

（二）以風險為起點的控製測試

在審計實務中，註冊會計師還可以以識別重大錯報風險為起點實施控製測試。註冊會計師通過控製測試，確定檢查風險水平及被審計單位內部控製制度的可信賴程度，進而決定實質性程序的審計策略。

三、評估重大錯報風險

除第十一章所述各種與存貨相關的重大錯報風險外，生產與存貨交易也有其自身的特點，製造類企業的重大錯報風險可能包括以下幾個方面：

（1）交易的數量和複雜性。數量龐大、業務複雜，增加了錯誤和舞弊的風險。

（2）成本基礎的複雜性。原材料和直接人工等直接費用的分配比較簡單，間接費用的分配就可能較為複雜，甚至同一行業中的不同企業也可能採用不同的認定和計量基礎。

（3）產品的多元化。可能需要專家驗證質量、狀況或價值。

（4）某些存貨項目的可變現淨值難以確定。例如價格受全球經濟供求關係影響的存貨，其可變現淨值難以確定。

（5）將存貨存放在很多地點。這會增加商品途中毀損或遺失的風險，或者導致存

貨在兩個地點被重複列示，也可能導致轉移定價的錯誤或舞弊發生。

（6）寄存的存貨。有時存貨雖然還存放在企業，但可能已經不歸企業所有。反之，企業的存貨也可能被寄存在其他企業。

任務三　生產與存貨循環的實質性程序

一、生產與存貨交易的實質性程序

生產與存貨交易的實質性程序可區分為實質性分析程序、生產與存貨交易和相關餘額的細節測試兩個方面。

（一）實質性分析程序

（1）確定營業收入、營業成本、毛利及存貨週轉和費用支出項目的期望值。

（2）通過將本期存貨餘額組成、存貨採購、生產水平與以前期間和預算進行比較，確定營業收入、營業成本和存貨可接受的重大差異額。

（3）比較存貨餘額與預期週轉率。

（4）計算實際數和預計數之間的差異，並同管理層使用的關鍵業績指標進行比較。

（5）通過詢問管理層和員工，調查實質性分析程序得出的重大差異額是否表明存在重大錯報風險，是否需要設計恰當的細節測試程序以識別和應對重大錯報風險。

（6）形成結論，即實質性分析程序是否能夠提供充分、適當的審計證據，或需要對交易和餘額實施細節測試以獲取進一步的審計證據。

（二）生產與存貨交易和相關餘額的細節測試

（1）交易的細節測試。①註冊會計師應從被審計生產與存貨業務流程層面的主要交易中選取一個樣本，檢查其支持性證據；②對期末前後發生的採購、銷售退回、銷售、產品存貨轉移等主要交易，實施截止測試；③確認本期末存貨收發記錄的最後一個順序號碼，並詳細檢查隨後的記錄，以檢測在本會計期間的存貨收發記錄中是否存在更大的順序號碼，或因存貨收發交易被漏記或錯計入下一會計期間而在本期遺漏的順序號碼。

（2）存貨餘額的細節測試。觀察被審計單位存貨的實地盤存；通過詢問確定現有存貨是否存在寄存情形，或者在被審計單位存貨盤點日是否被寄存在他處；獲取最終的存貨盤點表，並對存貨的完整性、存在和計量進行測試；檢查、計算、詢問和函證存貨價格；檢查存貨的抵押合同和寄存合同；檢查、計算、詢問和函證存貨的可變現淨值等。

二、存貨審計

通常，存貨的重大錯報對於流動資產、營運資本、總資產、銷售成本、毛利及淨

項目十二　生產與存貨循環的審計

利潤都會產生直接的影響。存貨的重大錯報對於利潤分配和所得稅，也具有間接影響。審計中許多複雜和重大的問題都與存貨有關。所以，註冊會計師應重視對存貨業務的審計。

(一) 存貨審計目標

存貨的審計目標一般包括以下幾個方面：
(1) 確定資產負債表中列報的存貨是否存在。
(2) 確定記錄的存貨是否為被審計單位所擁有或控製。
(3) 確定存貨的增減變動是否均已記錄。
(4) 確定存貨的品質狀況，存貨跌價準備的計提是否合理。
(5) 確定與存貨相關的計價方法是否恰當。
(6) 確定存貨的期末餘額是否正確。
(7) 確定存貨是否已在財務報表中做出恰當列報。

(二) 存貨監盤

1. 存貨監盤的含義和作用

《中國註冊會計師審計準則 1311 號——存貨監盤》規定，存貨監盤是指註冊會計師現場觀察被審計單位存貨的盤點，並對已盤點的存貨進行適當檢查。可見，存貨監盤有兩層含義，一是註冊會計師應親臨現場觀察被審計單位存貨的盤點；二是在此基礎上，註冊會計師應根據需要抽查已盤點的存貨。

存貨監盤主要針對的是存貨的存在認定、完整性認定及權利和義務的認定，註冊會計師監盤存貨的目的在於獲取有關存貨數量和狀況的審計證據，以確證被審計單位記錄的所有存貨確實存在，已經反應了被審計單位擁有的全部存貨屬於被審計單位的合法財產。存貨監盤作為存貨審計的一項核心審計程序，通常可同時實現上述多項審計目標。

2. 制訂存貨監盤計劃的基本要求

註冊會計師在評價被審計單位存貨盤點計劃的基礎上，根據下列情況編制存貨監盤計劃，對存貨監盤做出合理安排。
(1) 被審計單位存貨的特點。
(2) 被審計單位盤存制度。
(3) 存貨內部控製的有效性。

3. 設計存貨的控製測試與實質性程序

存貨監盤程序主要包括控製測試與實質性程序兩種方式。註冊會計師需要確定存貨監盤程序以控製測試為主還是實質性程序為主，哪種方式更加有效。
(1) 如果只有少數項目構成了存貨的主要部分，註冊會計師通過以實質性程序為主的審計方式可獲取與存在認定相關的證據。
(2) 對於單位價值較高的存貨項目，應實施百分之百的實質性程序。
(3) 在大多數審計業務中，註冊會計師會發現以控製測試為主的審計方式更加有效。

（4）如果註冊會計師採用以控制測試為主的審計方式，並準備信賴被審計單位存貨盤點的控制措施與程序，註冊會計師絕大部分的審計程序將限於詢問、觀察及檢查。

4. 註冊會計師制訂存貨監盤計劃應實施的工作

在編制存貨監盤計劃時，註冊會計師應當實施下列審計程序：
(1) 瞭解存貨的內容、性質、重要程度及存放場所。
(2) 瞭解與存貨相關的內部控制。
(3) 評估與存貨相關的重大錯報風險和重要性。
(4) 查閱以前年度的存貨監盤工作底稿。
(5) 考慮存貨的存放場所，特別是金額較大或性質特殊的存貨。
(6) 考慮是否需要利用專家的工作或其他註冊會計師的工作。
(7) 復核或與管理層討論其存貨盤點計劃。

5. 存貨監盤計劃的主要內容

（1）存貨監盤的目標、範圍及時間安排。存貨監盤的目標是獲取被審計單位資產負債表日有關存貨數量和狀況的審計證據，檢查存貨的數量是否真實完整，是否歸屬被審計單位，存貨有無毀損、陳舊、過時、殘次和短缺等狀況。

存貨監盤範圍的大小取決於存貨的內容、性質、以及與存貨相關的內部控制的完善程度和重大錯報風險的評估結果。對存放於外單位的存貨，應當考慮實施適當的替代程序，以獲取充分、適當的審計證據。

存貨監盤的時間，包括實地察看盤點現場的時間、觀察存貨盤點的時間和對已盤點存貨實施檢查的時間等，應當與被審計單位實施存貨盤點的時間相協調。

（2）存貨監盤的要點及關注事項。存貨監盤的要點主要包括註冊會計師實施存貨監盤程序的方法、步驟、各個環節應注意的問題及所要解決的問題。註冊會計師需要重點關注的事項包括盤點期間的存貨移動、存貨的狀況、存貨的截止確認、存貨的各個存放地點及金額等。

（3）參加存貨監盤人員的分工。註冊會計師應當根據被審計單位參加存貨盤點人員分工、分組情況、存貨監盤工作量的大小和人員素質情況，確定參加存貨監盤的人員組成、各組成人員的職責和具體的分工情況，並加強督導。

（4）檢查存貨的範圍。註冊會計師應當根據對被審計單位存貨盤點和被審計單位內部控制的評價結果確定檢查存貨的範圍。註冊會計師在實施觀察程序後，如果認為被審計單位內部控制設計良好且得到有效實施、存貨盤點組織良好，可以相應縮小檢查範圍。

6. 存貨監盤的一般程序

（1）現場觀察。註冊會計師應在被審計單位盤點前到達現場，確定納入盤點的範圍是否恰當。觀察被審計單位是否將應納入的、未納入的、所有權不屬於受託代存的存貨都納入了盤點計劃。

註冊會計師在實施存貨監盤過程中，應當跟隨被審計單位安排的存貨盤點人員，注意觀察被審計單位預先制訂的存貨盤點計劃是否得到了貫徹執行，盤點人員是否準確無誤地記錄了被盤點存貨的數量和狀況。

（2）適當檢查。

項目十二 生產與存貨循環的審計

①檢查要求：將抽查結果與被審計單位盤點記錄相核對，形成相應記錄。

②檢查目的：確定被審計單位盤點計劃是否得到執行；證實被審計單位的存貨實物總額。

③檢查範圍：通常包括每個盤點小組盤點的存貨，以及難以盤點或隱蔽性較強的存貨。

④雙向檢查：註冊會計師從存貨盤點記錄中選擇項目追查至存貨實物，以測試盤點記錄的高估；從存貨實物中選擇項目追查至存貨盤點記錄，以測試存貨盤點記錄的低估。

⑤對檢查差異的處理：其一，可能表明盤點記錄存在高估或低估的錯誤；其二，可能表明存貨盤點中還存在其他錯誤；其三，註冊會計師應當查明原因，及時提請被審計單位更正；其四，註冊會計師可能考慮擴大抽查範圍以減少錯誤的存在，甚至要求重新盤點。

7. 存貨監盤時需特別關注的問題

（1）存貨移動情況，防止遺漏或重複盤點。註冊會計師應當特別關注存貨的移動情況，防止遺漏或重複盤點。

（2）存貨狀況（毀損、陳舊、過時及殘次等存貨的處置及存貨跌價準備）。存貨狀況是被審計單位管理層對存貨計價認定的一部分，註冊會計師應當特別關注存貨狀況，觀察被審計單位是否已經恰當區分所有毀損、陳舊、過時及殘次的存貨。

（3）存貨截止測試。註冊會計師應當獲取盤點日前後存貨收發及移動的憑證，檢查庫存記錄與會計記錄期末截止是否正確。註冊會計師在對期末存貨進行截止測試時，通常應當關注以下幾點：

①所有在截止日以前入庫的存貨項目是否均已包括在盤點範圍內，並已反應在截止日以前的會計記錄中；任何在截止日期以後入庫的存貨項目是否均未包括在盤點範圍內，也未反應在截止日以前的會計記錄中。

②所有在截止日以前裝運出庫的存貨項目是否均未包括在盤點範圍內，且未包括在截止日的存貨帳面餘額中；任何在截止日期以後裝運出庫的存貨項目是否均已包括在盤點範圍內，並已包括在截止日的存貨帳面餘額中。

③所有已確認為銷售但尚未裝運出庫的商品是否均未包括在盤點範圍內，且未包括在截止日的存貨帳面餘額中。

④所有已記錄為購貨但尚未入庫的存貨是否均已包括在盤點範圍內，並已反應在會計記錄中。

⑤在途存貨和被審計單位直接向顧客發運的存貨是否均已得到了適當的會計處理。

在存貨監盤過程中，註冊會計師應當獲取存貨驗收入庫、裝運出庫及內部轉移截止等信息，以便將來追查至被審計單位的會計記錄。

註冊會計師通常可觀察存貨的驗收入庫地點和裝運出庫地點以執行截止測試。在存貨入庫和裝運過程中採用連續編號的憑證時，註冊會計師應當關注截止日期前的最後編號。如果被審計單位沒有使用連續編號的憑證，註冊會計師應當列出截止日期以前的最後幾筆裝運和入庫記錄。如果被審計單位使用運貨車廂或拖車進行存儲、運輸或驗收入庫，註冊會計師應當詳細列出存貨場地上滿載和空載的車廂或拖車，並記錄各自的存貨狀況。

(4) 特殊類型存貨的監盤。對某些特殊類型的存貨而言，被審計單位通常使用的盤點方法和控製程序並不完全適用。這些存貨通常或者沒有標籤，或者其數量難以估計，或者其質量難以確定，或者盤點人員無法對其移動實施控製。在這些情況下，註冊會計師需要運用職業判斷，根據存貨的實際情況，設計恰當的審計程序，對存貨的數量和狀況獲取審計證據。

8. 存貨監盤結束時的工作

(1) 再次回到現場，觀察現場，確定有無漏盤存貨。
(2) 檢查盤點單是否連續編號並全部收回。
(3) 如果盤點日不是12月31日，註冊會計師確定盤點日與12月31日之間存貨變動是否已做出了正確記錄。
(4) 確定被審計單位永續盤存記錄與盤點結果有無重大差異。如果有重大差異，註冊會計師應通過追加審計程序查明原因。

9. 存貨監盤的替代審計程序

如果由存貨的性質或位置等原因導致無法實施存貨監盤，註冊會計師應當考慮能否實施替代審計程序，獲取有關期末存貨數量和狀況的充分、適當的審計證據。存貨監盤的替代審計程序主要包括以下幾種：

(1) 檢查進貨交易憑證或生產記錄及其他相關資料。
(2) 檢查12月31日後發生的銷貨交易憑證。
(3) 向顧客或供應商函證。

(三) 存貨計價測試

1. 計價測試的目的

監盤程序主要是對存貨的結存數量予以確認。為驗證財務報表上存貨餘額的真實性，還必須對存貨的計價進行審計，即確定存貨實物數量和永續盤存記錄中的數量是否經過正確的計價和匯總。存貨計價測試主要是針對被審計單位所使用的存貨單位成本是否正確所做的測試。

2. 樣本的選擇

計價審計的樣本，應從存貨數量已經盤點、單價和總金額已經計入存貨匯總表的結存存貨中選擇。選擇樣本時應著重考慮以下因素：

(1) 結存餘額較大。
(2) 價格變化較大。
(3) 分層選取。

3. 期末存貨計價測試

進行計價測試時，註冊會計師首先應對存貨價格的組成內容予以審核，然後按照所瞭解的計價方法對選擇的存貨樣本進行計價測試。測試時，應盡量排除被審計單位已有計算程序和結果的影響，進行獨立測試。測試結果出來後，應與被審計單位帳面記錄對比，編制對比分析表，分析形成差異的原因。如果差異過大，應擴大測試範圍，並根據審計結果考慮是否應提出審計調整建議。

項目十二　生產與存貨循環的審計

在存貨計價審計中，因為被審計單位期末存貨採用成本與可變現淨值孰低的方法計價所以註冊會計師應充分關注其對存貨可變現淨值的確定及存貨跌價準備的計提。

三、生產成本審計

生產成本審計主要包括直接材料成本的審計、直接人工成本的審計、製造費用的審計等內容。

1. 直接材料成本的審計

直接材料成本的審計一般應從審閱材料和生產成本明細帳入手，抽查有關的費用憑證，驗證企業產品直接耗用材料的數量、計價和材料費用分配是否真實、合理。其主要審計程序通常包括以下幾個階段：

（1）抽查產品成本計算單，檢查直接材料成本的計算是否正確，材料費用的分配標準與計算方法是否合理和適當，是否與材料費用分配匯總表中該產品分攤的直接材料費用相符。

（2）檢查直接材料耗用數量的真實性，有無將非生產用材料計入直接材料費用。

（3）分析比較同一產品前後各年度的直接材料成本，如有重大波動應查明原因。

（4）抽查材料發出及領用的原始憑證，檢查領料單的簽發是否經過授權，材料發出匯總表是否經過適當的人員復核，材料單位成本計價方法是否適當，是否正確及時入帳。

（5）對於採用定額成本或標準成本的被審計單位，應檢查直接材料成本差異的計算、分配與會計處理是否正確，並查明直接材料的定額成本、標準成本在本年度內有無重大變更。

2. 直接人工成本的審計

直接人工成本的主要審計程序通常包括以下幾個階段：

（1）抽查產品成本計算單，檢查直接人工成本的計算是否正確，人工費用的分配標準與計算方法是否合理和適當，是否與人工費用分配匯總表中該產品分攤的直接人工費用相符。

（2）將本年度直接人工成本與前期進行比較，查明其異常波動的原因。

（3）分析比較本年度各個月份的人工費用發生額，如有異常波動，應查明原因。

（4）結合應付職工薪酬的檢查，抽查人工費用會計記錄及會計處理是否正確。

（5）對採用標準成本法的被審計單位，應抽查直接人工成本差異的計算、分配與會計處理是否正確，並查明直接人工的標準成本在本年度內有無重大變更。

3. 製造費用的審計

製造費用的主要審計程序通常包括以下幾個階段：

（1）獲取或編制製造費用匯總表，並與明細帳、總帳核對相符，抽查製造費用中的重大數額項目及例外項目是否合理。

（2）審閱製造費用明細帳，檢查其核算內容及範圍是否正確，並應注意是否存在異常交易事項。

（3）必要時，對製造費用實施截止測試，即檢查資產負債表日前後若干天的製造費用明細帳及其憑證，確定有無跨期入帳的情況。

(4) 檢查製造費用的分配是否合理。重點查明製造費用的分配方法是否符合被審計單位自身的生產技術條件，是否體現受益原則。當分配方法一經確定，應查明其是否在相當時期內保持穩定，有無隨意變更的情況，查明分配率和分配額的計算是否正確，有無以人為估計數代替分配數的情況。對於按預定分配率分配費用的企業，還應查明計劃與實際差異是否及時調整。

(5) 對於採用標準成本法的被審計單位，應抽查標準製造費用的確定是否合理，計入成本計算單的數額是否正確，製造費用的計算、分配與會計處理是否正確，並查明標準製造費用在本年度內有無重大變動。

4. 生產費用在完工產品和在產品之間的分配審計

(1) 檢查完工產品入庫數量的真實性。檢查產品入庫憑證與完工記錄是否相符，倉庫的記錄與財務部門的記錄在品種、數量上是否相符，查明其數量的真實性。檢查產品入庫憑證是否附有產品檢驗合格證明，有無將未經檢驗產品或不合格產品充當合格產品入庫。

(2) 檢查在產品數量的真實性。檢查主要產品的在產品臺帳，計算、核實在產品的數量，並注意審查在產品的加工程度、投料程度及耗用工時記錄，以查明其數量的真實性。由於在產品具有分散、流動性大的特點，其數量和成本的正確核算有一定的困難，因此某些企業把在產品作為任意調節產品成本的「蓄水池」。檢查對在產品成本的審計，是生產循環審計的重點。

(3) 檢查生產費用在完工產品與在產品之間分配的合理性。審查產品成本計算單、在產品臺帳和生產成本明細帳，核對成本計算單中完工產品的品種數量，檢查在產品的品種數量、加工程度和投料程度是否和產品入庫憑證、在產品臺帳記錄相符，檢查其分配方法的選用是否符合企業的生產特點和管理上的要求，審查成本計算方法的合理性和一貫性，驗證成本計算數據的準確性，檢查產成品入庫的實際成本是否與「生產成本」科目的結轉額相符。審查有無虛報或虛減在產品數量、提高或降低在產品的加工程度以調節成本的現象。

四、營業成本審計

(一) 營業成本的審計目標

主營業務成本審計，應在生產成本審計的基礎上，通過審閱主營業務收入明細帳、庫存商品明細帳等記錄，並核對有關的原始憑證和記帳憑證進行。營業成本的審計目標一般包括以下幾個方面：

(1) 確定利潤表中記錄的營業成本是否已發生，且與被審計單位有關。
(2) 確定所有應當記錄的營業成本均已記錄。
(3) 確定與營業成本有關的金額及其他數據已恰當記錄。
(4) 確定營業成本已記錄於正確的會計期間；確定營業成本已記錄於恰當的帳戶。
(5) 確定營業成本已按照企業會計準則的規定在財務報表中做出恰當的列報。

(二) 主營業務成本的實質性審計程序

(1) 獲取或編制主營業務成本明細表，復核加計是否正確，並與總帳數和明細帳

項目十二 生產與存貨循環的審計

合計數核對是否相符，結合其他業務成本科目與營業成本報表數核對是否相符。

（2）復核主營業務成本明細表的正確性，編制生產成本與主營業務成本倒軋表，並與庫存商品等相關科目勾稽。

（3）檢查主營業務成本的內容和計算方法是否符合會計準則規定，前後期是否一致。

（4）對主營業務成本實施實質性分析程序，檢查本期內各月之間及前期同一個產品的單位成本是否存在異常波動、是否存在調節成本現象。

（5）抽取若干月份的主營業務成本結轉明細清單，結合生產成本的審計，檢查銷售成本結轉數額的正確性，比較計入主營業務成本的商品品種、規格、數量與計入主營業務收入的口徑是否一致；是否符合配比原則。

（6）針對主營業務成本中重大調整事項、非常規項目，檢查相關原始憑證，評價真實性和合理性，檢查其會計處理是否正確。

（7）在採用計劃成本、定額成本、標準成本或售價核算存貨的條件下，應檢查產品成本差異或商品進銷差價的計算、分配和會計處理是否正確。

（8）檢查營業成本是否已按照企業會計準則的規定在財務報表中做出恰當列報。

（三）其他業務成本的實質性程序

（1）獲取或編制其他業務成本明細表，復核加計是否正確，並與總帳數和明細帳合計數核對是否相符，結合主營業務成本科目與營業成本報表數核對是否相符。

（2）檢查其他業務成本是否有相應的收入，並與上期其他業務收入、其他業務成本比較，檢查是否有重大波動，如有，應查明原因。

（3）檢查其他業務成本內容是否真實，計算是否正確，配比是否恰當，並擇要抽查原始憑證予以核實。

（4）對異常項目，應追查入帳依據及有關法律文件是否充分。

（5）檢查其他業務成本是否已按照企業會計準則的規定在財務報表中做出恰當列報。

五、應付職工薪酬審計

職工薪酬相對於其他業務更容易發生錯誤或舞弊行為，如虛報冒領、重複支付和貪污等。同時，職工薪酬是構成企業成本費用的重要項目，所以在審計中便顯得十分重要。在一般企業中，職工薪酬費用在成本費用中所占比重較大。如果職工薪酬的計算發生錯誤，就會影響到成本費用和利潤的正確性。所以，註冊會計師應重視對職工薪酬業務的審計。

（一）審計目標

應付職工薪酬的審計目標一般包括以下幾個方面：

（1）確定資產負債表中記錄的應付職工薪酬是否存在。

（2）所有應當記錄的應付職工薪酬是否均已記錄。

（3）確定記錄的應付職工薪酬是否為被審計單位應當履行的現時義務。

（4）確定應付職工薪酬是否以恰當的金額包括在財務報表中，與之相關的計價調整是否已恰當記錄。

（5）確定應付職工薪酬是否已按照企業會計準則的規定在財務報表中做出恰當列報。

(二) 應付職工薪酬的實質性程序

應付職工薪酬的實質性程序通常包括以下幾個方面：

(1) 獲取或編制應付職工薪酬明細表，復核加計是否正確，並與報表數、總帳數和明細帳合計數核對是否相符。

(2) 實施實質性分析程序：

①針對已識別出的需要運用分析程序的有關項目，基於對被審計單位及其環境的瞭解，通過進行以下比較並考慮有關數據間關係的影響，建立有關數據的期望值。

②確定可接受的差異額。

③將實際的情況與期望值相比較，識別需要進一步調查的差異。

④如果其差額超過可接受的差異額，調查並獲取充分的解釋和恰當的佐證審計證據（如通過檢查相關憑證）。

⑤評估分析程序的測試結果。

(3) 檢查工資、獎金、津貼和補貼。

①計提是否正確，依據是否充分。將執行的工資標準與有關規定核對，並對工資總額進行測試；被審計單位如果實行工效掛鈎的，應取得有關主管部門確認的效益工資發放額認定證明，結合有關合同文件和實際完成的指標，檢查其計提額是否正確，是否應做納稅調整。

②檢查分配方法與上年是否一致，除因解除與職工的勞動關係而給予的補償直接計入管理費用外，被審計單位是否根據職工提供服務的受益對象，進行正確處理。

③檢查發放金額是否正確，代扣的款項及其金額是否正確。

④檢查是否存在屬於拖欠性質的職工薪酬，並瞭解拖欠的原因。

(4) 檢查社會保險費（包括醫療、養老、失業、工傷、生育保險費）、住房公積金、工會經費和職工教育經費等計提（分配）和支付（或使用）的會計處理是否正確，依據是否充分。

(5) 檢查辭退福利項目。

(6) 檢查非貨幣性福利。

(7) 檢查以現金與職工結算的股份支付的情況。

(8) 檢查應付職工薪酬的期後付款情況，並關注在資產負債表日至財務報表批准報出日之間，是否有確鑿證據表明需要調整資產負債表日原確認的應付職工薪酬事項。

(9) 檢查應付職工薪酬是否已按照企業會計準則的規定在財務報表中做出恰當的列報。

①檢查是否在附註中披露與職工薪酬有關的下列信息：

(a) 應當支付給職工的工資、獎金、津貼和補貼，及其期末應付未付金額。

(b) 應當為職工繳納的醫療、養老、失業、工傷和生育等社會保險費，及其期末應付未付金額。

(c) 應當為職工繳存的住房公積金，及其期末應付未付金額。

(d) 為職工提供的非貨幣性福利，及其計算依據。

(e) 應當支付的因解除勞動關係而給予的補償，及其期末應付未付金額。

(f) 其他職工薪酬。

②檢查因自願接受裁減建議的職工數量、補償標準等不確定因素而產生的預計負

項目十二　生產與存貨循環的審計

債（應付職工薪酬），是否按照《企業會計準則第13號——或有事項》進行披露。

六、其他相關帳戶審計

（一）材料採購或在途物資的實質性程序

（1）獲取或編制材料採購（在途物資）明細表，復核加計是否正確，與總帳數、明細帳合計數核對是否相符。

（2）檢查材料採購或在途物資：

①對大額材料採購或在途物資，追查至相關的購貨合同及購貨發票，復核採購成本的正確性，並抽查期後入庫情況，必要時發函詢證。

②檢查期末材料採購或在途物資，核對有關憑證，查看是否存在不屬於材料採購（在途物資）核算的交易或事項。

③檢查月末轉入原材料等科目的會計處理是否正確。

（3）檢查材料採購是否存在長期掛帳事項。如有，應查明原因，必要時提出建議調整。

（4）查閱資產負債表日前後若干天材料採購（在途物資）增減變動的有關帳簿記錄和收料報告單等資料，檢查有無跨期現象。如有，則應做出記錄，必要時作調整。

（5）如採用計劃成本核算，應審核材料採購帳項有關材料成本差異發生額的計算是否正確。

（6）檢查材料採購（在途物資）的披露是否恰當。

（二）原材料的實質性程序

（1）獲取或編制原材料明細表，復核加計是否正確，並與總帳數、明細帳合計數核對是否相符。

（2）必要時，實施實質性分析程序：

①針對已識別需要運用分析程序的有關項目，並基於對被審計單位及其環境的瞭解，通過進行以下比較，同時考慮有關數據間關係的影響，以建立註冊會計師有關數據的期望值。

a 比較當年度及以前年度原材料成本佔生產成本百分比的變動，並對異常情況做出解釋。

b 比較原材料的實際用量與預算用量的差異，並分析其合理性。

c 核對倉庫記錄的原材料領用量與生產部門記錄的原材料領用量是否相符，並對異常情況做出解釋。

d 根據標準單耗指標，結合原材料收發存情況與投入產出情況，以分析本期原材料領用、消耗、結存的合理性。

②確定可接受的差異額。

③將實際情況與期望值相比較，識別需要進一步調查的差異。

④如果其差額超過可接受的差異額，調查並獲取充分的解釋和恰當的佐證審計證據（例如通過檢查相關的憑證）。

⑤評估分析程序的測試結果。

（3）實施存貨監盤程序。選取代表性樣本，抽查原材料明細帳的數量與盤點記錄的原材料數量是否一致，以確定原材料明細帳的數量的準確性和完整性。
①從原材料明細帳中選取具有代表性的樣本，與盤點報告（記錄）的數量核對。
②從盤點報告（記錄）中抽取有代表性的樣本，與原材料明細帳的數量核對。
（4）原材料計價方法的測試：
①檢查原材料的計價方法前後期是否一致。
②檢查原材料的入帳基礎和計價方法是否正確，自原材料明細表中選取適量品種。
a 以實際成本計價時，將其單位成本與購貨發票進行核對，並確認原材料成本中不包含增值稅。
b 以計劃成本計價時，將其單位成本與材料成本差異明細帳及購貨發票進行核對。同時關注被審計單位計劃成本制定的合理性。
c 檢查進口原材料的外幣折算是否正確，檢查相關的關稅、增值稅及消費稅的會計處理是否正確。
③檢查原材料發出計價的方法是否正確。
a 瞭解前後期被審計單位原材料發出的計價方法，是否一致，並抽取主要材料復核其計算是否正確。若原材料以計劃成本計價，還應檢查材料成本差異的發生和結轉的金額是否正確。
b 編制本期發出材料匯總表，與相關科目勾稽、核對，並復核若干月發出材料匯總表的正確性。
④結合期末市場採購價，分析主要原材料期末結存單價是否合理。
⑤結合原材料的盤點檢查，期末有無料到單未到情況。如有，應查明是否已暫估入帳，其暫估價是否合理。
（5）對於通過非貨幣性資產交換、債務重組、企業合併以及接受捐贈等取得的原材料，檢查其入帳的有關依據是否真實、完備，入帳價值和會計處理是否符合相關規定。
（6）檢查投資者投入的原材料是否按照投資合同或協議約定的價值入帳，並檢查約定的價值是否公允、交接手續是否齊全。
（7）檢查與關聯方的購銷業務是否正常，關注交易價格、交易金額的真實性及合理性，檢查對合併範圍內購貨記錄應予合併抵消的數據是否正確。
（8）審核有無長期掛帳的原材料。如有，應查明原因，必要時做調整。
（9）截止測試。
①原材料入庫的截止測試：
a 在原材料明細帳的借方發生額中選取資產負債表日前後若干天的憑證，並與入庫記錄（如入庫單或購貨發票或運輸單據）核對，以確定原材料入庫被記錄在正確的會計期間。
b 在入庫記錄（如入庫單或購貨發票或運輸單據）中選取資產負債表日前後若干天的憑據，與原材料明細帳的借方發生額進行核對，以確定原材料入庫被記錄在正確的會計期間。
②原材料出庫截止測試：
a 在原材料明細帳的貸方發生額中選取有資產負債表日前後若干天的憑證，並與出

項目十二　生產與存貨循環的審計

庫記錄（如出庫單或銷貨發票或運輸單據）核對，以確定原材料出庫被記錄在正確的會計期間。

b 在出庫記錄（如出庫單或銷貨發票或運輸單據）中選取資產負債表日前後若干天的憑據，與原材料明細帳的貸方發生額進行核對，以確定原材料出庫被記錄在正確的會計期間。

（10）結合銀行借款等科目，瞭解是否有用於債務擔保的原材料。如有，則應取證並作相應的記錄，同時提請被審計單位做恰當披露。

（11）檢查原材料的披露是否恰當。

（三）庫存商品的實質性程序

（1）獲取或編制庫存商品明細表，復核加計是否正確，並與總帳數、明細帳合計數核對是否相符；同時抽查明細帳與倉庫臺帳、卡片記錄，檢查其是否相符。

（2）必要時，實施實質性分析程序。

①針對已識別出的需要運用分析程序的有關項目，基於對被審計單位及其環境的瞭解，同時通過進行以下比較並考慮有關數據間關係的影響，建立註冊會計師有關數據的期望值。

a 按品種分析庫存商品各月單位成本的變動趨勢，以評價是否有調節生產成本或銷售成本的因素。

b 比較前後期主要庫存商品的毛利率（按月、按生產線、按地區等）、庫存商品週轉率和庫存商品帳齡等，評價其合理性並對異常波動做出解釋，查明異常情況的原因。

c 比較庫存商品庫存量與生產量及庫存能力的差異，並分析其合理性。

d 核對倉庫記錄的庫存商品入庫量與生產部門記錄的庫存商品生產量是否一致，並對差異做出解釋。

e 核對發票記錄的數量與發貨量、訂貨量、主營業務成本記錄的銷售量是否一致，並對差異做出解釋。

f 比較庫存商品銷售量與生產量或採購量的差異，並分析其合理性。

g 比較庫存商品銷售量和平均單位成本之積與帳面庫存商品銷售成本的差異，並分析其合理性。

②確定可接受的差異額。

③將實際的情況與期望值相比較，識別需要進一步調查的差異。

④如果其差額超過可接受的差異額，調查並獲取充分的解釋和恰當的佐證審計證據（例如通過檢查相關憑證）。

⑤評估分析程序的測試結果。

（3）執行存貨監盤程序。選取代表性樣本，抽查庫存商品明細帳的數量與盤點記錄的庫存商品數量是否一致，以確定庫存商品明細帳的數量的準確性和完整性。

①從庫存商品明細帳中選取具有代表性的樣本，與盤點報告（記錄）的數量核對。

②從盤點報告（記錄）中抽取有代表性的樣本，與庫存商品明細帳的數量核對。

（4）庫存商品測試計價方法的測試。

①檢查庫存商品的計價方法是否前後期一致。

②檢查庫存商品的入帳基礎和計價方法是否正確，從庫存商品明細表中選取適量

品種。

　　a 自製庫存商品：以實際成本計價時，將其單位成本與成本計算單核對；以計劃成本計價時，將其單位成本與相關成本差異明細帳及成本計算單核對。

　　b 外購庫存商品：以實際成本計價時，將其單位成本與購貨發票核對；以計劃成本計價時，將其單位成本與相關成本差異明細帳及購貨發票核對。

　　c 抽查庫存商品入庫單，核對庫存商品的品種、數量與入帳記錄是否一致，並將入庫庫存商品的實際成本與相關科目（如生產成本）的結轉額核對並做交叉索引。

　　③檢查外購庫存商品的發出計價是否正確。

　　a 瞭解被審計單位對庫存商品發出的計價方法，並抽取主要庫存商品，檢查其計算是否正確；若庫存商品以計劃成本計價，還應檢查產品成本差異的發生和結轉金額是否正確。

　　b 編制本期庫存商品發出匯總表，與相關科目勾稽、核對，並復核月度庫存商品發出匯總表的正確性。

　　④結合庫存商品的盤點，檢查期末有無庫存商品已到而相關單據未到的情況。如有，應查明是否暫估入帳，其暫估價是否合理。

　　（5）對於通過非貨幣性資產交換、債務重組、企業合併及接受捐贈取得的庫存商品，檢查其入帳的有關依據是否真實、完備，入帳價值和會計處理是否符合相關規定。

　　（6）檢查投資者投入的庫存商品是否按照投資合同或協議約定的價值入帳，並同時檢查約定的價值是否公允，交接手續是否齊全。

　　（7）檢查與關聯方的商品購銷交易是否正常，關注交易價格、交易金額的真實性與合理性，對合併範圍內購貨記錄應予合併抵消的數據是否正確。

　　（8）審閱庫存商品明細帳，檢查有無長期掛帳的庫存商品。如有，應查明原因，必要時提出適當處理建議。

　　（9）截止測試。

　　①庫存商品入庫的截止測試：

　　a 在庫存商品明細帳的借方發生額中選取資產負債表日前後若干天的憑證，並與入庫記錄（如入庫單或購貨發票或運輸單據）核對，以確定庫存商品入庫被記錄在正確的會計期間。

　　b 在入庫記錄（如入庫單或購貨發票或運輸單據）中選取資產負債表日前後若干天的憑證，與庫存商品明細帳的借方發生額進行核對，以確定庫存商品入庫被記錄在正確的會計期間。

　　②庫存商品出庫截止測試：

　　a 在庫存商品明細帳的貸方發生額中選取有資產負債表日前後若干天的憑證，並與出庫記錄（如出庫單或銷貨發票或運輸單據）核對，以確定庫存商品出庫被記錄在正確的會計期間。

　　b 在出庫記錄（如出庫單或銷貨發票或運輸單據）中選取資產負債表日前後若干天的憑證，與庫存商品明細帳的貸方發生額進行核對，以確定庫存商品出庫被記錄在正確的會計期間。

　　（10）結合長、短期借款等項目，瞭解是否有用於債務擔保的庫存商品。如有，應取證並做相應記錄，同時提請被審單位做恰當披露。

項目十二　生產與存貨循環的審計

(11) 檢查庫存商品的披露是否恰當。

(四) 週轉材料的實質性程序

(1) 獲取或編制週轉材料（低值易耗品、包裝物）的明細表，復核加計是否正確，並與總帳數、明細帳合計數核對是否相符；同時抽查明細帳與倉庫臺帳、卡片記錄檢查是否相符。

(2) 檢查週轉材料（低值易耗品、包裝物）的入庫和領用的手續是否齊全，會計處理是否正確。

(3) 執行存貨監盤程序。選取代表性樣本，抽查週轉材料（低值易耗品、包裝物）明細帳的數量與盤點記錄的週轉材料（低值易耗品、包裝物）數量是否一致，以確定週轉材料（低值易耗品、包裝物）明細帳的數量的準確性和完整性。

①從週轉材料（低值易耗品、包裝物）明細帳中選取具有代表性的樣本，與盤點報告（記錄）的數量核對。

②從盤點報告（記錄）中抽取有代表性的樣本，與週轉材料（低值易耗品、包裝物）明細帳的數量核對。

(4) 檢查週轉材料（低值易耗品、包裝物）與固定資產的劃分是否符合規定。

(5) 檢查週轉材料的計價方法是否正確，前後期是否一致；從週轉材料明細表中選取適量品種。

①以實際成本計價時，將其單位成本與購貨發票核對。

②以計劃成本計價時，將其單位成本與被審計單位制定的計劃成本核對，同時關注被審計單位計劃成本制定的合理性。

③檢查進口週轉材料（低值易耗品、包裝物）的外幣折算是否正確，檢查相關的關稅、增值稅及消費稅的會計處理是否正確。

④檢查週轉材料（低值易耗品、包裝物）的攤銷方法是否正確，前後期是否一致，驗證發出週轉材料（低值易耗品、包裝物）匯總表的正確性。

⑤結合週轉材料（低值易耗品、包裝物）的盤點，檢查期末有無料到單未到情況。如有，應查明是否已暫估入帳，其暫估價是否合理。

(6) 編制本期週轉材料發出匯總表，與相關科目勾稽、核對，並抽查月度週轉材料發出匯總表的正確性。

(7) 審核有無長期掛帳的週轉材料（低值易耗品、包裝物）事項。如有，應查明原因，必要時應提出調整建議。

(8) 截止測試。

①週轉材料（低值易耗品、包裝物）入庫的截止測試。

a 在週轉材料（低值易耗品、包裝物）明細帳的借方發生額中選取資產負債表日前後若干天的憑證，並與入庫記錄（如入庫單或購貨發票或運輸單據）核對，以確定週轉材料（低值易耗品、包裝物）入庫被記錄在正確的會計期間。

b 在入庫記錄（如入庫單或購貨發票或運輸單據）中選取有資產負債表日前後若干天的憑證，與週轉材料（低值易耗品、包裝物）明細帳的借方發生額進行核對，以確定週轉材料（低值易耗品、包裝物）入庫被記錄在正確的會計期間。

②週轉材料（低值易耗品、包裝物）出庫截止測試。

a 在週轉材料（低值易耗品、包裝物）明細帳的貸方發生額中選取有資產負債表日前後若干天的證據，並與出庫記錄（如出庫單或銷貨發票或運輸單據）核對，以確定週轉材料（低值易耗品、包裝物）出庫被記錄在正確的會計期間。

b 在出庫記錄（如出庫單或銷貨發票或運輸單據）中選取資產負債表日前後若干天的憑據，與週轉材料（低值易耗品、包裝物）明細帳的貸方發生額進行核對，以確定週轉材料（低值易耗品、包裝物）出庫被記錄在正確的會計期間。

（9）檢查與關聯方的購銷交易是否正常，關注交易價格、交易金額的真實性與合理性，檢查對合併範圍內購貨記錄應予合併抵消的數據是否正確。

（10）檢查出租、出借週轉材料的會計處理是否正確。

（11）檢查被審計單位是否存在週轉材料押金。若有，結合相關科目的審計查明週轉材料押金的收取情況是否合理，有無合同，是否存在逾期週轉材料押金，相應稅金處理是否正確，必要時提出調整建議。

（12）結合長、短期借款等項目，瞭解是否有用於債務擔保的週轉材料。如有，則應取證並做相應的記錄，同時提請被審計單位做恰當披露。

（13）檢查週轉材料的披露是否恰當。

項目小結

本項目主要闡述了生產與存貨循環的主要業務活動、涉及的主要憑證和會計記錄、相應的內部控製及其測試，以及該循環主要報表項目的實質性程序。

生產與存貨循環涉及的主要業務活動包括計劃和安排生產、發出原材料、生產產品、核算生產成本、核算在產品、儲存產成品、發出產成品等。根據存貨與倉儲循環過程的有關活動，該循環交易從計劃和安排生產到加工、銷售產成品結束所涉及到的憑證和會計記錄主要包括生產指令、領發料憑證、產量和工時記錄、工薪匯總表及人工費用分配表、材料費用分配表、成本計算單、存貨明細帳。

生產與存貨循環的內部控製主要包括適當的授權控製，材料收、發、領用制度，成本核算控製、庫存商品控製、存貨盤存控製制度。

控製測試要點包括抽查若干有關業務的重要原始憑證或進行實地觀察，查看是否嚴格按內部控製程序運作，並與有關的記帳憑單相核對相符；評價生產與存貨循環的內部控製是否存在重大錯報風險。

對與本循環相關的存貨、存貨成本、應付職工薪酬及其他有關項目，有針對性地確定審計目標，採用檢查、監盤、詢問、重新計算、重新執行和分析程序等實施實質性程序，驗證其是否真實發生，記錄是否完整，金額是否正確，每一項目在報表上列報是否恰當。

練習題

一、單項選擇題

1. ABC 會計師事務所 A 註冊會計師負責審計甲公司 2013 年財務報表。A 註冊會計

師發現甲公司的主營業務成本均為銷售產成品的成本，甲公司存貨項目餘額和生產成本發生額見表 12-2 和表 12-3。

表 12-2　甲公司存貨項目餘額表

項目	2013 年 12 月 31 日	2012 年 12 月 31 日
原材料餘額	7,500	4,800
在產品餘額	6,800	5,300
產成品餘額	13,700	12,400

表 12-3　甲公司生產成本發生額表

項目	2013 年度	2012 年度
生產成本發生額	175,000	119,000

假定不考慮其他因素，甲公司 2013 年度營業成本應為(　　)萬元。
A. 169,500　　B. 172,200　　C. 173,700　　D. 177,800

2. ABC 會計師事務所 A 註冊會計師負責審計甲公司 2013 年財務報表。A 註冊會計師瞭解到甲公司的會計政策規定，入庫產成品按實際生產成本入帳，發出產成品採用先進先出法核算。2013 年 12 月 31 日，甲公司 a 產品期末結存數量為 1,200 件，期末餘額為 5,210 萬元。甲公司 2011 年度 a 產品的相關明細資料見表 12-4（數量單位為件，金額單位為人民幣萬元，假定期初餘額和所有的數量、入庫單價均無誤）。

表 12-4　甲公司 2011 年度 a 產品的相關明細資料

日期	摘要	入庫 數量	入庫 單價	入庫 金額	發出 數量	發出 單價	發出 金額	結存 數量	結存 單價	結存 金額
1.1	期初餘額							500		2,500
3.1	入庫	400	5.1	2040				900		4,540
4.1	銷售				800	5.2	4,160	100		380
8.1	入庫	1,600	4.6	7,360				1,700		7,740
10.3	銷售				400	4.6	1,840	1,300		5,900
12.1	入庫	700	4.5	3,150				2,000		9,050
12.31	銷售				800	4.8	3,840	1,200		5,210
12.31	期末餘額							1,200		5,210

A 註冊會計師對 a 產成品存貨進行計價測試，以下審計調整建議中恰當的是(　　)。
A. 調增營業成本 190 萬元　　　　B. 調減營業成本 190 萬元
C. 調增營業成本 240 萬元　　　　D. 調減營業成本 240 萬元

3. ABC 會計師事務所 A 註冊會計師負責審計甲公司 2013 年財務報表。A 註冊會計

師瞭解到甲公司2013年12月31日採用成本與可變現淨值孰低法對存貨進行期末計價，成本與可變現淨值按單項存貨進行比較，2013年12月31日，a、b、c三種存貨的成本與可變現淨值分別為：a存貨成本10萬元，可變現淨值8萬元；b存貨成本12萬元，可變現淨值15萬元；c存貨成本18萬元，可變現淨值15萬元。a、b、c三種存貨已計提的跌價準備分別為1萬元、2萬元、1.5萬元。假定甲公司只有這三種存貨，則A註冊會計師應當對甲公司2011年12月31日存貨項目提出補提存貨跌價損失（　　）萬元。

A. -0.5　　　B. 0.5　　　C. 2　　　D. 5

4. ABC會計師事務所A註冊會計師負責審計甲公司2013年財務報表。在對存貨實施監盤程序前應當確定存貨盤點的範圍，A註冊會計師擬定的存貨盤點範圍的以下判斷中，不恰當的是（　　）。

A. 在甲公司盤點存貨前，註冊會計師應當觀察盤點現場，確定應納入盤點範圍的存貨是否已經適當整理和排列，並附有盤點標示，防止遺漏或重複盤點
B. 對於甲公司持有的受託代存存貨，應納入盤點範圍
C. 對所有權不屬於甲公司的存貨，註冊會計師應當取得其規格、數量等有關資料，確定是否已分別存放、標明，且未被納入盤點範圍
D. 對於甲公司委託代銷的存貨，註冊會計師應納入盤點範圍，並向委託代銷單位獲取委託代管的書面確認函

5. ABC會計師事務所A註冊會計師負責審計甲公司2013年財務報表。在對甲公司存貨實施監盤程序時，A註冊會計師擬定的以下有關期末存貨的監盤程序中，與其測試存貨盤點記錄的完整性不相關的是（　　）。

A. 從存貨盤點記錄中選取項目追查至存貨實物
B. 從存貨實物中選取項目追查至存貨盤點記錄
C. 在存貨盤點過程中關注存貨的移動情況
D. 在存貨盤點結束前，再次觀察盤點現場

二、多項選擇題

1. ABC會計師事務所A註冊會計師負責審計甲公司2013年財務報表。A註冊會計師在對甲公司進行存貨監盤時，應特別關注甲公司存貨盤點範圍。下列事項中對盤點範圍的考慮恰當的有（　　）。

A. 對甲公司未納入盤點範圍的存貨，註冊會計師應當實施替代審計程序
B. 即使在甲公司聲明不存在受託代存存貨的情形下，註冊會計師也應當關注是否存在某些存貨不屬於甲公司的跡象，以避免盤點範圍不當
C. 對所有權不屬於甲公司的存貨，應當取得其規格、數量等有關資料，確定是否已單獨存放、標明，且未被納入盤點範圍
D. 在甲公司盤點存貨前，註冊會計師應當觀察盤點現場，確定應納入盤點範圍的存貨是否已經適當整理和排列，並附有盤點標示，防止遺漏或重複盤點

2. ABC會計師事務所A註冊會計師負責審計甲公司2013年財務報表。A註冊會計師在對存貨實施審計程序時發現無法在存貨盤點現場實施監盤，則以下替代審計程序中，恰當的有（　　）。

A. 向持有甲公司存貨的第三方函證存貨的數量和狀況

B. 實施或安排其他註冊會計師實施對第三方的存貨監盤
C. 委託甲公司的內部審計人員直接盤點存貨
D. 檢查與第三方持有的存貨相關的文件記錄

3. ABC 會計師事務所 A 註冊會計師負責審計甲公司 2013 年財務報表。A 註冊會計師擬定的下列對存貨實施的審計程序中，不恰當的有（　　）。
A. 對存貨實施監盤的程序主要是獲取審計證據證實存貨的「計價」認定
B. 對難以盤點的存貨，應根據甲公司存貨收發制度確認存貨數量
C. 存貨計價審計的樣本應著重選擇餘額較小且價格變動不大的存貨項目
D. 對存貨截止測試時，擬定檢查存貨盤點日前後的存貨收發及移動的憑證，以證實庫存記錄與會計記錄是否及時

4. ABC 會計師事務所 A 註冊會計師負責審計甲公司 2013 年財務報表。A 註冊會計師在考慮對甲公司委託其他單位保管的存貨時，應當擬定的審計程序有（　　）。
A. 向甲公司存貨的保管人函證
B. 實施監盤
C. 視審計範圍受到限制，考慮出具非標準審計報告
D. 針對存放於外單位的存貨，通常需要向該單位獲取委託代管存貨的書面確認函

5. ABC 會計師事務所 A 註冊會計師負責審計甲公司 2013 年財務報表。對存貨實施監盤程序時，除親臨甲公司存貨盤點現場觀察甲公司盤點存貨外，A 註冊會計師還必須進行適當抽盤。以下關於註冊會計師抽盤存貨的表述中，恰當的有（　　）。
A. 抽盤的目的是獲取有關盤點記錄準確性和完整性的審計證據
B. 獲取管理層完成的存貨盤點記錄的複印件有助於註冊會計師日後實施審計程序，以確定甲公司的期末存貨記錄是否準確地反應了存貨的實際盤點結果
C. 抽盤時如果發現抽盤差異，註冊會計師應當考慮錯誤的潛在範圍和重大程度，在可能的情況下，擴大檢查範圍以減少錯誤的發生
D. 註冊會計師應盡可能地讓甲公司瞭解自己將抽取測試的存貨項目，以便雙方協調提高效率

三、綜合題

Y 註冊會計師負責對 X 公司 2013 年度財務報表進行審計。相關資料如下：

（1）在 A 產品生產成本中，a 原材料成本占比很大。a 原材料在 2013 年年初、年末庫存均為零。A 產品的發出計價採用移動加權平均法。

（2）2013 年度，X 公司所處行業的統計資料顯示，生產 A 產品所需的 a 原材料主要依賴進口，匯率因素導致 a 原材料採購成本大幅上漲；替代產品面市使 A 產品的市場需求減少，市場競爭激烈，導致銷售價格明顯下跌。

（3）A 產品 2013 年度收發存記錄見表 12-5。

表 12-5　A 產品 2013 年度收發存記錄表

日期及摘要	入庫 數量(噸)	入庫 單價	入庫 金額	出庫 數量(噸)	出庫 單價	出庫 金額	庫存 數量(噸)	庫存 單價	庫存 金額
年初餘額	0	0	0						
1月3日入庫	80	60	4,800				80	60	4,800
1月4日出庫				70	60	4,200	10	60	600
2月9日入庫	80	55	4,400				90	55/56	5,000
（略）									
11月30日出庫				75	52	3900	75	52	3900
12月2日入庫	75	48	3600				150	50	7500
12月9日出庫				150	50	7500	0	0	0
年末餘額							0	0	0

要求：

（1）根據上述資料，假定不考慮其他條件，運用分析程序識別 X 公司 2013 年度財務報表是否存在重大錯報風險，並列示分析過程和分析結果。

（2）在要求（1）的基礎上，如果 X 公司 2013 年度財務報表存在重大錯報風險，指出重大錯報風險主要與哪些財務報表項目的哪些認定相關。

項目十三　銷售與收款循環審計

學習目標

1. 瞭解銷售與收款循環的基本業務、主要憑證與會計記錄；
2. 掌握銷售與收款循環的控製測試；
3. 掌握銷售與收款循環的實質性程序；
4. 掌握主營業務收入的審計目標和實質性程序；
5. 掌握應收帳款與壞帳準備的審計目標和實質性程序。

任務一　銷售與收款循環審計概述

銷售與收款循環的審計，通常可以相對獨立於其他業務循環而單獨進行。但審計的重要性概念要求審計人員在審計時必須綜合考慮財務報表各項目的性質及其相互關係，即註冊會計師在最終判斷被審計單位財務報表是否公允反應時，必須綜合考慮審計發現的各業務循環的錯報對財務報表整體產生的影響。因此，即使在單獨執行銷售與收款循環審計時，審計人員仍然應經常地將該循環與其他循環的審計情況結合起來考慮。

一、銷售與收款循環中的主要業務活動

本章主要以製造型企業為例，說明典型的銷售與收款循環中涉及的主要業務活動。

（一）接受客戶訂購單

客戶提出訂貨要求是整個銷售與收款循環的起點，這是購買某種貨物或接受某種勞務的一項申請。客戶的訂購單只有符合企業管理層的授權標準時才能被接受。

很多企業在批准了客戶訂購單之後，下一步就應編制一式多聯的銷售單。銷售單是證明管理層有關銷售交易的「發生」認定的憑據之一，為銷售交易的「發生」認定提供補充證據。

(二) 批准賒銷信用

對於賒銷業務，賒銷批准是由信用管理部門根據管理層的賒銷政策在每個客戶的已授權的信用額度內進行的。信用管理部門的職員在收到銷售單管理部門的銷售單後，應將銷售單與該客戶已被授權的賒銷信用額度，以及至今尚欠的帳款餘額加以比較，以確定是否批准賒銷。無論是否批准賒銷，都要求被授權的信用管理部門人員在銷售單上簽署意見，然後再將已簽署意見的銷售單送回銷售單管理部門。

(三) 按銷售單供貨

企業管理層通常要求商品倉庫只有在收到經過批准的銷售單時才能供貨。

(四) 按銷售單裝運貨物

將按經批准的銷售單供貨與按銷售單裝運貨物職責相分離，有助於避免負責裝運貨物的職員在未經授權的情況下裝運產品。此外，裝運部門職員在裝運之前還必須進行獨立驗證，以確定從倉庫提取的商品都附有經批准的銷售單，所提取商品的內容與銷售單一致。

(五) 向客戶開具帳單

開具帳單是指開具並向客戶寄送事先連續編號的銷售發票。

為了降低開具帳單過程中出現遺漏、重複、錯誤計價或其他差錯的風險，應設立以下控製程序：

(1) 開具帳單部門職員在開具每張銷售發票之前，獨立檢查是否存在裝運憑證和相應的經批准的銷售單。
(2) 依據已授權批准的商品價目表開具銷售發票。
(3) 獨立檢查銷售發票計價和計算的正確性。
(4) 將裝運憑證上的商品總數與相對應的銷售發票上的商品總數進行比較。

(六) 記錄銷售

開票人開具發票後，將附有有效發運憑證和銷售單的銷售發票傳遞給會計部門，由會計人員編制相應的記帳憑證，再據以登記有關帳簿。

(七) 辦理和記錄現金、銀行存款收入

處理貨幣資金收入時最重要的是要保證全部貨幣資金都必須如數、及時地記入庫存現金、銀行存款日記帳或應收帳款明細帳，並如數、及時地將現金存入銀行。

(八) 辦理和記錄銷售退回、銷售折扣與折讓

客戶如果對商品不滿意，銷售企業一般都會同意接受退貨，或給予一定的銷售折讓；客戶如果提前支付貨款，銷售企業則可能會給予一定的銷售折扣。發生此類事項時，必須經授權批准，並應確保與辦理此事有關的部門和職員各司其職，分別控製實物流和會計處理。

項目十三 銷售與收款循環審計

（九）註銷壞帳

銷售企業若認為某項貨款再也無法收回，就必須註銷這筆貨款。對於這些壞帳，正確的處理方法應該是獲取貨款無法收回的確鑿證據，經適當審批後及時做會計調整。

（十）提取壞帳準備

壞帳準備提取的數額必須能夠抵補企業以後無法收回的銷貨款。

二、銷售與收款循環中的主要憑證和會計記錄

在內部控製比較健全的企業，處理銷售與收款業務通常需要使用很多憑證與會計記錄。典型的銷售與收款循環所涉及的主要憑證與會計記錄有以下幾種：

（1）客戶訂購單。客戶訂購單即客戶提出的書面購貨要求。

（2）銷售單。銷售單是列示客戶所訂商品的名稱、規格、數量及其他與客戶訂購單有關信息的憑證，作為銷售方內部處理客戶訂購單的憑據。

（3）發運憑證。發運憑證即在發運貨物時編制的，用以反應發出商品的規格、數量和其他有關內容的憑據。這種憑證可用做向客戶開具帳單的依據。

（4）銷售發票。銷售發票是一種用來表明已銷售商品的名稱、規格、數量、價格、銷售金額、運費和保險費、開票日期、付款條件等內容的憑證。它是在會計帳簿中登記銷售交易的基本憑據。

（5）商品價目表。商品價目表是列示已經授權批准的、可供銷售的各種商品的價格清單。

（6）貨項通知單。貨項通知單是一種用來表示由銷售退回或經批准的折讓引起的應收銷貨款減少的憑證。

（7）應收帳款帳齡分析表。它是公司按月編制的，用以反應月末尚未收回的應收帳款的數額和帳齡。

（8）應收帳款明細帳。應收帳款明細帳是用來記錄每個客戶各項賒銷、還款、銷售退回及折讓的明細帳。

（9）主營業務收入明細帳。主營業務收入明細帳是一種用來記錄銷售交易的明細帳。它通常記載和反應不同類別商品或勞務的銷售總額。

（10）折扣與折讓明細帳。它是一種用來核算企業銷售商品時，按銷售合同規定為了及早收回貨款而給予客戶的銷售折扣和因商品品種、質量等原因而給予客戶的銷售折讓情況的明細帳。

（11）匯款通知書。它是一種與銷售發票一起寄給客戶，由客戶在付款時再寄回銷售單位的憑證。

（12）庫存現金日記帳和銀行存款日記帳。

（13）壞帳審批表。壞帳審批表是一種用來批准將某些應收款項註銷為壞帳，僅在企業內部使用的憑證。

（14）客戶月末對帳單。它是一種按月定期寄送給客戶的用於購銷雙方定期核對帳目的憑證。

（15）轉帳憑證和收款憑證。

銷售與收款循環涉及的主要帳戶及其對應關係如圖 13-1 所示。

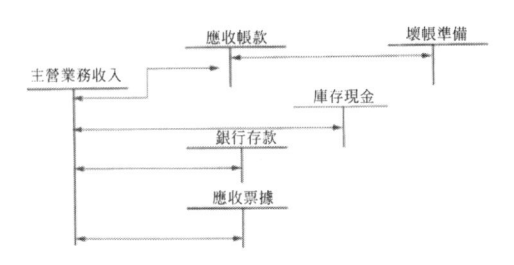

圖 13-1　銷售與收款循環涉及的主要帳戶及其對應關係

第二節　銷售與收款循環的內部控製與控製測試

一、銷售與收款循環的內部控製

1. 適當的職責分離

適當的職責分離有助於防止各種有意或無意的錯誤發生。為確保辦理銷售與收款業務的不相容崗位相互分離、制約和監督，對銷售與收款業務相關職責適當分離的基本要求通常包括企業應當將辦理銷售、發貨、收款三項業務的部門（或崗位）分別設立；企業在銷售合同訂立前，應當指定專門人員就銷售價格、信用政策、發貨及收款方式等具體事項與客戶進行談判。談判人員至少兩人以上，並與訂立合同的人員相分離；編制銷售發票通知單的人員與開具銷售發票的人員應相互分離；銷售人員應當避免接觸銷貨現款；企業應收票據的取得和貼現必須經由保管票據以外的主管人員書面批准。

2. 正確的授權審批

對於授權審批問題，註冊會計師應當關注以下四個關鍵點上的審批程序：其一，在銷售發生之前，賒銷已經正確審批；其二，非經正當審批，不得發出貨物；其三，銷售價格、銷售條件、運費、折扣等必須經過審批；其四，審批人應當根據銷售與收款授權批准制度的規定，在授權範圍內進行審批，不得超越審批權限。對於超過企業既定銷售政策和信用政策規定範圍的特殊銷售交易，企業應當進行集體決策。前兩項控製的目的在於防止企業因向虛構的或者無力支付貨款的客戶發貨而蒙受損失；價格審批控製的目的在於保證銷售交易按照企業定價政策規定的價格開票與收款；對授權審批範圍設定權限的目的則在於防止因審批人決策失誤而造成嚴重損失。

3. 充分的憑證和記錄

每個企業交易的產生、處理和記錄等制度都有其特點，因此，也許很難評價其各項控製是否足以發揮最大的作用。然而，只有具備充分的記錄手續，才有可能實現其他各項控製目標。例如，企業在收到客戶訂購單後，立即編制一份預先編號的一式多

聯的銷售單，分別用於批准賒銷、審批發貨、記錄發貨數量及向客戶開具帳單等。在這種制度下，只要定期清點銷售發票，漏開帳單的情形幾乎不會發生。相反的情況是，有的企業只在發貨以後才開具帳單，如果沒有其他控製措施，這種制度下漏開帳單的情況就很可能會發生。

4. 憑證的預先編號

對憑證預先進行編號，旨在防止銷售以後遺漏開具帳單或登記入帳，也可防止重複開具帳單或重複記帳。當然，如果對憑證的編號不做清點，預先編號就會失去其控製意義。由收款員對每筆銷售開具帳單後，將發運憑證按順序歸檔，而由另一位職員定期檢查全部憑證的編號，並調查憑證缺號的原因，這就是實施這項控製的一種方法。

5. 按月寄出對帳單

由不負責現金出納和銷售及應收帳款記帳的人員按月向客戶寄發對帳單，能促使客戶在發現應付帳款餘額不正確後及時反饋有關信息，因而這是一項有用的控製。為了使這項控製更加有效，最好指定一位不掌管貨幣資金也不記錄主營業務收入和應收帳款帳目的主管人員處理帳戶餘額中出現的所有核對不符的帳項。

6. 內部核查程序

由內部審計人員或其他獨立人員核查銷售交易的處理和記錄，是實現內部控製目標不可缺少的一項控製措施。針對相應控製目標，典型的內部核查程序見表13-1。

表 13-1　內部核查程序

內部控製目標	內部核查程序舉例
登記入帳的銷售交易是真實的	檢查銷售發票的連續性並檢查所附的佐證、憑證
銷售交易均經適當審批	瞭解客戶的信用情況，確定是否符合企業的賒銷政策
所有銷售交易均已登記入帳	檢查發運憑證的連續性，並將其與主營業務收入明細帳核對
登記入帳的銷售交易均經正確估價	將銷售發票上的數量與發運憑證上的記錄進行比較與核對
登記入帳的銷售交易分類恰當	將登記入帳的銷售交易的原始憑證與會計科目表比較與核對
銷售交易的記錄及時	檢查開票員保管的未開票發運憑證，確定是否包括所有應開票的發運憑證
銷售交易已經正確地記入明細帳並經正確匯總	從發運憑證追查至主營業務收入明細帳和總帳

二、銷售與收款循環的控製測試

如果在評估認定層次重大錯報風險時預期控製的運行是有效的，註冊會計師應當實施控製測試，就控製在相關期間或時點的運行有效性獲取充分、適當的審計證據。這意味著註冊會計師無需測試針對銷售與收款交易的所有控製活動。只有認為控製設計合理、能夠防止或發現並糾正認定層次的重大錯報，註冊會計師才有必要對控製運行的有效性實施測試。

內部控製程序和活動是企業針對需要實現的內部控製目標而設計和執行的，控製測試則是註冊會計師針對企業的內部控製程序和活動而實施的。下面按照銷售與收款交易內部控製的討論順序，擇要簡單闡述銷售與收款交易的控製測試。

（1）對於職責分離，註冊會計師通常通過觀察被審計單位有關人員的活動，以及與這些人員進行討論，來實施職責分離的控製測試。

（2）對於授權審批，內部控製通常存在前述的四個關鍵點上的審批程序。註冊會計師主要通過檢查憑證在這四個關鍵點上是否經過審批，可以很容易地測試出授權審批方面的內部控製效果。

（3）對於充分的憑證和記錄及憑證預先編號這兩項控製，常用的控製測試程序是清點各種憑證。比如，從主營業務收入明細帳中選取樣本，追查至相應的銷售發票存根，進而檢查其編號是否連續，有無不正常的缺號發票和重號發票。這種測試程序可同時提供有關發生和完整性目標的證據。

（4）對於按月寄出對帳單這項控製，觀察指定人員寄送對帳單並檢查客戶復函檔案，是註冊會計師十分有效的一項控製測試。

對於內部核查程序，註冊會計師可以通過檢查內部審計人員的報告，或檢查其他獨立人員在他們核查的憑證上的簽字等方法實施控製測試。

三、評估重大錯報風險

被審計單位可能有各種各樣的收入來源，處於不同的控製環境，存在複雜的合同安排。這些情況對收入交易的會計核算可能造成諸多影響，比如不同交易安排下的收入確認的時間和依據可能不盡相同。註冊會計師應當考慮影響收入交易的重大錯報風險，並對被審計單位經營活動中可能發生的重大錯報風險保持警覺。收入交易和餘額存在的固有風險可能包括以下幾種：

（1）管理層對收入造假的偏好和動因。被審計單位管理層可能為了完成預算，滿足業績考核要求，保證從銀行獲得資金，吸引潛在投資者，或影響公司股價，而在財務報告中虛增收入。

（2）收入的複雜性。例如，被審計單位可能針對一些特定的產品或者服務提供一些特殊的交易安排（例如特殊的退貨約定、特殊的服務期限安排等），但管理層可能對這些不同安排下所涉及的交易風險的判斷缺乏經驗，進而收入確認上就容易發生錯誤。

（3）管理層凌駕於控製之上的風險。被審計單位在年末編造虛假銷售，然後在次年轉回，可能導致當年收入及當年年末應收帳款餘額、貨幣資金餘額和應交稅費餘額出現高估。

（4）採用不正確的收入截止。將屬於下一會計期間的收入有意或無意地計入本期，或者將屬於本期的收入有意或無意地計入下一會計期間，可能導致本期收入及本期期末應收帳款餘額、貨幣資金餘額和應交稅費餘額被高估或低估。

（5）低估應收帳款壞帳準備的壓力。尤其是當欠款金額較大的幾個主要客戶面臨財務困難，或者整體經濟環境出現惡化時，這種壓力更大，可能導致資產負債表中應收帳款餘額被高估。

（6）舞弊和盜竊的風險。如果被審計單位從事貿易業務，並且銷售貨款較多地以現金結算時，被審計單位員工發生舞弊和盜竊的風險較高；如果被審計單位擁有多個資金端口，比如超市，由於每天通過多個端口採用人工方式處理大量貨幣資金，資金

端口的安全問題和人工控製的風險便會增加，可能導致貨幣資金出現損失。

（7）款項無法收回的風險。這可能產生於向沒有良好付款能力的客戶銷售產品，或客戶用無效的支票或盜取的信用卡進行貨款結算，這可能導致應收帳款的高估。

（8）發生錯誤的風險。例如，沒有及時更新商品價目表，商品可能以錯誤的價格銷售；銷售量較大時，如果掃描時沒有讀取商品條形碼，收款員使用錯誤的商品條形碼，或售出商品的數量發生錯誤，或收款員給客戶的找零發生錯誤，錯誤均會發生。

歸根到底，與收入交易和餘額相關的重大錯報風險主要存在於銷售交易、現金收款交易的發生、完整性、準確性、截止和分類認定，以及會計期末應收帳款、貨幣資金和應交稅費的存在、權利和義務、完整性、計價和分攤認定。

任務三　銷售與收款循環的實質性程序

一、銷售與收款交易的實質性程序

（一）銷售與收款交易的實質性分析程序

通常，註冊會計師在對交易和餘額實施細節測試前實施實質性分析程序，符合成本效益原則。具體到銷售與收款交易和相關餘額，其應用包括以下幾種：

1. 識別需要運用實質性分析程序的帳戶餘額或交易

就銷售與收款交易和相關餘額而言，通常需要運用實質性分析程序的是銷售交易、收款交易、營業收入項目和應收帳款項目。

2. 確定期望值

基於註冊會計師對經營活動、市場份額、經濟形勢和發展歷程的瞭解，營業額、毛利率和應收帳款等的預期相關。

3. 確定可接受的差異額

在確定可接受的差異額時，註冊會計師首先應當確定管理層使用的關鍵業績指標，並考慮這些指標的適當性和監督過程。

4. 識別需要進一步調查的差異並調查異常數據關係

註冊會計師應當計算實際和期望值之間的差異，這涉及一些比率和比較，包括以下幾個方面：

（1）觀察月度（或每周）的銷售記錄趨勢，並與往年或預算相比較。任何異常波動都必須與管理層討論，如果有必要的話還應做進一步的調查。

（2）將銷售毛利率與以前年度和預算相比較。如果被審計單位各種產品的銷售價格是不同的，那麼就應當對每種產品或者相近毛利率的產品組進行分類與比較。任何重大的差異都需要與管理層溝通。

（3）計算應收帳款週轉率和存貨週轉率，並與以前年度相比較。未預期的差異可

能由很多因素引起，包括未記錄銷售、虛構銷售記錄或截止問題。

　　(4) 檢查異常項目的銷售，例如對大額銷售及未從銷售記錄過入銷售總帳的銷售應予以調查。對臨近年末的異常銷售記錄更應加以特別關注。

5. 調查重大差異並做出判斷

　　註冊會計師在分析上述與預期相聯繫的指標後，如果認為存在未預期的重大差異，就可能需要對營業收入發生額和應收帳款餘額實施更加詳細的細節測試。

6. 評價分析程序的結果

　　註冊會計師應當就收集的審計證據是否能支持其試圖證實的審計目標和認定形成結論。

(二) 銷售交易的細節測試

　　銷售交易的細節測試主要涉及如下內容：

1. 登記入帳的銷售交易是真實的

　　對這一目標，註冊會計師一般關心三類錯誤的可能性：一是未曾發貨卻已將銷售交易登記入帳；二是銷售交易的重複入帳；三是向虛構的客戶發貨，並作為銷售交易登記入帳。前兩類錯誤可能是有意的，也可能是無意的，而第三類錯誤肯定是有意的。不難想像，將不真實的銷售登記入帳的情況雖然極少，但後果很嚴重，因為這會導致高估資產和收入。

　　如何以適當的細節測試來發現不真實的銷售，取決於註冊會計師認為可能在何處發生錯誤。對「發生」這一目標而言，註冊會計師通常只在認為內部控製存在薄弱環節時才實施細節測試。因此，測試的性質取決於潛在的控製弱點的性質。

　　(1) 針對未曾發貨卻已將銷售交易登記入帳這類錯誤的可能性，註冊會計師可以從主營業務收入明細帳中抽取若干筆分錄，追查有無發運憑證及其他佐證，借以查明有無事實上沒有發貨卻已登記入帳的銷售交易。如果註冊會計師對發運憑證等真實性也有懷疑，就可能有必要再進一步追查存貨的永續盤存記錄，測試存貨餘額有無減少。

　　(2) 針對銷售交易重複入帳這類錯誤的可能性，註冊會計師可以通過檢查企業的銷售交易記錄清單確定是否存在重號、缺號。

　　(3) 針對向虛構的客戶發貨並作為銷售交易登記入帳這類錯誤發生的可能性，註冊會計師應當檢查主營業務收入明細帳中與銷售分錄相應的銷貨單，以確定銷售是否履行賒銷審批手續和發貨審批手續。

　　檢查上述三類高估銷售錯誤的可能性的另一個有效的辦法是追查應收帳款明細帳中貸方發生額的記錄。如果應收帳款最終得以收回貨款或者由於合理的原因收到退貨，那麼記錄入帳的銷售交易一開始通常是真實的；如果貸方發生額是註銷壞帳，或者直到審計時所欠貨款仍未收回，就必須詳細追查相應的發運憑證和客戶訂購單等，因為這些跡象都說明可能存在虛構的銷售交易。

　　當然，只有在註冊會計師認為由於缺乏足夠的內部控製而可能出現舞弊時，才有必要實施上述細節測試。

2. 已發生的銷售交易均已登記入帳

　　銷售交易的審計一般側重於檢查高估資產與收入的問題，因此，通常無需對完整

項目十三 銷售與收款循環審計

性目標實施交易的細節測試。但是，如果內部控製不健全，比如被審計單位沒有由發運憑證追查至主營業務收入明細帳這一獨立內部核查程序，就有必要對完整性目標實施交易的細節測試。

從發貨部門的檔案中選取部分發運憑證，並追查至有關的銷售發票副本和主營業務收入明細帳，是測試未開票的發貨的一種有效程序。為使這一程序成為一項有意義的測試，註冊會計師必須能夠確信全部發運憑證均已歸檔，這一點可以通過檢查發運憑證的順序編號來查明。

測試發生目標時，起點是明細帳，即從主營業務收入明細帳中抽取一個發票號碼樣本，追查至銷售發票存根、發運憑證及客戶訂購單；測試完整性目標時，起點應是發運憑證，即從發運憑證中選取樣本，追查至銷售發票存根和主營業務收入明細帳，以確定是否存在遺漏事項。設計發生目標和完整性目標的細節測試程序時，確定追查憑證的起點即測試的方向很重要。

在測試其他目標時，方向一般無關緊要。例如，測試交易業務計價的準確性時，可以由銷售發票追查發運憑證，也可以反向追查。

3. 登記入帳的銷售交易均經正確計價

銷售交易計價的準確性包括按訂貨數量發貨，按發貨數量準確地開具帳單，以及將帳單上的數額準確地記入會計帳簿。在這三個方面，每次審計中一般都要實施細節測試，以確保其準確無誤。

典型的細節測試程序包括復算會計記錄中的數據。通常的做法是，以主營業務收入明細帳中的會計分錄為起點，將所選擇的交易業務的合計數與應收帳款明細帳和銷售發票存根進行比較與核對。通常還要將銷售發票存根上所列的單價與經過批准的商品價目表進行比較與核對，對其金額小計和合計數也要進行復算。發票中列出的商品的規格、數量和客戶代碼等，則應與發運憑證相比較與核對。另外，往往還要審核客戶訂購單和銷售單中的同類數據。

4. 登記入帳的銷售交易分類恰當

如果銷售分為現銷和賒銷兩種，應注意不要在現銷時借記應收帳款，也不要在收回應收帳款時貸記主營業務收入，同樣不要將營業資產的銷售（例如固定資產銷售）混作正常銷售。對於那些採用不止一種銷售分類的企業，例如需要編制分部報表的企業來說，正確的分類是極為重要的。

銷售分類恰當的測試一般可與計價準確性測試一併進行。註冊會計師可以通過審核原始憑證確定具體交易業務的類別是否恰當，並以此與帳簿的實際記錄做比較。

5. 銷售交易的記錄及時

發貨後應盡快開具帳單並登記入帳，以防止無意中漏記銷售交易，確保它們記入正確的會計期間。在實施計價準確性細節測試的同時，一般要將所選取的提貨單或其他發運憑證的日期與相應的銷售發票存根、主營業務收入明細帳和應收帳款明細帳上的日期做比較。如有重大差異，被審計單位就可能存在銷售截止期限上的錯誤。

6. 銷售交易已正確地記入明細帳並正確地匯總

應收帳款明細帳的記錄若不正確，將影響被審計單位收回應收帳款的能力，因此，將全部賒銷業務正確地記入應收帳款明細帳極為重要。同理，為保證財務報表準確，主

營業務收入明細帳必須正確地加總並過入總帳。在多數審計中，通常都要加總主營業務收入明細帳，並將加總數和一些具體內容分別追查至主營業務收入總帳和應收帳款明細帳或庫存現金、銀行存款日記帳，以檢查在銷售過程中是否存在有意或無意的錯報問題。不過這一測試的樣本量要受內部控制的影響。從主營業務收入明細帳追查至應收帳款明細帳，一般與為實現其他審計目標所實施的測試一併進行；而將主營業務收入明細帳加總、並追查、核對加總數至其總帳，則應作為一項單獨的測試程序來執行。

(三) 收款交易的細節測試

與銷售交易的細節測試一樣，收款交易的細節測試範圍在一定程度上取決於關鍵控制是否存在及控制測試的結果。由於銷售與收款交易同屬一個循環，在經濟活動中密切相連，因此，收款交易的一部分測試可與銷售交易的測試一併執行，但收款交易的特殊性又決定了其另一部分測試仍需單獨實施。

二、營業收入的實質性程序

(一) 營業收入的審計目標

營業收入的審計目標一般包括：確定利潤表中記錄的營業收入是否已發生，且與被審計單位有關；確定所有應當記錄的營業收入是否均已記錄；確定與營業收入有關的金額及其他數據是否已恰當記錄，包括對銷售退回、銷售折扣與折讓的處理是否適當；確定營業收入是否已記錄於正確的會計期間；確定營業收入是否已按照企業會計準則的規定在財務報表中做出恰當的列報。

營業收入包括主營業務收入和其他業務收入，下面主要介紹主營業務收入的實質性程序。

(二) 主營業務收入的實質性程序

主營業務收入的實質性程序一般包括以下內容：

(1) 獲取或編製主營業務收入明細表。

①復核加計是否正確，並與總帳數和明細帳合計數核對是否相符，結合其他業務收入帳戶與報表數核對是否相符。

②檢查以非記帳本位幣結算的主營業務收入的折算匯率及折算是否正確。

(2) 檢查主營業務收入的確認條件、方法是否符合企業會計準則，前後期是否一致；關注週期性、偶然性的收入是否符合既定的收入確認原則、方法。按照《企業會計準則第 14 號——收入》的要求，企業商品銷售收入應在下列條件均能滿足時予以確認：①企業已將商品所有權上的主要風險和報酬轉移給購貨方；②企業既沒有保留通常與所有權相聯繫的繼續管理權，也沒有對已售出的商品實施有效控制；③收入的金額能夠可靠地計量；④相關的經濟利益很可能流入企業；⑤相關的已發生或將發生的成本能夠可靠地計量。因此，對於主營業務收入的實質性程序，主要應測試被審計單位是否依據上述五個條件確認產品銷售收入。具體來說，被審計單位採取的銷售方式不同，確認銷售的時點也是不同的。

①採用交款提貨銷售方式，應於貨款已收到或取得收取貨款的權利，同時已將發

項目十三 銷售與收款循環審計

票帳單和提貨單交給購貨單位時確認收入的實現。對此，註冊會計師應著重檢查被審計單位是否收到貨款或取得收取貨款的權利，發票帳單和提貨單是否已交付購貨單位。應注意有無扣壓結算憑證，將當期收入轉入下期入帳的現象，或者虛記收入、開具假發票、虛列購貨單位，將當期未實現的收入虛轉為收入記帳，在下期予以衝銷的現象。

②採用預收帳款銷售方式，應於商品已經發出時確認收入的實現。對此，註冊會計師應重點檢查被審計單位是否收到了貨款，商品是否已經發出。應注意是否存在對已收貨款並已將商品發出的交易不入帳、轉為下期收入，或開具虛假出庫憑證、虛增收入等現象。

③採用托收承付結算方式，應於商品已經發出，勞務已經提供，並已將發票帳單提交銀行、辦妥收款手續時確認收入的實現。對此，註冊會計師應重點檢查被審計單位是否發貨，托收手續是否辦妥，貨物發運憑證是否真實，托收承付結算回單是否正確。

④委託其他單位代銷商品的，如果代銷單位採用視同買斷方式，應於代銷商品已經銷售並收到代銷單位代銷清單時，按企業與代銷單位確定的協議價確認收入的實現。對此，應注意查明有無商品未銷售、編制虛假代銷清單、虛增本期收入的現象。如果代銷單位採用收取手續費方式，應在代銷單位將商品銷售、企業已收到代銷單位代銷清單時確認收入的實現。

⑤銷售合同或協議明確銷售價款的收取採用遞延方式，實質上具有融資性質的，應當按照應收的合同或協議價款的公允價值確定銷售商品收入金額。應收的合同或協議價款與其公允價值之間的差額，應當在合同或協議期間內採用實際利率法進行攤銷，計入當期損益。

⑥長期工程合同收入，如果合同的結果能夠可靠估計，應當根據完工百分比法確認合同收入。註冊會計師應重點檢查收入的計算、確認方法是否合乎規定，並核對應計收入與實際收入是否一致，注意查明有無隨意確認收入、虛增或虛減本期收入的情況。

⑦委託外貿企業代理出口、實行代理制方式的，應在收到外貿企業代辦的發運憑證和銀行交款憑證時確認收入。對此，註冊會計師應重點檢查代辦發運憑證和銀行交款憑證是否真實，注意有無內外勾結，出具虛假發運憑證或虛假銀行交款憑證的情況。

⑧對外轉讓土地使用權和銷售商品房的，通常應在土地使用權和商品房已經移交並將發票結算帳單提交對方時確認收入。對此，註冊會計師應重點檢查已辦理的移交手續是否符合規定要求，發票帳單是否已交對方。注意查明被審計單位有無編造虛假移交手續，採用「分層套寫」、開具虛假發票的行為，防止其高價出售、低價入帳，從中貪污貨款。如果被審計單位事先與買方簽訂了不可撤銷合同，按合同要求開發房地產，則應按建造合同的處理原則處理。

（3）必要時，實施以下實質性分析程序。

①針對已識別出的需要運用分析程序的有關項目，並基於對被審計單位及其環境的瞭解，通過進行以下比較，同時考慮有關數據間關係的影響，建立有關數據的期望值。

a 將本期的主營業務收入與上期的主營業務收入進行比較，分析產品銷售的結構和價格變動是否異常，並分析異常變動的原因。

b 計算本期重要產品的毛利率，與上期比較，檢查是否存在異常，各期之間是否存在重大波動，查明原因。
　c 比較本期各月各類主營業務收入的波動情況，分析其變動趨勢是否正常，是否符合被審計單位季節性、週期性的經營規律，查明異常現象和重大波動的原因。
　d 將本期重要產品的毛利率與同行業企業進行對比與分析，檢查是否存在異常。
　e 根據增值稅專用發票申報表或普通發票，估算全年收入，與實際收入金額比較。
②確定可接受的差異額。
③將實際的情況與期望值相比較，識別需要進一步調查的差異。
④如果其差額超過可接受的差異額，調查並獲取充分的解釋和恰當的佐證審計證據（如通過檢查相關的憑證等）。
⑤評估分析程序的測試結果。
（4）相關憑證的審查。
①獲取產品價格目錄，抽查售價是否符合定價政策，並注意銷售給關聯方或關係密切的重要客戶的產品價格是否合理，有無低價或高價結算以轉移收入和利潤的現象。
②抽取本期一定數量的銷售發票，檢查開票、記帳、發貨日期是否相符，品名、數量、單價、金額等是否與發運憑證、銷售合同或協議、記帳憑證等一致。
③抽取本期一定數量的記帳憑證，檢查入帳日期、品名、數量、單價、金額等是否與銷售發票、發運憑證、銷售合同或協議等一致。
（5）銷售的截止測試。
①選取資產負債表日前後若干天一定金額以上的發運憑證，與應收帳款和收入明細帳進行核對；同時，從應收帳款和收入明細帳選取在資產負債表日前後若干天一定金額以上的憑證，與發貨單據核對，以確定銷售是否存在跨期現象。
②復核資產負債表日前後銷售和發貨水平，確定業務活動水平是否異常，並考慮是否有必要追加實施截止測試程序。
③取得資產負債表日後所有銷售退回記錄，檢查是否存在提前確認收入的情況。
④結合對資產負債表日應收帳款的函證程序，檢查有無未取得對方認可的大額銷售。
⑤調整重大跨期銷售。
　對於銷售實施截止測試，其目的主要在於確定被審計單位主營業務收入的會計記錄歸屬期是否正確；應記入本期或下期的主營業務收入是否被推延至下期或提前至本期。
　註冊會計師在審計中應該注意把握三個與主營業務收入確認有著密切關係的日期：一是發票開具日期或者收款日期，二是記帳日期，三是發貨日期（服務業則是提供勞務的日期）。這裡的發票開具日期是指開具增值稅專用發票或普通發票的日期；記帳日期是指被審計單位確認主營業務收入實現並將該筆經濟業務記入主營業務收入帳戶的日期；發貨日期是指倉庫開具出庫單並發出庫存商品的日期。檢查三者是否歸屬於同一適當會計期間是主營業務收入截止測試的關鍵所在。
　圍繞上述三個重要日期，在審計實務中，註冊會計師可以考慮選擇三條審計路徑實施主營業務收入的截止測試。
　一是以帳簿記錄為起點。從資產負債表日前後若干天的帳簿記錄查至記帳憑證，

項目十三 銷售與收款循環審計

檢查發票存根與發運憑證，其目的是證實已入帳收入是否在同一期間已開具發票並發貨，有無多記收入。這種方法的優點是比較直觀，容易追查至相關憑證記錄，以確定其是否應在本期確認收入，特別是在連續審計兩個以上會計期間時，檢查跨期收入是否便捷，可以提高審計效率。缺點是缺乏全面性和連貫性，只能查多記，無法查漏記，尤其是當本期漏記收入延至下期而審計時被審計單位尚未及時登帳時，不易發現應記入而未記入報告期收入的情況。因此，使用這種方法主要是為了防止多計收入。

二是以銷售發票為起點。從資產負債表日前後若干天的發票存根查至發運憑證與帳簿記錄，確定已開具發票的貨物是否已發貨並於同一會計期間確認收入。具體做法是，抽取若干張在資產負債表日前後開具的銷售發票的存根，追查至發運憑證和帳簿記錄，查明有無漏記收入現象。這種方法也有其優缺點。優點是較全面、連貫，容易發現漏記的收入；缺點是較費時費力，有時難以查找相應的發貨及帳簿記錄，而且不易發現多記的收入。使用該方法時應注意兩點：①相應的發運憑證是否齊全，特別應注意有無報告期內已作收入而下期初用紅字衝回，並且無發貨、收貨記錄，以此來調節前後期利潤的情況；②被審計單位的發票存根是否已全部提供，有無隱瞞。為此，應查看被審計單位的發票領購簿，尤其應關注普通發票的領購和使用情況。因此，使用這種方法主要是為了防止少計收入。

三是以發運憑證為起點。從資產負債表日前後若干天的發運憑證查至發票開具情況與帳簿記錄，確定主營業務收入是否已記入恰當的會計期間。該方法的優缺點與方法二類似，具體操作中還應考慮被審計單位的會計政策才能做出恰如其分的處理。使用這種方法主要也是為了防止少計收入。

上述三條審計路徑在實務中均被廣泛採用，它們並不是孤立的。註冊會計師可以考慮在同一被審計單位財務報表審計中並用這三條路徑，甚至可以在同一主營業務收入帳戶審計中並用。實際上，由於被審計單位的具體情況各異，管理層意圖各不相同，有的為了完成利潤目標、承包指標，更多地享受稅收等優惠政策，便於籌資等目的，可能會多計收入；有的則為了以豐補歉、留有餘地、推遲繳稅時間等目的而少計收入。因此，為提高審計效率，註冊會計師應當憑藉專業經驗和所掌握的信息、資料做出正確判斷，選擇其中的一條或兩條審計路徑實施更有效的收入截止測試。

（6）存在銷貨退回的，檢查相關手續是否符合規定，結合原始銷售憑證檢查其會計處理是否正確，結合存貨項目審計其真實性。

（7）檢查銷售折扣與折讓。

企業在銷售交易中，往往會因產品品種不符、質量不符合要求及結算方面的原因進行銷售折扣與折讓。儘管引起銷售折扣與折讓的原因不盡相同，其表現形式也不盡一致，但都是對收入的抵減，直接影響收入的確認和計量。因此，註冊會計師應重視銷售折扣與折讓的審計。銷售折扣與折讓的實質性程序主要包括以下幾個階段：

①獲取或編制銷售折扣與折讓明細表，復核加計正確，並與明細帳合計數核對相符。

②取得被審計單位有關銷售折扣與折讓的具體規定和其他文件資料，並抽查較大的銷售折扣與折讓發生額的授權批准情況，與實際執行情況進行核對，檢查其是否經授權批准，是否合法、真實。

③銷售折讓與折扣是否及時足額提交對方，有無虛設仲介、轉移收入、私設帳外

「小金庫」等情況。

④檢查銷售折扣與折讓的會計處理是否正確。

(8) 確定主營業務收入的列報是否恰當。

三、應收帳款的實質性程序

應收帳款餘額包括應收帳款帳面餘額和相應的壞帳準備兩部分。

(一) 應收帳款的審計目標

應收帳款的審計目標一般包括：確定資產負債表中記錄的應收帳款是否存在；確定所有應當記錄的應收帳款是否均已記錄；確定記錄的應收帳款是否被審計單位擁有或控制；確定應收帳款是否可收回，壞帳準備的計提方法和比例是否恰當，計提是否充分；確定應收帳款及其壞帳準備期末餘額是否正確；確定應收帳款及其壞帳準備是否已按照企業會計準則的規定在財務報表中做出恰當列報。

(二) 應收帳款的實質性程序

1. 取得或編制應收帳款明細表

(1) 復核加計正確，並與總帳數和明細帳合計數核對是否相符；結合壞帳準備科目與報表數核對是否相符。

(2) 檢查非記帳本位幣應收帳款的折算匯率及折算是否正確。

(3) 分析有貸方餘額的項目，查明原因。必要時，建議做重分類調整。

(4) 結合其他應收款、預收款項等往來項目的明細餘額，調查有無同一客戶多處掛帳、異常餘額或與銷售無關的其他款項（例如，代銷帳戶、關聯方帳戶或員工帳戶）。如有，應做出記錄，必要時提出調整建議。

(5) 標示重要的欠款單位，計算其欠款合計數占應收帳款餘額的比例。

2. 檢查涉及應收帳款的相關財務指標

(1) 復核應收帳款借方累計發生額與主營業務收入是否配比，並將當期應收帳款借方發生額占銷售收入淨額的百分比與管理層考核指標比較，如存在差異應查明原因。

(2) 計算應收帳款週轉率、應收帳款週轉天數等指標，並與被審計單位以前年度指標、同行業同期相關指標對比分析，檢查是否存在重大異常。

3. 檢查應收帳款帳齡分析是否正確

(1) 獲取或編制應收帳款帳齡分析表。註冊會計師可以通過獲取或編制應收帳款帳齡分析表來分析應收帳款的帳齡，以便瞭解應收帳款的可收回性。應收帳款帳齡分析表參考格式見表13-2。

項目十三　銷售與收款循環審計

表 13-2　應收帳款帳齡分析表

年　月　日　　　　　　　　　　　　　　　　貨幣單位：

客戶名稱	期末餘額	帳齡			
		1年以內	1~2年	2~3年	3年以上
合計					

　　應收帳款的帳齡，是指資產負債表中的應收帳款從銷售實現、產生應收帳款之日起，至資產負債表日止所經歷的時間。編制應收帳款帳齡分析表時，可以考慮選擇重要的客戶及其餘額列示，而將不重要的或餘額較小的匯總列示。應收帳款帳齡分析表的合計數減去已計提的相應壞帳準備後的淨額，應該等於資產負債表中的應收帳款項目餘額。

　　（2）如果應收帳款帳齡分析表由被審計單位編制，測試其計算的準確性。

　　（3）將應收帳款帳齡分析表中的合計數與應收帳款總分類帳餘額相比較，並調查重大調節項目。

　　（4）檢查原始憑證，如銷售發票、運輸記錄等，測試帳齡核算的準確性。

4. 向債務人函證應收帳款

　　函證應收帳款的目的在於證實應收帳款帳戶餘額的真實性、正確性，防止或發現被審計單位及其有關人員在銷售交易中發生的錯誤或舞弊行為。通過函證應收帳款，可以比較有效地證明被詢證者（即債務人）的存在和被審計單位記錄的可靠性。

　　註冊會計師應當考慮被審計單位的經營環境、內部控製的有效性、應收帳款帳戶的性質、被詢證者處理詢證函的習慣做法及回函的可能性等，以確定應收帳款函證的範圍、對象、方式和時間。

　　（1）函證的範圍和對象。除非有充分證據表明應收帳款對被審計單位財務報表而言是不重要的，或者函證很可能是無效的，否則，註冊會計師應當對應收帳款進行函證。如果註冊會計師不對應收帳款進行函證，應當在工作底稿中說明理由。如果認為函證很可能是無效的，註冊會計師應當實施替代審計程序，獲取充分、適當的審計證據。函證數量的多少、範圍是由諸多因素決定的，主要有以下幾種：

　　①應收帳款在全部資產中的重要性。若應收帳款在全部資產中所占的比重較大，則函證的範圍應相應大一些。

　　②被審計單位內部控製的強弱。若內部控製制度較健全，則可以相應減少函證量；反之，則應相應擴大函證範圍。

　　③以前期間的函證結果。若以前期間函證中發現過重大差異，或欠款糾紛較多，則函證範圍應相應擴大一些。

　　一般情況下，註冊會計師應選擇以下項目作為函證對象：大額或帳齡較長的項目，與債務人發生糾紛的項目，關聯方項目，主要客戶（包括關係密切的客戶）項目，交易頻繁但期末餘額較小甚至餘額為零的項目，可能產生重大錯報或舞弊的非正常的

項目。

(2) 函證的方式。註冊會計師可採用積極的或消極的函證方式實施函證，也可將兩種方式結合使用。

參考格式 13.1 列示了積極式詢證函的格式；參考格式 13.2 列示了消極式詢證函的格式。

參考格式 13.1：積極式詢證函

企業詢證函

編號：

××（公司）：

本公司聘請的××會計師事務所正在對本公司××年度財務報表進行審計，按照中國註冊會計師審計準則的要求，應當詢證本公司與貴公司的往來帳項等事項。請列示截至××年×月×日貴公司與本公司往來款項餘額。回函請直接寄至××會計師事務所。

回函地址：

郵編：　　　電話：　　　傳真：　　　聯繫人：

本函僅為復核帳目之用，並非催款結算。若款項在上述日期之後已經付清，仍請及時函復為盼。

（公司蓋章）
年　月　日

1. 貴公司與本公司的往來帳項列示如下：

單位：元

截止日期	貴公司欠	欠貴公司	備註

2. 其他事項。

（公司蓋章）
年 月 日
經辦人：

參考格式 13.2：消極式詢證函格式

企業詢證函

編號：

××（公司）：

本公司聘請的××會計師事務所正在對本公司××年度財務報表進行審計，按照中國註冊會計師審計準則的要求，應當詢證本公司與貴公司的往來帳項等事項。下列數據出自本公司帳簿記錄，如與貴公司記錄相符，則無需回覆；如有不符，請直接通知會計師事務所，並請在空白處列明貴公司認為是正確的信息。回函請直接寄至××會計師事務所。

回函地址：

郵編：　　　電話：　　　傳真：　　　聯繫人：

項目十三　銷售與收款循環審計

1. 本公司與貴公司的往來帳項列示如下：

單位：元

截止日期	貴公司欠	欠貴公司	備註

2. 其他事項。

本函僅為復核帳目之用，並非催款結算。若款項在上述日期之後已經付清，仍請及時核對為盼。

（公司蓋章）
年　月　日

××會計師事務所：

上面的信息不正確，差異如下：

（公司蓋章）
年　月　日
經辦人：

（3）函證時間的選擇。註冊會計師通常以資產負債表日為截止日，在資產負債表日後適當時間內實施函證。如果重大錯報風險評估為低水平，註冊會計師可選擇資產負債表日前適當日期為截止日實施函證，並對所函證項目自該截止日起至資產負債表日止發生的變動實施實質性程序。

（4）函證的控製。註冊會計師通常利用被審計單位提供的應收帳款明細帳戶名稱及客戶地址等資料據以編制詢證函，但註冊會計師應當對選擇被詢證者、設計詢證函及發出和收回詢證函保持控製。

註冊會計師可通過函證結果匯總表的方式對詢證函的收回情況加以控製。函證結果匯總表見表13-3。

表13-3　應收帳款函證結果匯總表

被審計單位名稱：　　　　製表：　　　　日期：
結帳日：　年　月　日　　復核：　　　　日期：

詢證函編號	債務人名稱	債務人地址及聯系方式	帳面金額	函證方式	函證日期 第一次	函證日期 第二次	回函日期	替代程序	確認餘額	差異金額及說明	備註
合計											

（5）對不符事項的處理。

對應收帳款而言，因登記入帳的時間不同而產生的不符事項主要表現為以下幾點：
①詢證函發出時，債務人已經付款，而被審計單位尚未收到貨款。

209

②詢證函發出時，被審計單位的貨物已經發出並已做銷售記錄，但貨物仍在途中，債務人尚未收到貨物。

③債務人由於某種原因將貨物退回，而被審計單位尚未收到。

④債務人對收到的貨物的數量、質量及價格等方面有異議而全部或部分拒付貨款等。

如果不符事項構成錯報，註冊會計師應當重新考慮所實施審計程序的性質、時間和範圍。

（6）對函證結果的總結和評價。註冊會計師對函證結果可進行如下評價：

①重新考慮對內部控制的原有評價是否適當，控制測試的結果是否適當，分析程序的結果是否適當，相關的風險評價是否適當等。

②如果函證結果表明沒有審計差異，那麼可以合理地推論，全部應收帳款總體是正確的。

③如果函證結果表明存在審計差異，那應當估算應收帳款總額中可能出現的累計差錯是多少，估算未被選中進行函證的應收帳款的累計差錯是多少。為更加準確地估計應收帳款累計差錯，也可以進一步擴大函證範圍。

需要指出的是，註冊會計師應當將詢證函回函作為審計證據，納入審計工作底稿管理，詢證函回函的所有權歸屬所在會計師事務所。除法院、檢察院及其他有關部門依法查閱審計工作底稿、註冊會計師協會對執業情況進行檢查，以及前後任註冊會計師溝通等情形外，會計師事務所不得將詢證函回函提供給被審計單位作為法律訴訟證據。

5. 確定已收回的應收帳款金額

請被審計單位協助，在應收帳款帳齡明細表中標出至審計時已收回的應收帳款金額，對已收回金額較大的款項進行常規檢查，如核對收款憑證、銀行對帳單、銷貨發票等，並注意憑證發生日期的合理性，分析收款時間是否與合同相關要素一致。

6. 對未函證應收帳款實施替代審計程序

通常，註冊會計師不可能對所有應收帳款進行函證，因此，對於未函證應收帳款，註冊會計師應抽查有關原始憑據，如銷售合同、銷售訂購單、銷售發票副本、發運憑證及回款單據等，以驗證與其相關的應收帳款的真實性。

7. 檢查壞帳的確認和處理

首先，註冊會計師應檢查有無債務人破產或者死亡的，以及破產或以遺產清償後仍無法收回的，或者債務人長期未履行清償義務的應收帳款；其次，應檢查被審計單位壞帳的處理是否經授權批准，有關會計處理是否正確。

8. 抽查有無不屬於結算業務的債權

不屬於結算業務的債權，不直在應收帳款中進行核算。因此，註冊會計師應抽查應收帳款明細帳，並追查有關原始憑證，查證被審計單位有無不屬於結算業務的債權。如有，應建議被審計單位做適當調整。

9. 檢查應收帳款的貼現、質押或出售

檢查銀行存款和銀行借款等詢證函的回函、會議紀要、借款協議和其他文件，確

項目十三　銷售與收款循環審計

定應收帳款是否已被貼現、質押或出售，應收帳款貼現業務屬質押還是出售，其會計處理是否正確。

企業以其按照銷售商品、提供勞務的銷售合同所產生的應收債權向銀行等金融機構貼現，在進行會計核算時，應按照「實質重於形式」的原則，充分考慮交易的經濟實質。對於有明確的證據表明有關交易事項滿足銷售確認條件，如與應收債權有關的風險、報酬實質上已經發生轉移等，應按照出售應收債權處理，並確認相關損益；否則，應作為以應收債權為質押取得的借款進行會計處理。

10. 確定應收帳款的列報是否恰當

如果被審計單位為上市公司，那其財務報表附註通常應披露期初、期末餘額的帳齡分析，期末欠款金額較大的單位帳款，以及持有5%以上（含5%）股份的股東單位帳款等情況。

（三）壞帳準備的實質性程序

企業會計準則規定，企業應當在期末對應收款項進行檢查，並預計可能產生的壞帳損失。應收款項包括應收票據、應收帳款、預付款項、其他應收款和長期應收款等，下面以應收帳款相關的壞帳準備為例，闡述壞帳準備審計常用的實質性程序。

（1）取得或編制壞帳準備明細表，復核加計是否正確，與壞帳準備總帳數、明細帳合計數核對是否相符。

（2）將應收帳款壞帳準備本期計提數與資產減值損失相應明細項目的發生額核對是否相符。

（3）檢查應收帳款壞帳準備計提和核銷的批准程序，取得書面報告等證明文件，評價計提壞帳準備所依據的資料、假設及方法。

（4）實際發生壞帳損失的，檢查轉銷依據是否符合有關規定、會計處理是否正確。

（5）已經確認並轉銷的壞帳重新收回的，檢查其會計處理是否正確。

（6）檢查函證結果。對債務人回函中反應的例外事項及存在爭議的餘額，註冊會計師應查明原因並做記錄。必要時，應建議被審計單位做相應的調整。

（7）實施分析程序。通過比較前期壞帳準備計提數和實際發生數，以及檢查期後事項，評價應收帳款壞帳準備計提的合理性。

（8）確定應收帳款壞帳準備的披露是否恰當。企業應當在財務報表附註中清晰地說明壞帳的確認標準、壞帳準備的計提方法和計提比例。並且，上市公司還應在財務報表附註中分項披露如下事項：

①本期全額計提壞帳準備，或計提壞帳準備的比例較大的（計提比例一般超過40%及以上的，下同），應說明計提的比例及理由。

②以前期間已全額計提壞帳準備，或計提壞帳準備的比例較大但在本期又全額或部分收回的，或通過重組等其他方式收回的，應說明其原因、原估計計提比例的理由及原估計計提比例的合理性。

③對某些金額較大的應收帳款不計提壞帳準備或計提壞帳準備比例較低（一般為5%或低於5%）的理由。

④本期實際衝銷的應收款項及其理由，其中，因實際衝銷的關聯交易產生的應收帳款應單獨披露。

項目小結

銷售與收款業務循環是指隨著商品銷售和勞務的提供而發生的商品所有權轉讓，以及已收或應收帳款的業務過程。它包括接受客戶訂單、收款、計提壞帳準備等多項業務活動。該循環中重要的內部控制包括適當的職責分離、恰當的授權審批、充分的憑證和記錄、憑證的預先編號、按月寄出對帳單、內部核查程序等內容。銷售交易的實質性程序主要針對主營業務收入、應收帳款、壞帳準備等相關項目或帳戶展開。

在主營業務收入的實質性程序中，收入的確認、截止測試、實質性分析程序都是比較重要的審計程序。

應收帳款審計中，函證是一種必要而有效的審計程序。註冊會計師要關注函證的範圍和對象、函證的方式、函證時間的選擇、函證的控制、對不符事項的處理和對函證結果的總結和評價。

練習題

一、單項選擇題

1. 下列被審計單位實施的職責分離中，恰當的是(　　)。
    A. 由出納人員負責編製銀行存款餘額調節表
    B. 編制銷售發票通知單的人員同時開具銷售發票
    C. 企業在銷售合同訂立前，由專人就銷售價格、信用政策、發貨及收款方式等具體事項與客戶進行談判
    D. 應收票據的取得、貼現和保管由某一會計專門負責

2. 檢查銷售價格和銷售折扣是否經過適當的審批，主要能證明應收帳款的(　　)認定。
    A. 存在　　　B. 計價和分攤　　　C. 完整性　　　D. 權利和義務

3. 在對應收帳款進行函證時，註冊會計師採用的以下做法中，不正確的是(　　)。
    A. 對關聯方實施積極式函證
    B. 如果重大錯報風險評估為低水平，可選擇資產負債表日前適當日期為截止日實施函證，並對所函證項目自該截止日起至資產負債表日止發生的變動實施實質性程序
    C. 以被審計單位的名義發函，並要求回函寄至會計師事務所
    D. 將回函不符的金額匯總後要求被審計單位調整

4. 註冊會計師在對被審計單位營業收入項目進行審計時，在實施的下列分析程序中，不正確的是(　　)。
    A. 根據增值稅發票申報表估算全年收入，並與實際收入金額比較
    B. 將本期重要產品的毛利率，與上期比較，檢查是否存在異常，各期之間是否

項目十三 銷售與收款循環審計

存在重大波動

C. 比較本期各月各類主營業務收入的波動情況，分析其變動趨勢是否正常，是否符合被審計單位季節性、週期性的經營規律

D. 分析營業收入與存貨項目的增減變動

5. 檢查開具發票日期、記帳日期和發貨日期(　　)是銷售交易截止測試的關鍵所在。
   A. 是否在同一適當會計期間　　B. 是否臨近
   C. 是否在同一天　　　　　　　D. 相距是否不超過 30 天

二、多項選擇題

1. 銷售與收款循環審計中，可以證明被審計單位銷售業務真實發生的原始憑證有(　　)。
   A. 顧客訂購單　B. 銷售單　　C. 發運單　　D. 驗收報告

2. 註冊會計師在瞭解職責分離時常用的程序有(　　)。
   A. 詢問　　　B. 觀察　　　C. 重新執行　　D. 分析程序

3. 當同時存在下列(　　)情況時，註冊會計師可以採用消極的函證方式。
   A. 重大錯報風險評估為低水平
   B. 涉及大量餘額較小的帳戶
   C. 預期不存在大量的錯誤
   D. 沒有理由相信被詢證者不認真對待函證

4. 針對登記入帳的銷售數量確已發貨的數量，已正確開具帳單並登記入帳這一內部控制目標，註冊會計師常用的控制測試程序有(　　)。
   A. 檢查銷售發票有無支持憑證
   B. 檢查對比留下的證據
   C. 檢查價格清單的準確性及是否經恰當批准
   D. 檢查會計科目表是否適當

5. 註冊會計師通常要對未函證應收帳款實施替代審計程序，應檢查的原始憑證有(　　)。
   A. 銷售合同　　　　　　　　B. 銷售訂購單
   C. 銷售發票副本　　　　　　D. 發運憑證

三、簡答題

1. 甲會計師事務所接受委託，審計 M 公司 2013 年度的財務報表。註冊會計師取得了 2013 年 12 月 31 日的應收帳款明細表，並於 2014 年 1 月 20 日採用積極函證方式向所有重要客戶寄發了詢證函。與函證結果相關的重要異常情況匯總見表 13-4。

表 13-4　與函證結果相關的重要異常情況匯總表

函證編號	客戶名稱	詢證金額	回函日期	回函內容
201301	甲公司	10 萬元	2014.1.25	因產品質量不符合要求，根據購貨合同，於 2012 年 12 月 29 日將貨物退回
201302	乙公司	15 萬元	2014.1.29	該批貨物屬於代銷產品，尚未售出
201303	丙公司	12 萬元	2014.1.31	款項已於 2012 年 12 月 31 日，採用銀行匯票的方式匯出
201304	丁公司	17 萬元	無法投遞被退回	

要求：
針對上述異常情況，指出 A 註冊會計師應分別實施的審計程序。

2. 註冊會計師接受委託，對甲公司 2013 年財務報表進行審計。經過對被審計單位及其環境的瞭解，認為營業收入項目的「發生」認定的重大錯報風險較高，決定採用以實質性程序為主的方案。

要求：
(1) 根據風險評估的結果，說明註冊會計師應重點關注哪三類錯誤？
(2) 根據 (1) 的錯誤，幫助註冊會計師設計相應的審計程序。
(3) 根據風險評估的結果，幫助註冊會計師設計相應的截止測試程序。

項目十四 籌資與投資循環審計

學習目標

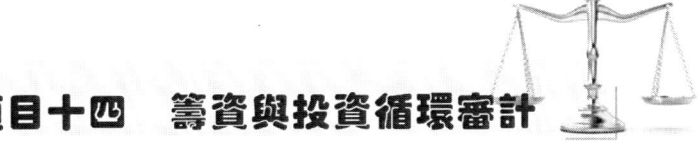

1. 瞭解籌資與投資循環審計的基本理論和程序；
2. 熟悉籌資與投資循環內部控制的要點和相應的控制測試；
3. 熟悉籌資與投資交易的實質性程序；
4. 熟悉短期借款、長期借款的審計目標和實質性程序；
5. 熟悉長期股權投資、投資收益等相關項目的審計目標和實質性程序。

任務一 籌資與投資循環審計概述

籌資與投資循環由籌資活動和投資活動的交易事項構成。籌資活動是指企業為滿足發展的需要，通過改變企業資本及債務的規模和構成籌集資金的活動。籌資活動包括借款和所有者權益兩部分。這兩種籌資方式不論是在企業內部管理方面還是在審計人員的審計方面都有很大的區別，所以本節將分開講述這兩種籌資方式。投資活動是指企業為享有被投資單位分配的利潤，或為謀求其他利益，將資產讓渡給其他單位而獲得另一項資產的活動。

一、籌資與投資循環的特點

籌資與投資循環中，籌資活動主要由借款交易和股東權益交易組成，投資活動主要由權益性投資交易和債權性投資交易組成。籌資與投資循環具有如下特徵：

（1）對一般工商企業而言，與銷售與收款循環、採購與付款循環相比，每年籌資與投資循環涉及的交易數量較少，而每筆交易的金額通常較大。這就決定了對該循環涉及的財務報表項目，更可能採用實質性方案。

（2）籌資活動必須遵守國家法律、法規和相關契約的規定。例如，債務契約可能限定借款人向股東分配利潤，或規定借款單位的流動比率和速動比率不能低於某一水平。註冊會計師瞭解被審計單位的籌資活動，可能對評估財務報表舞弊的風險、從性質角度考慮審計重要性、評估持續經營假設的適用性等有重要影響。

（3）漏記或不恰當地對一筆業務進行會計處理，將會導致重大錯誤，從而對企業

財務報表的公允反應產生較大的影響。對於從事投機性衍生金融工具交易的企業而言，尤其如此。公允價值的確定和交易記錄的完整性等可能存在重大錯報風險。

二、籌資與投資涉及的主要業務活動

（一）籌資所涉及的主要業務活動

（1）審批授權。企業通過借款籌集資金需經管理層審批，其中債券的發行每次均要由董事會授權；企業發行股票必須依據國家有關法規或企業章程的規定，報經企業最高權力機構（如董事會）及國家有關管理部門批准。

（2）簽訂合同或協議。向銀行其他金融機構融資須簽訂借款合同，發行債券須簽訂債券契約和債券承銷或包銷合同。

（3）取得資金。企業實際取得銀行等金融機構劃入的款項或債券、股票的融入資金。

（4）計算利息或股利。企業應按有關合同或協議的規定，及時計算利息或股利。

（5）償還本息或發放股利。銀行借款或發行債券應按有關合同或協議的規定償還本息，根據股東大會的決定發放股利。

（二）投資所涉及的主要業務活動

針對投資購買和出售的業務活動應當包括以下幾個方面：

（1）投資交易的發生。由管理層對所有投資交易進行授權。交易的數量越多，授權程序必須越正式。

（2）有價證券的收和保存。企業所收到的憑證和有價證券應當保存在其經紀人處或由企業的銀行保存在一個上鎖的安全箱裡。對以憑證方式保存的有價證券設施物理性職能分離。

（3）投資收益的取得。企業收到股利和利息支票時應當予以記錄並追查至銀行存款單。如果企業發生了大量的投資活動，股利收取應當在投資帳戶中記錄。利息收入一般應當與債務性投資合同和支付安排一致。

（4）監控程序。管理層應當定期對投資活動進行復核，復核的證據通常應當是高級管理層在相關記錄或管理層會議紀要中的簽字。

三、涉及的主要憑證與會計記錄

（1）籌資活動涉及的憑證與會計記錄包括：①公司債券；②股本憑證；③債券契約；④股東名冊；⑤公司債券存根簿；⑥承銷或包銷協議；⑦借款合同或協議。

（2）投資活動涉及的憑證和會計記錄包括：①債券投資憑證；②股票投資憑證；③股票證書；④股利收取憑證；⑤長期股權投資協議；⑥投資總分類帳；⑦投資明細分類帳。

投資與籌資循環涉及的主要帳戶及其對應關係如圖14-1所示。

項目十四　籌資與投資循環審計

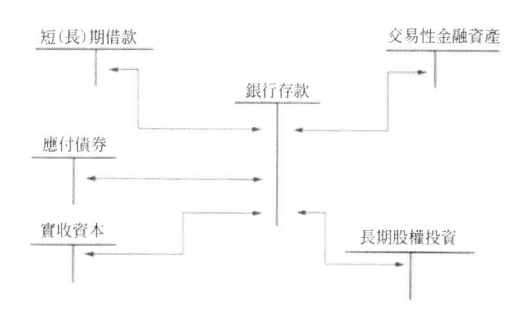

圖 14-1　投資與籌資循環涉及的主要帳戶及其對應關係圖

任務二　籌資與投資循環的內部控製與控製測試

一、籌資活動的內部控製與控製測試

（一）籌資活動的內部控製

籌資活動主要包括借款交易和股東權益交易活動。無論是否依賴內部控製，審計人員均應對籌資活動的內部控製獲得足夠的瞭解，以識別錯報的類型、方式及發生的可能性。一般來講，籌資活動內部控製的主要內容包括以下幾項：

（1）業務授權批准。業務發生需經過正式的授權批准程序審批，每次均要由董事會或股東大會授權批准；需要國家有關部門批准時，還需要獲取政府部門的批准，依據有關主管人員批准合同、協議、章程或文件開展業務活動。申請發行債券、股票時，應履行審批手續，向有關機關遞交相關文件。

（2）職責分工。在籌資業務的會計記錄、授權和執行等方面應明確職責分工。記錄籌資業務的會計人員不得參與債券、股票發行等業務；籌資業務明細帳與總帳的登記職務應分離；借款合同或協議由專人保管，如保存債券持有人的明細資料，應同總分類帳核對相符。

（3）會計控製。要建立嚴密完善的帳簿體系和記錄制度，依據經過審核的業務發生的有關憑證，確定對應的會計科目，記入有關明細帳和總帳。核算方法、報表披露等要符合會計準則和相關會計制度的規定和要求。

（4）簽訂借款合同或協議、債券契約、承銷或包銷協議等相關法律文件，並由專人保管文件。

（二）籌資活動的控製測試

審計人員在瞭解被審計單位籌資業務的內部控製後，如果業務不多，可根據成本效益原則採取實質性方案；如果籌資業務繁多，可考慮採用綜合性方案，則應進行控

製測試，運用一定的方法以驗證內控的健全、有效程度。控製測試的方法一般包括以下內容：

（1）索取借款或發行債券、股票的授權審批文件，審查授權是否恰當，手續是否齊全；索取借款合同、債券契約、證券承銷或包銷協議，審查條款的完備性。

（2）實地觀察並檢查籌資業務的職責分工情況。觀察不相容職務是否分離。

（3）檢查債券持有人明細資料的保管制度，檢查被審計單位的總帳是否與外部機構核對。

（4）從明細帳中抽取部分會計記錄，按原始憑證到明細帳再到總帳的順序核對有關數據和情況，判斷其會計處理過程是否合規、完整。

二、投資活動的內部控製和控製測試

（一）投資活動的內部控製

一般來講，投資內部控製的主要內容包括下列幾個方面：

（1）合理的職責分工。這是指合法的投資業務，應在業務的授權、業務的執行、業務的會計記錄及投資資產的保管等方面都有明確的分工，不得由一人同時負責上述任意兩項工作。

（2）健全的資產保管制度。企業對投資資產（指股票和債券資產）一般有兩種保管方式。一種是由獨立的專門機構保管，如在企業擁有較大的投資資產的情況下，委託銀行、證券公司、信託投資公司等機構進行保管。另一種是由企業自行保管。在這種方式下，必須建立嚴格的聯合控製制度，即至少要由兩名以上人員共同控製，不得一人單獨接觸證券。對於任何證券的存入或取出，都要將債券名稱、數量、價值及存取的日期、數量等詳細記錄於證券登記簿內，並由所有在場的經手人員簽名。

（3）詳盡的會計核算制度。企業的投資資產無論是自行保管還是由他人保管，都要進行完整的會計記錄，並對其增減變動及投資收益進行相關會計核算。

（4）嚴格的記名登記制度。除無記名證券外，企業在購入股票或債券時應在購入的當日盡快登記於企業名下，切忌登記於經辦人員名下，防止冒名轉移並借其他名義牟取私利的舞弊行為發生。

（5）完善的定期盤點制度。對於企業所擁有的投資資產，應由內部審計人員或不參與投資業務的其他人員進行定期盤點，檢查是否確實存在，並將盤點記錄於帳並與記錄相互核對以確認帳實的一致性。

（二）投資活動的控製測試

投資的控製測試一般包括如下內容：

（1）檢查控製執行留下的軌跡。註冊會計師應抽查投資業務的會計記錄和原始憑證，確定各項控製程序運行情況。

（2）審閱內部盤核報告。註冊會計師應審閱內部審計人員或其他授權人員對投資資產進行定期盤核的報告。應審閱其盤點方法是否恰當、盤點結果與會計記錄的核對情況及出現差異的處理是否合規。

（3）分析企業投資業務管理報告。對於企業的長期投資，註冊會計師只對照有關

項目十四　籌資與投資循環審計

投資方面的文件和憑證，分析企業的投資業務管理報告。在做出長期投資決策之前，企業最高管理階層（如董事會）需要對投資進行可行性研究和論證，並形成紀要，如證券投資的各類證券、聯營投資中的投資協議、合同及章程等。負責投資業務的財務經理須定期向企業最高管理層報告有關投資業務的開展情況（包括投資業務內容和投資收益實現情況及未來發展預測），即提交投資業務管理報告書，供最高管理層決策和控製。註冊會計師應認真分析這些投資業務管理報告的具體內容，並對照前述的文件和憑證資料，從而判斷企業長期投資的管理情況。

三、評估重大錯報風險

這裡以投資活動為主，要求註冊會計師考慮重大錯報風險對投資活動的影響，並對被審計單位可能發生的特定風險保持警惕。與投資交易和餘額相關的特定固有風險包括以下幾個方面：

（1）管理層錯誤表述投資業務或衍生金融工具業務的偏見和動機，包括瞞住預算、提高績效獎金、提高財務報表上的報告收益、確保從銀行獲得額外資金、吸引潛在投資購買者或影響股價以誤導投資者。

（2）所取得資產的性質和複雜程度可能導致確認和計量的錯誤，例如不正確的會計分配。儘管多數被審計單位可能只擁有少量的投資，並且買入和賣出的業務不頻繁，交易的非經營性可能導致做出會計處理時出現錯誤。如果會計人員沒有意識到不同類型投資計量或計價的複雜性，管理層通常不能輕易發現這些錯誤。

（3）所持有投資的公允價值可能難以計量。

（4）確定持有待售資產或持有至到期投資公允價值的困難性可能最終影響到資產負債表上投資和衍生金融工具的帳面價值。

（5）管理層凌駕於控製之上，可能導致投資交易未經授權。

（6）如果對有價證券的控製不充分，權益性有價證券的舞弊和盜竊風險可能很高，從而影響投資的存在性。

（7）關於資產的所有權及相關權利與義務的審計證據可能難以獲得。獲取的權益可能很複雜，例如，在企業集團中包含有跨國公司的情形及公司處理大量衍生工具的情形。

（8）如果每年發生的交易數量有限，並且會計人員不能確定在相關的購置或處置業務及損益的調整中的分配時，固定資產交易的記錄可能會發生錯誤。

（9）如果負責記錄投資處置業務的人員沒有意識到某項投資已經賣出，那投資的處置業務可能未經記錄。這種處置業務只能通過期末進行實物檢查來發現。

註冊會計師應當通過實施詢問、檢查文件記錄或觀察控製程序的執行情況等程序獲取確證的信息以支持對重大錯報風險的評估。在識別對財務報表特定帳戶餘額的影響的基礎上，註冊會計師應當涉及適當的審計程序以發現並糾正任何剩餘重大錯報風險。

任務三　籌資與投資循環的實質性程序

一、所有者權益的實質性程序

所有者權益是指所有者在企業資產中享有的經濟利益，其金額為資產減去負債後的餘額。所有者權益包括實收資本（或者股本）、資本公積、盈餘公積和未分配利潤等。

（一）所有者權益的審計目標

所有者權益的審計目標主要有以下幾個：
(1) 確定被審計單位的所有者權益是否存在。
(2) 確定是否將所有者權益的經濟業務都已記錄入帳，並已在帳簿上恰當地記錄。
(3) 確定被審計期間發生的所有者權益項目的增減變動是否符合有關法律、法規的規定。
(4) 確定財務報表上所有者權益的反應是否恰當。

（二）所有者權益的實質性程序

1. 股本（實收資本）的實質性程序

(1) 獲取或編制股本（實收資本）明細表，複核加計正確，並與報表數、總帳數和明細帳合計數核對是否相符。

(2) 審閱被審計單位的合同、章程、營業執照及有關董事會會議記錄，註冊會計師應向被審計單位獲取合同、章程、營業執照及有關董事會會議記錄，並認真審閱其中的有關規定。

(3) 審查實收資本（股本）的增減變動。註冊會計師應查明實收資本的增減變動原因，並審查其是否與董事會紀要、補充合同或協議及有關法律文件的規定一致。註冊會計師應通過對有關原始憑證、會計記錄的審閱和核對，向投資者函證實繳資本額，對有關財產和實物的價值進行鑒定，確定投入資本是否真實存在，計價是否正確。對首次接受委託的客戶，除取得驗資報告外，還應檢查並複印記帳憑證及進帳單。

(4) 對於以資本公積、盈餘公積和未分配利潤轉增資本的，應取得股東（大）會等資料，並審核是否符合國家有關規定；以權益結算的股份支付，取得相關資料，檢查是否符合相關規定。

(5) 函證發行在外的股票。註冊會計師應檢查已發行的股票數量是否真實，是否均已收到股款或資產。目前中國股票發行和轉讓大都由企業委託證券交易所和金融機構進行，由證券交易所和金融機構對發行在外的股票份數進行登記和控製。因為這些機構一般既瞭解公司發行股票的總數，又掌握公司股東的個人記錄及股票轉讓情況，在審計時可採取與證券交易所和金融機構函證及查閱的方法來驗證發行股份的數量，

項目十四　籌資與投資循環審計

並與股本帳面數額進行核對，確定是否相符。

（6）檢查股本是否已在資產負債表上恰當披露。企業的股本應在資產負債表和所有者權益變動表上單獨列示，註冊會計師應核對被審計單位資產負債表和所有者權益變動表中股本項目的數字是否與審定數相符，並檢查是否在會計報表附註中披露與股本有關的重要事項，如股本的種類、各類股本金額及股票發行的數額、每股股票的面值、本會計期間發行的股票等。

2. 資本公積的主要實質性程序

（1）資本公積是非經營性因素形成的不能計入實收資本的所有者權益，主要包括投資者實際繳付的出資額超過其資本份額的差額，如股本溢價、資本溢價和其他資本公積等。

（2）取得或編制資本公積明細表。資本公積明細表包括資本公積的種類、金額、形成日期及原因等。復核加計是否正確，並與報表數、總帳數和資本公積明細帳核對相符。

（3）收集與資本公積變動有關的董事會會議紀要、股東大會決議、資產評估報告等文件，更新永久性檔案。

（4）審查資本公積明細帳，確定資本公積形成的主要內容及其相關依據的合法性和正確性。

①對股本溢價，應取得董事會會議紀要、股東大會決議、有關合同、政府部門的批准文件，追查至銀行存款等原始憑證，檢查會計處理是否正確，注意股票溢價的計算是否扣除發行費用。

②檢查以權益法核算的被投資單位除淨損益以外所有者權益的變動，被審計單位是否已按其享有的份額入帳，會計處理是否正確；處置該項投資時是否轉銷與其相關的資本公積。

③對撥款轉入，查閱有關文件，結合專項應付款的審計，檢查撥款項目的完成情況，會計處理是否正確。

④對自用房地產或存貨轉換為以公允價值計量的投資性房地產，若轉換日公允價值大於帳面價值，差額是否正確記入本科目；若轉換日公允價值小於帳面價值，差額是否正確記入公允價值變動損益。處置投資性房地產時，檢查相關的資本公積是否已轉銷。

⑤對可供出售金融資產形成的資本公積，結合相關科目，檢查金額和相關會計處理是否正確；當可供出售金融資產轉為採用成本或攤餘成本計量時，已記入本科目的公允價值變動是否按規定進行了會計處理；當可供出售金融資產發生減值時，已記入本科目的公允價值變動是否轉入資產減值損失；當已減值的可供出售金融資產公允價值回升時，區分權益工具和債務工具，分別確定其會計處理是否正確。

⑥對資本公積轉增資本，應取得股東（大）會決議、董事會會議紀要和政府批文等，檢查資本公積轉增資本是否符合有關規定，會計處理是否正確。

（5）檢查資本公積各項目，考慮其對所得稅的影響。

（6）記錄資本公積中不能轉增資本的項目。

（7）審查資本公積披露的恰當性。資本公積根據「資本公積」帳戶的期末餘額在資產負債表單獨列示。註冊會計師應當核對被審計單位資產負債表中資本公積項目的

數額是否與審定數額相符，並檢查是否在會計報表附註中予以充分說明。

3. 盈餘公積的主要實質性程序

盈餘公積是企業按照國家有關規定，從稅後利潤中提取的累積資金。盈餘公積屬於指定用途的資金，主要用於彌補虧損和轉增資本，也可以按規定用於分配股利。盈餘公積包括法定盈餘公積和任意盈餘公積。盈餘公積的實質性程序通常有如下內容。

（1）取得或編製盈餘公積明細表，復核加計是否正確，並與報表數、總帳數和明細帳合計數核對相符。

（2）收集與盈餘公積變動有關的董事會會議紀要、股東（大）會決議及政府主管部門與財政部門批覆的文件等，進行審閱，並更新永久性檔案。

（3）審查盈餘公積的提取。主要審查法定盈餘公積和任意盈餘公積的計提順序、計提基數、計提比例是否符合有關規定，會計處理是否正確。

（4）審查盈餘公積的使用是否符合有關規定，取得董事會會議紀要、股東（大）會決議，予以核實，檢查有關會計處理是否正確。

（5）審查盈餘公積披露的恰當性。

4. 未分配利潤的主要實質性程序

未分配利潤是未分配給投資者，也未指定用途的利潤。它是企業歷年積存的利潤分配後的餘額。企業的未分配利潤通過「利潤分配—未分配利潤」明細科目進行核算。未分配利潤的實質性程序通常有如下內容。

（1）獲取或編製利潤分配明細表，復核加計是否正確，與報表數、總帳數及明細帳合計數核對相符。

（2）檢查未分配利潤期初數與上期審定數是否相符，涉及損益的上期審計調整是否正確入帳。

（3）收集和檢查與利潤分配有關的董事會會議紀要、股東（大）會決議、政府部門批文及有關合同、協議、公司章程等文件資料，更新永久性檔案。對照有關規定確認利潤分配的合法性。檢查資產負債表日後至財務報告批准報出日之間由董事會或類似機構制訂的利潤分配方案中擬分配的股利，是否在財務報表附註中單獨披露。注意當境內與境外會計師事務所審定的可供分配利潤不同時，被審計單位進行利潤分配的基數是否正確。

（4）檢查本期未分配利潤變動除淨利潤轉入以外的全部相關憑證。結合所獲取的文件資料，確定其會計處理是否正確。

（5）瞭解本年利潤彌補以前年度虧損的情況，如果已超過彌補期限，且已因為抵扣虧損而確認遞延所得稅資產的，應當進行調整。

（6）結合以前年度損益調整科目的審計，檢查以前年度損益調整的內容是否真實、合理，注意對以前年度所得稅的影響。對重大調整事項應逐項核實其發生原因、依據和有關資料、復核數據的正確性。

（7）檢查未分配利潤在資產負債表、利潤表及有關附表中披露是否恰當，口徑是否一致。

項目十四 籌資與投資循環審計

二、借款業務的實質性程序

(一) 借款的審計目標

借款的審計目標一般包括確定被審計單位在特定期間發生的借款業務是否均已記錄，有無遺漏；確認被審計單位所記錄的借款在特定期間是否確實存在，是否為被審計單位所承擔；確認被審計單位所有借款的會計處理是否正確；確定被審計單位各項借款的發生是否符合有關法律規定，被審計單位是否遵守了有關債務契約的規定；確認被審計單位借款餘額在有關財務報表上的反應是否恰當。

(二) 短期借款的實質性程序

短期借款的實質性程序通常包括以下幾個階段：

(1) 獲取或編制短期借款明細表。註冊會計師應首先獲取或編制短期借款明細表，復核其加計數是否正確，並與明細帳和總帳核對相符。

(2) 函證短期借款的實有數。註冊會計師應在期末短期借款餘額較大或認為必要時向銀行或其他債權人函證短期借款。

(3) 檢查短期借款的增加。對年度內增加的短期借款，註冊會計師應檢查借款合同和授權批准，瞭解借款數額、借款條件、借款日期、還款期限、借款利率，並與相關會計記錄相核對。

(4) 檢查短期借款的減少。對年度內減少的短期借款，註冊會計師應檢查相關記錄和原始憑證，核實還款數額。

(5) 檢查有無到期未償還的短期借款。註冊會計師應檢查相關記錄和原始憑證，檢查被審計單位有無到期未償還的短期借款。如有，則應查明是否已向銀行提出申請並經同意後辦理延期手續。

(6) 復核短期借款利息。註冊會計師應根據短期借款的利率和期限，復核被審計單位短期借款的利息計算是否正確，有無多算或少算利息的情況。如有未計利息和多計利息，應做出記錄，必要時進行調整。

(7) 檢查外幣借款的折算。如果被審計單位有外幣短期借款，註冊會計師應檢查外幣短期借款的增減變動是否按業務發生時的市場匯率或期初市場匯率折合為記帳本位幣金額；期末是否按市場匯率將外幣短期借款餘額折合為記帳本位幣金額；折算差額是否按規定進行會計處理；折算方法是否前後期一致。

(8) 檢查短期借款在資產負債表上的列報是否恰當。企業的短期借款在資產負債表上通常設「短期借款」項目單獨列示。對於因抵押而取得的短期借款，應在資產負債表附註中揭示。註冊會計師應注意被審計單位對短期借款項目的披露是否充分。

(三) 長期借款的實質性程序

長期借款同短期借款一樣都是企業向銀行或其他金融機構借入的款項，因此，長期借款的實質性程序同短期借款的實質性程序較為相似。長期借款的實質性程序通常包括以下幾個階段：

(1) 獲取或編制長期借款明細表，復核其加計數是否正確，並與明細帳和總帳核

對相符。

(2) 瞭解金融機構對被審計單位的授信情況及被審計單位的信用等級評估情況，瞭解被審計單位獲得短期借款和長期借款的抵押和擔保情況，評估被審計單位的信譽和融資能力。

(3) 對年度內增加的長期借款，應檢查借款合同和授權批准，瞭解借款數額、借款條件、借款日期、還款期限、借款利率，並與相關會計記錄相核對。對年度內減少的長期借款，註冊會計師應檢查相關記錄和原始憑證，核實還款數額。

(4) 向銀行或其他債權人函證重大的長期借款。

(5) 檢查長期借款的使用是否符合借款合同的規定，重點檢查長期借款使用的合理性。

(6) 檢查年末有無到期未償還的借款，逾期借款是否辦理了延期手續；分析計算逾期借款的金額、比率和期限，判斷被審計單位的資信程度和償債能力。

(7) 檢查借款費用的會計處理是否正確。借款費用，是指企業因借款而發生的利息及其他相關成本，包括折價或溢價的攤銷、輔助費用及因外幣借款而發生的匯兌差額。按照《企業會計準則第17號——借款費用》的規定，企業發生的借款費用，可直接歸屬於符合資本化條件的資產的購建或生產的，應當予以資本化，計入相關資產成本；其他借款費用，應當在發生時根據其發生額確認費用，計入當期損益。

(8) 檢查企業重大的資產租賃合同，判斷被審計單位是否存在資產負債表外融資的現象。

(9) 檢查長期借款是否已在資產負債表上充分披露。

長期借款在資產負債表上列示於長期負債類下。該項目應根據「長期借款」科目的期末餘額扣減將於一年內到期的長期借款後的數額填列。該項扣除數應當填列在流動負債類下的「一年內到期的長期負債」項目單獨反應。註冊會計師應根據審計結果，確定被審計單位長期借款在資產負債表上的列示是否充分，並注意長期借款的抵押和擔保是否已在財務報表附註中做了充分的說明。

(四) 應付債券的實質性程序

被審計單位應付債券業務不多，但每筆業務可能都是重要的，因此註冊會計師應重視此項負債的測試工作。應付債券的實質性程序一般包括以下幾個階段：

(1) 索取或編制應付債券明細表，並與明細帳及備查簿核對相符。必要時，詢證債權人及債券的承銷或包銷人，以驗證應付債券期末餘額的正確性。

(2) 審查被審計單位業務是否真實、合法。註冊會計師應著重檢查被審計單位發行債券是否經過有關部門的批准，由發行債券所形成的負債是否及時記錄。

(3) 審查被審計單位債券是否按期計算利息、溢價或折價發行債券，其實際收到的金額與債券票面金額的差額，是否在債券存續期間內分期攤銷。

(4) 審查被審計單位在發行債券時，是否將待發行債券的票面金額、票面利率、還本期限和方式、發行總額、發行日期和編號、委託代售部門、轉換股份等情況在備查簿中進行記錄。

(5) 檢查利息費用的會計處理是否正確。

(6) 檢查應付債券是否已在資產負債表中恰當披露。

項目十四 籌資與投資循環審計

應付債券在資產負債表上列示於長期負債類下，該項目應根據「應付債券」科目的期末餘額扣減將於一年內到期的應付債券後的數額填列，註冊會計師應根據審計結果，確定被審計單位應付債券在財務報表上的反應是否充分，應注意有關應付債券類別是否已在財務報表附註中做了充分說明。

（五）財務費用的實質性程序

財務費用的實質性程序一般包括以下工作：

（1）獲取或編制財務費用明細表，復核加計是否正確，與報表數、總帳數及明細帳合計數核對是否相符。

（2）將本期、上期財務費用各明細帳項目做比較與分析，必要時比較本期各月份財務費用，如有重大波動和異常情況應追查原因，擴大審計範圍或增加測試量。

（3）檢查有無利息支出明細帳，確認利息收支的真實性及正確性。檢查各項借款期末應計利息有無預計入帳。

（4）審閱下期期初的財務費用明細帳，檢查財務費用各項目有無跨期入帳的現象。

（5）檢查從其他業務或非銀行金融機構取得的利息收入是否按規定計繳營業稅。

（6）檢查財務費用的披露是否恰當。

三、投資業務的實質性程序

（一）長期股權投資審計

長期股權投資核審計算企業持有的通過權益法或成本法核算的長期股權投資，具體包括：①企業持有的能夠對被投資單位實施控製的權益性投資，即對子公司的投資；②企業持有的能夠與其他合營方一同對被投資單位實施共同控製的權益性投資，即對合營企業的投資；③企業持有的能夠對被投資單位施加重大影響的權益性投資，即對聯營企業的投資；①企業對被投資單位不具有控製、共同控製或重大影響，且在活躍市場中沒有報價、公允價值不能可靠計量的權益性投資。

1. 長期股權投資的審計目標

長期股權投資的審計目標一般包括確定資產負債表中列示的長期股權投資是否存在；確定所有應當列示的長期股權投資是否均已列示；確定列示的長期股權投資是否由被審計單位擁有或控製；確定長期股權投資是否以恰當的金額包括在財務報表中，與之相關的計價調整是否已恰當記錄；確定長期股權投資是否已按照企業會計準則的規定在財務報表中做出恰當列報。

2. 長期股權投資的實質性程序

長期股權投資的實質性程序通常包括以下幾個階段：

（1）獲取或編制長期股權投資明細表，復核加計是否正確，並與總帳數和明細帳合計數核對是否相符；結合長期股權投資減值準備科目與報表數核對是否相符。

（2）根據有關合同和文件，確認股權投資的股權比例和持有時間，檢查股權投資核算方法是否正確。

（3）對於重大的投資，向被投資單位函證被審計單位的投資額、持股比例及被審

計單位發放股利等情況。

（4）對於應採用權益法核算的長期股權投資，獲取被投資單位已經由註冊會計師審計的年度財務報表。如果未經註冊會計師審計，那應考慮對被投資單位的財務報表實施適當的審計或審閱程序。

①復核投資收益時，應以取得投資時被審計單位各項可辨認資產等的公允價值為基礎，對被審計單位的淨利潤進行調整後加以確認；被投資單位採用的會計政策及會計期間與被審計單位不一致的，應當按照被審計單位的會計政策及會計期間對被投資單位的財務報表進行調整，據以確認投資損益。

②將重新計算的投資收益與被審計單位所計算的投資收益相核對，如有重大差異，則查明原因，並提出適當的審計調整建議。

③檢查被審計單位按權益法核算長期股權投資，在確認應分擔被投資單位發生的淨虧損時，應首先衝減長期股權投資的帳面價值，其次衝減其他實質上構成被審計單位淨投資的長期權益帳面價值（如長期應收款等）。如果按照投資合同和協議約定被審計單位仍需要承擔額外損失義務的，應按預計承擔的義務確認統計負債，並與預計負債中的相應數字核對無誤。

④檢查除淨損益以外被投資單位所有者權益的其他變動，是否調整計入所有者權益。

（5）對於採用成本法核算的長期股權投資，檢查股利分配的原始憑證及分配決議等資料，確定會計處理是否正確；對被審計單位實施控製而採用成本法核算的長期股權投資，比照權益法編制變動明細表，以備合併報表使用。

（6）對於成本法和權益法相互轉換的，檢查其投資成本的確定是否正確。

（7）確定長期股權投資的增減變動的記錄是否完整。檢查本期增加的長期股權投資，追查至原始憑證及相關的文件或決議及被投資單位驗資報告或財務資料等，確認長期股權投資是否符合投資合同、協議的規定，並已確實投資，會計處理是否正確；檢查本期減少的長期股權投資，追查至原始憑證，確認長期股權投資的收回有合理的理由及授權批准手續，並已確實收回投資，會計處理是否正確。

（8）期末對長期股權投資進行逐項檢查，以確認長期股權投資是否已經發生減值。

（9）結合銀行借款等檢查，瞭解長期股權投資是否存在質押、擔保情況。如有，則應詳細記錄，並提請被審計單位進行充分披露。

（10）確定長期股權投資在資產負債表上已恰當列報。與被審計單位人員討論確定是否存在被投資單位由於所在國家和地區及其他方面的影響，其向被審計單位轉移資金的能力受到限制的情況。如存在，應詳細記錄受限情況，並提請被審計單位充分披露。

（二）投資收益審計

1. 投資收益的審計目標

投資收益的審計目標一般包括確定利潤表中列示的投資收益是否已真實列示，且與被審計單位有關；確定所有應當列示的投資收益是否均已列示；確定占投資收益有關的金額及其他數據是否已恰當記錄；確定投資收益是否已反應於正確的會計期間；確定投資收益是否已記錄於恰當的帳戶；確定投資收益是否已按照《企業會計準則》

項目十四 籌資與投資循環審計

的規定在財務報表中做出恰當的列報。

2. 投資收益的實質性程序

投資收益的實質性程序通常包括以下幾個階段：

（1）獲取或編制投資收益分類明細表。復核加計是否正確，並與總帳數和明細帳合計數核對是否相符，與報表數核對是否相符。

（2）與以前年度投資收益比較，結合投資本期的變動情況，分析本期投資收益是否存在異常現象。如有，應查明原因，並做出適當的調整。

（3）與長期股權投資、交易性金融資產、交易性金融負債、可供出售金融資產、持有至到期投資等相關項目的審計結合，驗證確定投資收益的記錄是否正確，確定投資收益被計入正確的會計期間。

（4）確定投資收益已恰當列報。檢查投資協議等，確定國外的投資收益匯回是否存在重大限制，應說明原因，並做出恰當披露。

項目小結

本章主要介紹了籌資與投資循環的基本內容、審計目標和審計程序。本章的重點是籌資與投資循環的內部控制及測試、籌資與投資循環相關帳戶的審計目標和審計程序。

籌資包括權益籌資和負債籌資兩種方式，其主要的業務活動包括審批授權、簽訂合同或協議、取得資金、計算利息或股利、償還本息和發放股利等。投資循環主要包括投資決策、審批授權、取得證券或其他投資、取得投資收益、到期收回投資等業務活動。該循環中重要的內部控制包括正確的授權審批、定期核對帳目等內容。主要的實質性程序針對所有者權益、短期借款、長期借款和長期股權投資等相關項目或帳戶展開。

練習題

一、單項選擇題

1. 註冊會計師實施的下列審計程序中，不屬於與借款活動相關的控制測試程序的是(　　)。
   A. 索取借款的授權批准文件，檢查批准的權限是否恰當、手續是否齊全
   B. 觀察借款業務的職責分工，並將職責分工的有關情況記錄於審計工作底稿中
   C. 檢查被審計單位是否定期與債權人核對帳目
   D. 計算短期借款、長期借款在各個月份的平均餘額，選取適用的利率匡算利息支出總額，並與帳務費用等項目的相關記錄核對
2. 授權批准是實現籌資與投資循環內部控制目標中(　　)認定的關鍵內部控制程序。
   A. 存在　　　　　　　　　　　B. 權利和義務

C. 完整性 D. 計價和分攤

3. 計算投資收益占利潤總額的比例，並將其與各年比較，可以看出被審計單位（　　）。
   A. 投資的真實性　　　　　　　　B. 投資的完整性
   C. 投資收益的正確性　　　　　　D. 盈利能力的穩定性

4. 註冊會計師為確定被審計單位期末長期借款帳戶餘額的真實性，可以進行函證。函證的對象應當是（　　）。
   A. 被審計單位的律師　　　　　　B. 金融監管機關
   C. 被審計單位的主要股東　　　　D. 銀行或其他有關債權人

5. 在檢查被審計單位的長期借款業務時，註冊會計師如發現有逾期未償還的長期借款，首先應實施（　　）的審計程序。
   A. 判斷被審計單位的償債能力　　B. 判斷被審計單位的資信程度
   C. 核實是否辦理了延期還款手續　D. 計算逾期貸款的金額和比率

二、多項選擇題

1. 註冊會計師計劃測試 X 公司期末長期投資餘額的存在性。以下審計程序中，可能實現該審計目標的有（　　）。
   A. 向被投資單位寄發詢證函
   B. 向受託代管 C 公司長期證券的託管機構寄發詢證函
   C. 查閱 C 公司董事會與長期投資業務有關的會議記錄
   D. 檢查長期股權投資中股票投資的期末市價變動情況

2. 註冊會計師計劃測試被審計單位期末長期借款的完整性。以下審計程序中，可能實現該審計目標的有（　　）。
   A. 檢查借款合同
   B. 檢查被審計單位與長期借款有關的董事會會議記錄
   C. 索取長期借款的授權批准文件
   D. 向銀行寄發詢證函

3. 企業投資活動的內部控制主要包括下列哪些方面（　　）。
   A. 職責分工　　　　　　　　　　B. 資產保管制度
   C. 會計核算制度　　　　　　　　D. 定期盤點制度

4. 對短期借款實施實質性程序時，註冊會計師應根據短期借款項目（　　）等確定實質性程序的審計程序和方法。
   A. 期末餘額的大小　　　　　　　B. 占負債總額比例的高低
   C. 相關內部控制的強弱　　　　　D. 以前年度發現問題的多少

5. 對於長期借款在財務報表中的披露，註冊會計師應當審查（　　）。
   A. 借款的目的是否說明
   B. 借款的種類是否列示
   C. 借款的擔保是否說明
   D. 一年內到期的長期借款是否列入「一年內到期的非流動負債」

三、簡答題

1. 以下針對長期股權投資列示了一部分可能實施的主要審計程序。請針對長期股

項目十四 籌資與投資循環審計

權投資的每一審計目標，選出能夠實現該審計目標的一項最佳審計程序，將其英文大寫字母編號填列在題後表格內（見表14-1），每一項審計程序最多只能被選擇一次。

A. 獲取和編制投資收益明細表，復核加計是否正確。
B. 確定投資收益是否已恰當列報。
C. 被投資單位向投資企業轉移資金的能力受到限制的情況。
D. 檢查本期增加的長期股權投資是否已經記錄，會計處理是否正確。
E. 獲取或編制長期股權投資明細表，復核加計是否正確，並與總帳、明細帳的合計數核對是否相符。
F. 結合銀行借款的檢查，瞭解長期股權投資是否存在質押、擔保情況。
G. 檢查有關合同和文件，並向被投資單位函證。

表 14-1 簡答題 1 表

審計目標	存在	完整性	權利和義務	計價和分攤	列報和披露
審計程序					

2. 甲公司關於長期借款和長期股權投資的部分內部控製設計與運行摘錄如下：

（1）每月月末，信貸管理員與信貸記帳員核對借款備查帳與借款明細帳，編制核對表報會計主管復核。如有任何差異，應立即調查。若出現需要進行調整的情況，會計主管將編寫調整建議，連同有關支持文件一併交予財務經理，復核和審批後進行帳務處理。

（2）出納員根據經復核無誤的付款憑證登記銀行存款日記帳和銀行存款總帳。

（3）根據經批准的可行性研究報告，投資管理經理編寫投資計劃書並草擬投資合同，與被投資單位進行討論。投資合同的重要條款應經律師、財務經理和總經理審核，由董事會授權總經理簽署。

（4）投資管理員根據經批准的年度投資預算，就擬投資項目進行可行性研究、組織專家論證，編寫可行性研究報告。經投資管理經理、財務經理復核後，交董事會批准後執行。其中：金額在人民幣20萬元以下的投資項目由總經理審批；金額超過人民幣20萬元的投資項目由董事長審批。

（5）年度終了後，投資管理員取得聯營公司經審計的財務報表等資料。投資記帳員復核被投資公司的財務信息，按成本法計算投資收益，經會計主管復核後進行帳務處理。

要求：假定被審計單位的其他內部控製不存在缺陷，請指出甲公司上述內部控製在設計與運行方面是否存在缺陷。如果存在，請簡要說明理由。

項目十五 終結審計與審計報告

學習目標

1. 掌握審計差異匯總表和試算平衡表的編制方法；
2. 熟悉審計報告的基本要素；
3. 瞭解期後事項審計的方法；
4. 掌握審計報告的類型；
5. 掌握各種類型審計報告的簽發條件。

任務一 終結審計

一、編制審計差異調整表和試算平衡表

在完成按業務循環進行的控制測試和實質性程序及特殊項目的審計後，對審計項目組成員在審計中發現的被審計單位的會計處理方法與企業會計準則的不一致，即審計差異內容，審計項目經理應予以初步確定並匯總，並建議被審計單位進行調整，使經審計的財務報表所載信息能夠公允地反應被審計單位的財務狀況、經營成果和現金流量。對審計差異內容的初步確定並匯總直至形成已審的財務報表的過程，主要是通過編制審計差異調整表和試算平衡表得以完成的。

（一）編制審計差異調整表

審計差異內容按是否需要調整帳戶記錄可分為核算錯誤和重分類錯誤。核算錯誤是因企業對經濟業務進行了不正確的會計核算而引起的錯誤；重分類錯誤是因企業未按企業會計準則列報財務報表而引起的錯誤。例如，企業在應付帳款項目中反應的預付帳款、在應收帳款項目中反應的預收帳款等。

無論是核算錯誤還是重分類錯誤，在審計工作底稿中通常都是以會計分錄的形式反應的。由於審計中發現的錯誤往往不止一兩項，為便於審計項目的各級負責人綜合判斷、分析和決定，也為了便於有效編制試算平衡表和代編經審計的財務報表，通常需要將這些建議調整的不符事項、未調整不符事項和重分類錯誤分別匯總至帳項調整

項目十五　終結審計與審計報告

分錄匯總表、重分類調整分錄匯總表和未更正錯報匯總表。三張匯總表的參考格式分別見表 15-1、表 15-2 和表 15-3。

表 15-1　帳項調整分錄匯總表

序號	內容及說明	索引號	調整內容				影響利潤表+（－）	影響資產負債表+（－）
			借方項目	借方金額	貸方項目	貸方金額		

與被審計單位的溝通：
參加人員：
被審計單位：＿＿＿＿＿＿＿＿＿＿＿＿＿＿＿＿＿＿＿＿＿＿＿＿＿＿＿＿＿
審計項目組：＿＿＿＿＿＿＿＿＿＿＿＿＿＿＿＿＿＿＿＿＿＿＿＿＿＿＿＿＿
被審計單位的意見：
＿＿＿＿＿＿＿＿＿＿＿＿＿＿＿＿＿＿＿＿＿＿＿＿＿＿＿＿＿＿＿＿＿＿＿
＿＿＿＿＿＿＿＿＿＿＿＿＿＿＿＿＿＿＿＿＿＿＿＿＿＿＿＿＿＿＿＿＿＿＿

結論：
是否同意上述審計調整：＿＿＿＿＿＿＿＿＿＿＿
被審計單位授權代表簽字：＿＿＿＿＿＿＿＿＿＿　日期：＿＿＿＿＿＿＿＿＿

表 15-2　重分類調整分錄匯總表

序號	內容及說明	索引號	調整項目及金額			
			借方項目	借方金額	貸方項目	貸方金額

與被審計單位的溝通：
參加人員：
被審計單位：＿＿＿＿＿＿＿＿＿＿＿＿＿＿＿＿＿＿＿＿＿＿＿＿＿＿＿＿＿
審計項目組：＿＿＿＿＿＿＿＿＿＿＿＿＿＿＿＿＿＿＿＿＿＿＿＿＿＿＿＿＿
被審計單位的意見：
＿＿＿＿＿＿＿＿＿＿＿＿＿＿＿＿＿＿＿＿＿＿＿＿＿＿＿＿＿＿＿＿＿＿＿
＿＿＿＿＿＿＿＿＿＿＿＿＿＿＿＿＿＿＿＿＿＿＿＿＿＿＿＿＿＿＿＿＿＿＿

結論：
是否同意上述審計調整：＿＿＿＿＿＿＿＿
被審計單位授權代表簽字：＿＿＿＿＿＿＿＿＿ 日期：＿＿＿＿＿＿＿

表 15-3　未更正錯報匯總表

序號	內容及說明	索引號	未調整內容					備註
			借方項目	借方金額	貸方項目	貸方金額	

未更正錯報的影響：
　　項目
　　1. 總資產
　　2. 淨資產
　　3. 銷售收入
　　4. 費用總額
　　5. 毛利
　　6. 淨利潤
結論：

被審計單位授權代表簽字：＿＿＿＿＿＿＿＿＿ 日期：＿＿＿＿＿＿＿

　　註冊會計師確定核算錯誤和重分類錯誤後，應以書面方式及時徵求被審計單位的意見。若被審計單位予以採納，應取得其同意調整的書面確認；若被審計單位不予採納，應分析原因，並根據錯報的性質和重要程度，確定是否在審計報告中予以反應，以及如何反應。

　　（二）編制試算平衡表
　　試算平衡表是註冊會計師在被審計單位提供未審財務報表的基礎上，考慮調整分錄、重分類分錄等內容以確定已審數與報表披露數的表式。有關資產負債表和利潤表的試算平衡表的參考格式分別見表 15-4 和表 15-5。

項目十五　終結審計與審計報告

表 15-4　資產負債表試算平衡表

項目	期末未審數	帳項調整 借方	帳項調整 貸方	重分類調整 借方	重分類調整 貸方	期末審定數	項目	期末未審數	帳項調整 借方	帳項調整 貸方	重分類調整 借方	重分類調整 貸方	期末審定數
貨幣資金							短期借款						
交易性金融資產							交易性金融負債						
應收票據							應付票據						
應收股利							應付帳款						
應收利息							預收款項						
應收帳款							應付職工薪酬						
其他應收款							應付利息						
預付帳款							應付股利						
應收補貼款							應交稅費						
存貨							其他應付款						
一年內到期的非流動資產							預計負債						
其他流動資產							一年內到期的非流動負債						
可供出售金融資產							其他流動負債						
持有至到期投資							長期借款						
長期應收款							應付債券						
長期股權投資							長期應付款						
投資性房地產							專項應付款						
固定資產							遞延所得稅負債						
工程物資							其他非流動負債						

233

表 15-4（續）

項目	期末未審數	帳項調整 借方	帳項調整 貸方	重分類調整 借方	重分類調整 貸方	期末審定數	項目	期末未審數	帳項調整 借方	帳項調整 貸方	重分類調整 借方	重分類調整 貸方	期末審定數
在建工程							實收資本（或股本）						
固定資產清理							資本公積						
無形資產							盈餘公積						
開發支出							未分配利潤						
商譽													
長期待攤費用													
遞延所得稅資產													
其他非流動資產													
合計							合計						

表 15-5　利潤表試算平衡表工作底稿

被審計單位：　　　　　　　索引號：
　　項目：　　　　　　　　財務報表截止日/期間
　　編制：　　　　　　　　復核：
　　日期：　　　　　　　　日期：

項目	審計前金額	調整金額 借方	調整金額 貸方	審定金額
一 營業收入				
減：營業成本				
營業稅金及附加				
銷售費用				
管理費用				
財務費用				
資產減值損失				
加：公允價值變動損益				

項目十五　終結審計與審計報告

表 15-5（續）

項目	審計前金額	調整金額 借方	調整金額 貸方	審定金額
二	營業利潤			
	加：營業外收入			
	減：營業外支出			
三	利潤總額			
	減：所得稅費用			
四	淨利潤			

二、復核財務報表總體合理性

在審計結束或臨近結束時，註冊會計師需要運用分析程序以確定審計調整後的財務報表整體是否與其對被審計單位的瞭解一致、是否具有合理性。在運用分析程序進行總體復核時，如果識別出以前未識別的重大錯報風險，註冊會計師應當重新考慮對全部或部分各類交易、帳戶餘額和披露評估的風險是否恰當，並在此基礎上重新評價之前計劃的審計程序是否充分、是否有必要追加審計程序。

三、評價審計結果

註冊會計師評價審計結果，主要為了確定將要發表的審計意見的類型，以及在整個審計工作中是否遵循了審計準則。為此，註冊會計師必須完成兩項工作：一是對重要性和審計風險進行最終的評價，二是對被審計單位已審計財務報表形成審計意見並草擬審計報告。

（一）對重要性和審計風險進行最終評價

對重要性和審計風險進行最終評價，是註冊會計師決定發表何種類型審計意見的必要過程。該過程可以通過以下兩個環節完成：

（1）確定可能的錯報金額。該錯報金額一般是指各財務報表項目可能的錯報金額匯總數，以及上期未更正錯報對本期財務報表的影響。

（2）根據財務報表層次重要性水平，確定可能的錯報金額的匯總數（即可能錯報總額）對整個財務報表的影響程度。

通過分析，如果註冊會計師得出結論，審計風險處在一個可接受的水平，則可以直接根據審計結果發表意見；如果註冊會計師認為審計風險不能接受，則應追加審計測試或者說服被審計單位做出必要調整，以便將重大錯報的風險降低到可接受的水平，否則，註冊會計師應慎重考慮該審計風險對審計報告的影響。

（二）對被審計單位已審計財務報表形成審計意見並草擬審計報告

在完成審計工作階段，為了對財務報表整體發表恰當的審計意見，註冊會計師需

要將分散的審計結果進行匯總和評價，綜合考慮在審計過程中收集到的全部審計證據。在對審計意見形成最後決定之前，會計師事務所通常要與被審計單位召開溝通會。註冊會計師可採用口頭方式報告本次審計所發現的問題，並說明建議被審計單位做必要調整或表外披露的理由。被審計單位管理層也可以在會上申辯自己的立場，如果雙方達成一致意見，註冊會計師一般即可簽發標準審計報告，否則，註冊會計師則可能不得不發表其他類型的審計意見。

四、復核審計工作底稿

會計師事務所應當建立完善的審計工作底稿分級復核制度。對審計工作底稿的復核分為兩個層次——項目組內部復核和獨立的項目質量控製復核。

（一）項目組內部復核

項目組內部復核又分為兩個層次，審計項目經理的現場復核（第一級）；項目合夥人的復核（最高級）。審計項目經理的現場復核通常在審計現場完成，以便及時發現和解決問題。項目合夥人對審計工作底稿實施復核是項目組內部最高級別的復核，該復核是對審計項目經理復核的再監督。

（二）項目質量控製復核

項目質量控製復核是指在出具報告前，對項目組做出的重大判斷和在準備報告時形成的結論做出客觀評價的過程。《質量控製準則第 5101 號——會計師事務所對執行財務報表審計和審閱、其他鑒證和相關服務實施的質量控製》要求對上市實體財務報表審計，以及會計師事務所確定需要實施項目質量控製復核的其他業務實施項目質量控製復核，並在出具報告前完成。項目質量控製復核是對審計工作結果實施最後質量控製，以確認審計工作已達到會計師事務所的工作標準，並消除妨礙註冊會計師判斷的偏見，得出符合事實的審計結論。

（三）項目組內部復核與項目質量控製復核的區別

（1）復核主體不同。項目組內部復核是項目組內部進行的復核，包括項目經理的現場復核和項目合夥人的復核；項目質量控製復核則是會計師事務所挑選不參與該業務的人員，獨立地對特定業務實施的復核。後者的獨立性和客觀性通常高於前者。

（2）復核對象不同。對每項業務都應當實施項目組內部復核，而會計師事務所只對特定業務實施項目質量控製復核。

（3）復核範圍不同。對每項業務實施項目組內部復核的內容比較寬泛。會計師事務所對特定業務實施項目質量控製復核的重點，是客觀評價項目組做出的重大判斷和準備報告時形成的結論。

項目十五　終結審計與審計報告

任務二　審計報告

一、審計報告的含義

審計報告是指註冊會計師根據中國註冊會計師審計準則的規定，在實施審計工作的基礎上對被審計單位財務報表發表審計意見的書面文件。

二、審計報告的種類

審計報告分為標準審計報告和非標準審計報告。當註冊會計師出具的無保留意見的審計報告不附加說明段、強調事項段或任何修飾性用語時，該報告稱為標準審計報告（或稱為標準無保留意見審計報告）；非標準審計報告是指標準審計報告以外的其他審計報告，包括帶強調事項段或其他事項段的無保留意見的審計報告和非無保留意見的審計報告。非無保留意見的審計報告包括保留意見的審計報告、否定意見的審計報告和無法表示意見的審計報告。審計報告的強調事項段是指審計報告中含有的一個段落。該段落提及已在財務報表中恰當列報和披露的事項。根據註冊會計師的職業判斷，該事項對財務報表使用者理解財務報表至關重要。其他事項段是指審計報告中含有的一個段落。該段落提及未在財務報表中列報或披露的事項。根據註冊會計師的職業判斷，該事項與財務報表使用者理解審計工作、註冊會計師的責任或審計報告相關。

三、審計報告的基本內容

審計報告的基本內容包括下列要素：①標題；②收件人；③引言段；④管理層對財務報表的責任段；⑤註冊會計師的責任段；⑥審計意見段；⑦註冊會計師的簽名和蓋章；⑧會計師事務所的名稱、地址及蓋章；⑨報告日期。對按照適用的財務報告編制基礎編制的財務報表出具的標準無保留意見審計報告範例如下：

審計報告（1-標題）

ABC 股份有限公司全體股東：（2-收件人）

我們審計了後附的 ABC 股份有限公司（以下簡稱 ABC 公司）財務報表，包括20×1年12月31日的資產負債表，20×1年度的利潤表、股東權益變動表和現金流量表及財務報表附註（3-引言段）。

一、管理層對財務報表的責任（4-責任段）

編制和公允列報財務報表是 ABC 公司管理層的責任。這種責任包括：①按照企業會計準則的規定編制財務報表，並使其實現公允反應；②設計、執行和維護必要的內部控製，以使財務報表不存在由舞弊或錯誤而導致的重大錯報。

二、註冊會計師的責任（5-責任段）

我們的責任是在執行審計工作的基礎上對財務報表發表審計意見。我們按照中國註冊會計師審計準則的規定執行了審計工作。中國註冊會計師審計準則要求我們遵守中國註冊會計師職業道德守則，計劃和執行審計工作以對財務報表是否不存在重大錯報獲取合理保證。

審計工作涉及實施審計程序，以獲取有關財務報表金額和披露的審計證據。選擇的審計程序取決於註冊會計師的判斷，包括對由舞弊或錯誤導致的財務報表重大錯報風險的評估。在進行風險評估時，註冊會計師考慮與財務報表編制和公允列報相關的內部控製，以設計恰當的審計程序，但目的並非對內部控製的有效性發表意見。審計工作還包括評價管理層選用會計政策的恰當性和做出會計估計的合理性，以及評價財務報表的總體列報。

我們相信，我們獲取的審計證據是充分、適當的，為發表審計意見提供了基礎。

三、審計意見（6-審計意見段）

我們認為，ABC公司財務報表在所有重大方面按照企業會計準則的規定編制，公允反應了ABC公司20×1年12月31日的財務狀況，以及20×1年度的經營成果和現金流量。

××會計師事務所　　　　　　　　　　　　　中國註冊會計師：×××
（蓋章）　　　　　　　　　　　　　　　　　　　　　（簽名並蓋章）
中國××市　　　　　　　　　　　　　　　中國註冊會計師：×××
（8-名稱、地址和蓋章）　　　　　　　　　　　　　　（簽名並蓋章）
　　　　　　　　　　　　　　　　　　　　　　　　　（7-簽名和蓋章）
　　　　　　　　　　　　　　　　　　　　　　　二〇×四年×月×日
　　　　　　　　　　　　　　　　　　　　　　　　　（9-報告日期）

四、審計報告的簽發條件

（一）標準無保留意見審計報告的簽發條件

標準無保留意見審計報告是註冊會計師對被審計單位財務報表發表的不帶強調事項段或其他事項段的無保留意見審計報告。如果認為被審計單位財務報表符合下列所有條件，註冊會計師應當出具標準無保留意見審計報告：

（1）財務報表已經在所有重大方面按照適用的財務報告編制基礎編制，公允反應了被審計單位的財務狀況、經營成果和現金流量。

（2）註冊會計師已經按照中國註冊會計師審計準則的規定計劃和實施審計工作，在審計過程中未受到限制。

（3）沒有必要在審計報告中增加強調事項段或其他事項段。

項目十五　終結審計與審計報告

(二) 帶有強調事項段的無保留意見審計報告的簽發條件

如果認為有必要提醒財務報表使用者關注已在財務報表中列報或披露的某事項，且根據職業判斷認為該事項對財務報表使用者理解財務報表至關重要，註冊會計師應在已獲取充分、適當的審計證據證明該事項在財務報表中不存在重大錯報的條件下，在審計報告中增加強調事項段。

對於異常訴訟或監管行動的未來結果存在不確定性的事項、提前應用對財務報表有廣泛影響的新會計準則、存在已經或持續對被審計單位財務狀況產生重大影響的特大災難等事項，註冊會計師通常認為需要增加強調事項段以提醒報表的使用者關注。

在審計報告中增加強調事項段時，註冊會計師應當採取下列措施：
(1) 將強調事項段緊接在審計意見段之後。
(2) 使用「強調事項」或其他適當標題。
(3) 明確提及被強調事項及相關披露的位置，以便能夠在財務報表中找到對該事項的詳細描述。
(4) 指出審計意見沒有因該強調事項而改變。

(三) 帶有其他事項段的審計報告簽發條件

對於未在財務報表中列報或披露，但根據職業判斷認為與財務報表使用者理解審計工作、註冊會計師的責任或審計報告相關且未被法律法規禁止的事項，註冊會計師應當在審計報告中增加其他事項段，並使用「其他事項」或其他適當標題。註冊會計師應當將其他事項段緊接在審計意見段或強調事項段（如有）之後。如果其他事項段的內容與其他報告責任部分相關，這一段落也可以置於審計報告的其他位置。

(四) 保留意見的審計報告簽發條件

當存在下列情形之一時，註冊會計師應當發表保留意見：
(1) 在獲取充分、適當的審計證據後，註冊會計師認為錯報單獨或匯總起來對財務報表影響重大，但不具有廣泛性。
(2) 註冊會計師無法獲取充分、適當的審計證據以作為形成審計意見的基礎，並認為未發現的錯報（如存在）對財務報表可能產生的影響重大，但不具有廣泛性。

根據註冊會計師的判斷，對財務報表的影響具有廣泛性的情形包括但不限於對財務報表的特定要素、帳戶或項目產生影響。雖然僅對財務報表的特定要素、帳戶或項目產生影響，但這些要素、帳戶或項目可能是財務報表的主要組成部分；當與披露相關時，產生的影響對財務報表使用者理解財務報表至關重要。

(五) 否定意見審計報告簽發條件

在獲取充分、適當的審計證據後，如果認為錯報單獨或匯總起來對財務報表的影響重大且具有廣泛性，註冊會計師應當發表否定意見。

(六) 無法表示意見審計報告簽發條件

註冊會計師無法獲取充分、適當的審計證據以作為形成審計意見的基礎，但認為

未發現的錯報（如存在）對財務報表可能產生的影響重大且具有廣泛性，註冊會計師應當發表無法表示意見。

五、期後事項審計

期後事項是指財務報表日至審計報告日之間發生的事項，以及註冊會計師在審計報告日後知悉的事實。

（一）期後事項的種類

財務報表日後發生的事項可能影響財務報表。適用的財務報告編制基礎通常專門提及期後事項，將其區分為下列兩類：一是對財務報表日已經存在的情況提供證據的事項，即對財務報表日已經存在的情況提供了新的或進一步證據的事項，該事項稱為財務報表日後調整事項；二是對財務報表日後發生的情況提供證據的事項，也就是表明財務報表日後發生的情況的事項，也稱為財務報表日後非調整事項。

財務報表日後調整事項需要提請被審計單位調整被審計年度的財務報表。這類事項的主要情況出現在被審計單位財務報表日之前。其帶來的財務影響應當在被審計年度的財務報表中反應出來。財務報表日後調整事項通常包括下列事項：

（1）財務報表日訴訟案件結案，法院判決證實了企業在財務報表日已經存在現實義務，需要調整原先確認的與該訴訟案件相關的預計負債，或確認一項新負債。

（2）財務報表日後取得確鑿證據，表明某項資產在財務報表日發生了減值或者需要調整該項資產原先確認的減值金額。

（3）財務報表日後進一步確定了財務報表日前購入資產的成本或售出資產的收入。

（4）財務報表日後發現了財務報表舞弊或差錯。

財務報表日後非調整事項出現在被審計單位財務報表日之後，因此不影響財務報表的金額，但如果這些事項不在財務報表中反應，可能會影響財務報表使用者對財務報表的正確理解。

被審計單位在財務報表日後發生的非調整事項通常包括：重大訴訟、仲裁、承諾；資產價格、稅收政策、外匯匯率發生重大變化；因自然災害導致資產發生重大損失；發行股票和債券及其他巨額舉債；資本公積轉增資本；發生巨額虧損；發生企業合併或處置子公司等。

期後事項可以按時間劃分為三個時段，如圖 15-1 所示。

（1）第一個時段是財務報表日後至審計報告日，即「第一時段期後事項」。
（2）第二個時段是審計報告日後至財務報表報出日，即「第二時段期後事項」。
（3）第三個時段是財務報表報出日後，即「第三時段期後事項」。

項目十五 終結審計與審計報告

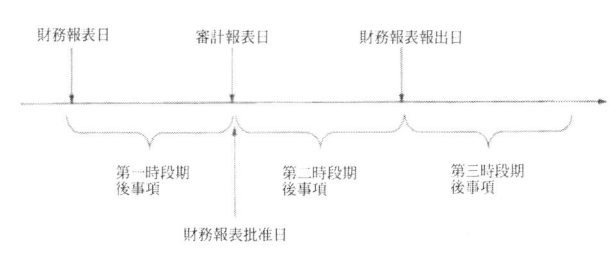

圖 15-1 期後事項的三個時段

(二) 財務報表日至審計報告日之間發生的事項

註冊會計師應當設計和實施審計程序，獲取充分、適當的審計證據，以確定在財務報表日至審計報告日之間發生的且需要在財務報表中調整或披露的所有事項均已得到識別；但註冊會計師並不需要對之前已實施審計程序並已得出滿意結論的事項執行追加的審計程序。

如果註冊會計師識別出對財務報表有重大影響的第一時段期後事項，應當確定這些事項是否按照適用的財務報告編制基礎的規定在財務報表中得到恰當反應；如果所知悉的期後事項屬於調整事項，註冊會計師應當考慮被審計單位是否已對財務報表做出適當的調整。如果所知悉的期後事項屬於非調整事項，註冊會計師應當考慮被審計單位是否在財務報表附註中予以充分披露。

(三) 審計報告日後至財務報表報出日前知悉的事實

在審計報告日後，註冊會計師沒有義務針對財務報表實施任何審計程序。如果註冊會計師在審計報告日後至財務報表報出日前知悉了某事實，且若在審計報告日知悉可能導致審計報告被修改，註冊會計師應當採取以下措施：

(1) 與管理層和治理層（如適用）討論該事項。
(2) 確定財務報表是否需要修改。
(3) 如果需要修改，詢問管理層將如何在財務報表中處理該事項。

1. 管理層修改財務報表時的處理

(1) 註冊會計師應當將用以識別期後事項的上述審計程序延伸至新的審計報告日，並針對修改後的財務報表出具新的審計報告，新的審計報告日不應早於修改後的財務報表被批准的日期。

(2) 註冊會計師需要獲取充分、適當的審計證據，以驗證管理層根據期後事項所做出的財務報表調整或披露是否符合適用的財務報告編制基礎的規定。

(3) 在有關法律法規或適用的財務報告編制基礎未禁止的情況下，如果管理層對財務報表的修改僅限於反應導致修改的期後事項的影響，被審計單位的董事會、管理層或類似機構也僅對有關修改進行批准，那註冊會計師可以僅針對有關修改將用以識別期後事項的上述審計程序延伸至新的審計報告日。

在這種情況下，註冊會計師應當選用下列處理方式之一：

(1) 修改審計報告，針對財務報表修改部分增加補充報告日期，從而表明註冊會

計師對期後事項實施的審計程序僅限於財務報表相關附註所述的修改。

（2）出具新的或經修改的審計報告，在強調事項段或其他事項段中說明註冊會計師對期後事項實施的審計程序僅限於財務報表相關附註所述的修改。

2. 管理層不修改財務報表且審計報告已提交時的處理

（1）如果認為管理層應當修改財務報表而沒有修改，並且審計報告已經提交給被審計單位，註冊會計師應當通知管理層和治理層在財務報表做出必要修改前不要向第三方報出。

（2）如果財務報表在未經必要修改的情況下仍被報出，註冊會計師應當採取適當措施，以設法防止財務報表使用者信賴該審計報告。

3. 管理層不修改財務報表且審計報告未提交時的處理

如果認為管理層應當修改財務報表而沒有修改，並且審計報告尚未提交給被審計單位，註冊會計師應當按照《中國註冊會計師審計準則第1502號——在審計報告中發表非無保留意見》的規定發表非無保留意見，然後再提交審計報告。

（四）財務報表報出後知悉的事實

註冊會計師沒有義務針對第三時段期後事項實施任何審計程序。如果註冊會計師在財務報表報出後知悉了某事實，且若在審計報告日知悉可能導致修改審計報告，註冊會計師應當採取以下措施：

（1）與管理層和治理層（如適用）討論該事項。

（2）確定財務報表是否需要修改。

（3）如果需要修改，詢問管理層將如何在財務報表中處理該事項。

1. 管理層修改財務報表時的處理

如果管理層修改了財務報表，註冊會計師應當採取如下必要的措施：

（1）根據具體情況對有關修改實施必要的審計程序。

（2）復核管理層採取的措施能否確保所有收到原財務報表和審計報告的人士瞭解這一情況。

（3）延伸實施審計程序，並針對修改後的財務報表出具新的審計報告。

（4）在特殊情況下，修改審計報告或提供新的審計報告。

2. 管理層未採取任何行動時的處理

（1）如果管理層沒有採取必要措施確保所有收到原財務報表的人士瞭解這一情況，也沒有在註冊會計師認為需要修改的情況下修改財務報表，註冊會計師應當通知管理層和治理層（除非治理層全部成員參與管理被審計單位），註冊會計師將設法防止財務報表使用者信賴該審計報告。

（2）如果註冊會計師已經通知管理層或治理層，而管理層或治理層沒有採取必要措施，註冊會計師應當採取適當措施，以設法防止財務報表使用者信賴該審計報告。

項目十五　終結審計與審計報告

項目小結

註冊會計師在按業務循環完成各財務報表項目的審計測試和一些特殊項目的審計工作後，應匯總審計測試結果，編制審計差異調整表和試算平衡表，復核審計工作底稿。在此基礎上，評價審計結果，確定應出具審計報告意見類型和措辭，撰寫審計報告，終結審計工作。審計報告按照其性質可以分為標準審計報告和非標準審計報告。當註冊會計師出具的無保留意見的審計報告不附加說明段、強調事項段或任何修飾性用語時，該報告稱為標準審計報告（或稱為標準無保留意見審計報告）；非標準審計報告是指標準審計報告以外的其他審計報告，包括帶強調事項段或其他事項段的無保留意見的審計報告和非無保留意見的審計報告；非無保留意見的審計報告包括保留意見的審計報告、否定意見的審計報告和無法表示意見的審計報告；財務報表可能受到財務報表日後發生事項的影響，註冊會計師應當關注財務報表日後事項。對於財務報表日至審計報告日之間發生的事項，註冊會計師具有主動識別的義務；對於註冊會計師在審計報告日後至財務報表報出日前知悉的事實，註冊會計師具有被動識別的義務；對於在財務報表報出後知悉的事實，註冊會計師沒有義務識別。

練習題

一、單項選擇題

1. 關於註冊會計師判斷「廣泛性」，以下情形中，不恰當的是(　　)。
   A. 「廣泛性」不限於對財務報表的特定要素、帳戶或項目產生影響
   B. 「廣泛性」限於對財務報表的特定要素、帳戶或項目產生影響
   C. 雖然僅對財務報表的特定要素、帳戶或項目產生影響，但如果這些要素、帳戶或項目是或可能是財務報表的主要組成部分時，則屬於「廣泛性」的情形
   D. 當與披露相關時，「廣泛性」產生的影響對財務報表使用者理解財務報表至關重要

2. 關於註冊會計師如何判斷不同意見類型，以下說法中，不恰當的是(　　)。
   A. 如果註冊會計師在獲取充分、適當的審計證據後認為錯報單獨或匯總起來對財務報表的影響重大且具有廣泛性，那應當出具否定意見的審計報告
   B. 如果註冊會計師無法獲取充分、適當的審計證據以作為形成審計意見的基礎，但認為未發現的錯報對財務報表可能產生的影響重大且具有廣泛性，那應則應當出具無法表示意見的審計報告
   C. 如果註冊會計師無法獲取充分、適當的審計證據以作為形成審計意見的基礎，但認為未發現的錯報對財務報表可能產生的影響重大且具有廣泛性，則應當出具保留意見加其他事項段的審計報告
   D. 如果註冊會計師無法獲取充分、適當的審計證據以作為形成審計意見的基

礎，但認為未發現的錯報對財務報表可能產生的影響重大，但不具有廣泛性，那應當出具保留意見的審計報告

3. 關於審計報告的以下理解，不恰當的是(　　)。
   A. 在實施審計工作的基礎上才能出具審計報告
   B. 應當以書面形式出具審計報告
   C. 必須獲取充分、適當的審計證據的情況下才能出具審計報告
   D. 通過在審計報告上簽字履行其審計責任

4. 關於註冊會計師出具的標準審計報告的「註冊會計師的責任段」，以下事項中，不應當包含的內容是(　　)。
   A. 註冊會計師的責任是在執行審計工作的基礎上對財務報表發表審計意見
   B. 審計工作涉及實施審計程序，以獲取有關財務報表金額和披露的審計證據
   C. 合理保證已審計財務報表在所有重大方面按照企業會計準則的規定編制
   D. 合理保證註冊會計師獲取的審計證據是充分、適當的，為發表審計意見提供基礎

5. 以下事項中，不屬於標準審計報告「引言段」內容的有(　　)。
   A. 20×4 年 12 月 31 日的資產負債表，20×4 年度的利潤表、現金流量表和股東權益變動表及財務報表附註
   B. 20×4 年 12 月 31 日的資產負債表、利潤表、股東權益變動表和現金流量表及財務報表附註
   C. 註冊會計師已經審計了被審計單位的財務報表
   D. 被審計單位的名稱

二、多項選擇題

1. 在審計報告中，註冊會計師的責任段應當說明以下(　　)內容。
   A. 註冊會計師的責任是在執行審計工作的基礎上對財務報表發表審計意見
   B. 審計工作涉及實施審計程序，以獲取有關財務報表金額和披露的審計證據
   C. 按照企業會計準則的規定編制財務報表，並使其實現公允反應
   D. 註冊會計師審計的目的包括對內部控制的有效性發表審計意見

2. 以下情形中，註冊會計師可能考慮在審計報告意見段後增加「強調事項段」的有(　　)。
   A. 異常訴訟的未來結果存在不確定性
   B. 監管行動的未來結果存在不確定性
   C. 提前應用（在允許的情況下）對財務報表有廣泛影響的新會計準則
   D. 存在已經對被審計單位財務狀況產生重大影響的特大災難

3. 註冊會計師甲負責審計 ABC 公司 20×4 年度財務報表。下列屬於需要 ABC 公司在財務報表中披露的非調整事項包括(　　)。
   A. 財務報表日後資產價格、稅收政策、外匯匯率發生重大變化
   B. 財務報表日後因自然災害導致資產發生重大損失
   C. 財務報表日後發現財務報表存在舞弊
   D. 財務報表日後發生企業合併或處置子公司

4. 註冊會計師甲負責審計 ABC 公司 20×4 年度財務報表。註冊會計師甲應提請

項目十五 終結審計與審計報告

ABC 公司對 20×4 年度財務報表及相關的帳戶金額進行調整的期後事項有( )。
A. ABC 公司由於某種原因在財務報表日前被起訴，法院於財務報表日後判決 ABC 公司應賠償對方損失
B. 財務報表日後不久的銷售情況顯示庫存商品在財務報表日已發生了減值
C. 財務報表日後發生火災導致 ABC 公司倉庫燒毀
D. 財務報表日後企業合併

5. 註冊會計師甲負責審計 ABC 公司 20×4 年度財務報表。如果註冊會計師甲在財務報表報出日後獲知 ABC 公司審計報告日已經存在但尚未發現的期後事項，那可能採取的措施恰當的有( )。
A. 與 ABC 公司管理層討論
B. 採取措施防止 ABC 公司財務報表使用者信賴該審計報告
C. 提請 ABC 公司管理層修改財務報表
D. 重新出具審計報告

二、簡答題

A 註冊會計師負責審計甲公司 20×3 年財務報表。A 註冊會計師於 20×3 年 3 月 8 日發現以下情況：

（1）甲公司於 20×2 年 11 月 30 日遭受訴訟，原告是乙公司，乙公司起訴甲公司：由於甲公司違反雙方簽訂的合同，乙公司要求甲公司賠償其直接經濟損失 600 萬元（假設 100 萬元就視為重大）。甲公司在 20×2 年 12 月 31 日財務報表中未對該事項進行確認會計和會計估計，該事項也未在財務報表附註中披露。

（2）A 註冊會計師對該訴訟案件繼續追查，發現該案件已經於 20×3 年 2 月 10 日判決結案，法院判決結果是甲公司賠償乙公司經濟損失 580 萬元。

（3）假設註冊會計師擬出具審計報告日期為 20×3 年 3 月 5 日，董事會批准的財務報表對外公布日是 20×3 年 3 月 15 日。

（4）由於 A 註冊會計師於 20×3 年 3 月 5 日前未發現該事項，已經將標準審計報告提交給了甲公司董事會。

要求根據以上事項回答以下問題：
（1）580 萬元的訴訟案件屬於哪一時段的期後事項？
（2）A 註冊會計師對該事項的審計建議是什麼？

附錄　練習題答案

第一章

一、單項選擇題
1. B　2. D　3. A　4. B　5. D

二、多項選擇題
1. CDE　2. ABE　3. ACE　4. BCDE　5. BCD

第二章

一、單項選擇題
1. A　2. B　3. B　4. D　5. D

二、多項選擇題
1. ABD　2. ABCD　3. AB　4. ABC　5. ABCD

三、業務分析題

1. 第（1）項不符合規定。會計師事務所主任會計師對質量控製制度承擔最終責任。

第（2）項不符合規定。所有上市公司審計項目均應執行質量控製複核。

第（3）項符合規定。重大問題分歧未解決前不應出具審計報告。

第（4）項不符合規定。業務檢查的週期不得超過3年，每3年至少應檢查每個合夥人的業務一次。

第（5）項符合規定。鑒證業務的工作底稿歸檔期限為業務報告日後60天內。

2.

附表1　對獨立性產生不利影響的因素

對獨立性產生不利影響的具體情形	對獨立性產生不利影響的因素
審計項目組成員與審計客戶進行雇傭協商	自身利益
會計師事務所與鑒證業務相關的或有收費安排	自身利益
會計師事務所所編制用於生成有關記錄的原始數據	自我評價
註冊會計師接受客戶的禮品或享受優惠待遇（價值重大）	關聯關係
會計師事務所為鑒證客戶提供的其他服務，直接影響鑒證業務中的鑒證對象訊息	自我評價

對獨立性產生不利影響的具體情形	對獨立性產生不利影響的因素
項目小組成員的妻子是客戶的出納	關聯關係
會計師事務所受到客戶的起訴威脅	外在壓力
註冊會計師被會計師事務所合夥人告知，除非同意審計客戶的不恰當會計處理，否則將不被提升	外在壓力

第三章

一、單項選擇題

1. A 2. B 3. A 4. B 5. A

二、多項選擇題

1. ABC 2. ABC 3. ABD 4. BCD 5. ABCD

三、業務分析題

（1）股民甲應當向法院提出的訴訟理由包括：丁公司報表存在重大錯報但是註冊會計師出具的審計報告是無保留意見，屬於不實報告；註冊會計師在丁公司財務報表的審計中僅執行了銀行函證等必要的審計程序。沒有保持合理的謹慎，存在過失；股民甲由於丁公司股價下跌，存在損失；股民甲由於信任丁公司報出的20×8年度的財務報表和註冊會計師的審計報告而購買了丁公司股票，兩者之間存在因果關係。

（2）D註冊會計師提出的免責理由是不正確的。因合理信賴或者使用會計師事務所出具的不實報告，與被審計單位進行交易或者從事與被審計單位的股票、債券等有關的交易活動而遭受損失的自然人、法人或者其他組織，應認定為註冊會計師法規定的利害關係人。所以股民甲和D註冊會計師構成利害關係人。

（3）D註冊會計師在下列情形下可以免於承擔民事責任：①已經遵守執業準則、規則確定的工作程序並保持必要的職業謹慎，但仍未能發現被審計的會計資料錯誤；②審計業務必須依賴的金融機構等單位提供虛假或者不實的證明文件，會計師事務所在保持必要的職業謹慎下仍未能發現其虛假或者不實；③已對被審計單位的舞弊跡象提出警告並在審計業務報告中予以指明。

第四章

一、單項選擇題

1. D 2. C 3. D 4. B 5. D

二、多項選擇題

1. BD 2. ABC 3. BCD 4. ABC 5. ABD

三、簡答題

附表2　註冊會計師通過相關認定確定應收帳款項目的具體審計目標

相關認定	具體審計目標	審計程序
權利和義務	公司對應收帳款擁有所有權	(2)(7)
存在	記錄的應收帳款確實存在	(2)(3)
完整性	存在的應收帳款均已經記錄	(6)
計價和分攤	應收帳款記錄的金額是否正確	(1)(2)(3)(4)

四、業務分析題

程序（1）：應付帳款，完整性；

程序（2）：營業收入，截止；

程序（3）：貨幣資金。計價和分攤；

程序（4）：應付職工薪酬，存在；

程序（5）：固定資產，權利和義務。

第五章

一、單項選擇題

　　1. C　2. B　3. D　4. B　5. B

二、多項選擇題

　　1. BCD　2. ABD　3. AB　4. AC　5. ACD

三、業務分析題

（1）不存在不當之處。

（2）存在不當之處。計劃審計工作並非一個孤立的階段，而是一個持續的、不斷修正的過程。

（3）存在不當之處。註冊會計師在判斷某事項對財務報表是否重大時，是在考慮財務報表使用者整體共同的財務信息需求的基礎上做出的，不需要考慮錯報對個別報表使用者可能產生的影響。

（4）存在不當之處。在錯報性質不嚴重、錯報金額低於重要性的情況下，註冊會計師還需考慮該錯報連同其他錯報是否可能影響財務報表使用者依據財務報表做出的經濟決策，才能確定該錯報是否重要。

（5）存在不當之處。重大錯報風險是獨立於財務報表審計而存在於財務報表中的，不能通過修改計劃實施的實質性程序的性質、時間安排和範圍。

第六章

一、單項選擇題

　　1. A　2. D　3. B　4. C　5. C

二、多項選擇題

　　1. ABCD　2. AB　3. ABCD　4. ACD　5. ABCD

三、判斷題

　　1. 對　2. 對　3. 對　4. 錯　5. 對

附錄　練習題答案

第七章

一、單項選擇題
　　1. D　　2. C　　3. C　　4. C　　5. D
二、多項選擇題
　　1. BC　　2. ABCD　　3. BC　　4. BCD　　5. AC
三、計算題
　　1.（1）3821　2592　1642　1530　2383
　　（2）2179　1796　4095　2965　2216
　　2.（1）均值估計：
　　樣本平均審定額＝樣本審定額/樣本規模＝800/200＝4（萬元）
　　估計的總體金額＝樣本平均審定額×總體規模＝4×3,000＝12,000（萬元）
　　推斷的總體錯報＝總體帳面金額－估計的總體金額＝15,000－12,000＝3,000（萬元）高估
　　（2）差額估計：
　　樣本平均錯報＝（樣本帳面金額－樣本審定金額）/樣本規模＝（1,200－800）/200＝2（萬元）
　　推斷的總體錯報額＝樣本平均錯報×總體規模＝2×3,000＝6,000（萬元）（高估）
　　（3）比率估計：
　　比率＝樣本審定額/樣本帳面額＝800/1,200＝2/3
　　估計的總體實際金額＝總體帳面金額×比率＝15,000×2/3＝10,000（萬元）
　　推斷的總體錯報＝總體帳面金額－估計的總體實際金額＝15,000－10,000＝5,000（萬元）（高估）
　　由此得出三種方法的適用範圍。
　　如果未對總體進行分層，CPA通常不使用均值估計抽樣，因為此時所需的樣本規模可能太大，以至於對一般的審計而言不符合成本效益原則。
　　比率估計抽樣和差額估計抽樣都要求樣本項目存在錯報。如果樣本項目的審定金額和帳面金額之間沒有差異，這兩種方法使用的公式所隱含的機理就會導致錯誤的結論產生。如果預計只發現少量差異，就不應使用比率估計抽樣和差額估計抽樣，而考慮使用其他的替代程序，如均值估計抽樣或PPS抽樣。

第八章

一、單項選擇題
　　1. A　　2. D　　3. C　　4. C　　5. B
二、多項選擇題
　　1. ABC　　2. ABC　　3. ABD　　4. AB　　5. ABC
三、業務分析題
　　（1）該事項表明存在重大錯報風險。由於社會公眾對B產品有害化學成分含量存在重大疑慮，B產品的市場前景存在重大不確定性，這可能導致B產品嚴重滯銷，2013年年末B產品相關存貨可能存在減值風險。該風險屬於認定層次的重大錯報風險，

249

主要與存貨的「計價和分攤」認定相關。

（2）該事項表明存在重大錯報風險。由於甲公司尚未趨高可以維持 2014 年度日常經營資金需要的融資安排，甲公司 2014 年的持續經營能力存在重大疑慮，從而對財務報表整體存在廣泛影響，該風險屬於財務報表層次的重大錯報風險。

（3）該事項表明存在重大錯報風險。由於競爭對手已推出新產品，並預計在 1 年後推出更新一代產品，購入的非專利技術可能存在因少計減值準備而高估帳面價值的風險。該風險屬於認定層次的重大錯報風險，主要與無形資產的「計價和分攤」認定相關。

（4）該事項表明存在重大錯報風險。原負責銷售的副總經理由於銷售業績的原因被更換，這對新的副總經理會形成很大壓力，增加了多計營業收入的風險。該風險屬於認定層次的重大錯報風險，主要與營業收入的「發生」和應收帳款的「存在」認定相關。

（5）該事項表明存在重大錯報風險。工程 7 月完工，但被審計單位資本化了 10 個月的利息支出，可能高估了固定資產成本、低估了 2013 年的財務費用。該風險屬於認定層次的重大錯報風險，與固定資產的「存在」和財務費用的「完整性」認定相關。

第九章

一、單項選擇題

1. B　2. C　3. A　4. B　5. B

二、多項選擇題

1. ACD　2. BC　3. ABCD　4. BC　5. CD

第十章

一、單項選擇題

1. D　2. D　3. B　4. D　5. C

二、多項選擇題

1. ABCD　2. ABD　3. CD　4. AD　5. ABCD

三、簡答題

（1）存在缺陷。對於重要貨幣資金支付業務，應當實行集體決策和審批。

（2）存在缺陷。內部審計部門應與財務部門職責分離。

（3）不存在缺陷。

（4）存在缺陷。對於超過授權範圍審批的貨幣資金業務，經辦人員應當拒絕辦理，並及時向審批人的上級部門報告。

（5）存在缺陷。簽發票據所使用的印鑒不能由一人保管。個人名章必須由本人或其授權人員保管。

第十一章

一、單項選擇題

1. C　2. A　3. B　4. D　5A

附錄　練習題答案

一、多項選擇題
1. BC　　2. ABCD　　3. ABC　　4. ABCD　　5. AC

二、簡答題
（1）

附表3　資料—所列事項是否可能表明存在重大錯報風險

事項序號	是否可能表明存在重大錯報風險（是/否）	理由	財務報表項目名稱及認定
（1）	否		
（2）	是	管理層應根據仲裁進展情況做出會計估計，在財務報表中確認或披露該事項。可能存在未恰當確認或披露的重大錯報風險	應付帳款（權利與義務/完整）；存貨（權利與義務/完整）
（3）	是	2011年年末應付帳款—發票未收餘額明顯低於2010年末已審數，不合理/年審計出現低估應付帳款的重大錯報。本年度可能出現類似重大錯報	存貨（完整性）；應付帳款（完整性）
（4）	否		

（2）

附表4　逐項指出審計程序與根據資料識別的重大錯報風險是否直接相關

審計程序序號	是否與根據資料一（結合資料二）識別的重大錯報風險直接相關（是/否）	與根據資料一哪一項（結合資料二）識別的重大錯報風險直接相關（資料—序號）	如果不直接相關，與該審計程序最相關的項目名稱及認定
（1）	否		應付帳款（存在）
（2）	否		應付帳款（存在/準確性）
（3）	否		應付帳款（存在/準確性）
（4）	是	（3）	
（5）	是	（2）	

四、綜合題

針對第（1）項交易和事項，註冊會計師應提請X公司做如下調整分錄：
借：預付款項——c公司　　　　　　　　　　　　　　　　　　　100
　　貸：應付帳款——c公司　　　　　　　　　　　　　　　　　　100

針對第（2）項交易和事項，2013年合同完工進度 = 200/（200+200）×100% = 50%，2013年確定的合同收入 500×500% = 250（萬元），2013年確認的合同毛利 = 250

-200=50（萬元），註冊會計師應提請 X 公司做如下調整分錄：
  借：主營業務成本   200
    存貨——工程施工（合同毛利）   50
   貸：主營業務收入   250
  針對第（3）項交易和事項，註冊會計師無需提出任何審計處理建議。
  針對第（4）項交易和事項，註冊會計師應提請 X 公司做如下調整分錄：
  借：固定資   1000
   貸：在建工程   1000
  借：管理費用——累計折舊 23.75［1000×（1-5%）/20/12×6］
   貸：固定資產   23.75

  針對第（5）項交易和事項，2009 年年末，計提減值準備前無形資產的帳面價值＝6,000-6,000/10＝5,400（萬元），可回收金額是 4,500 萬元，所以無形資產發生了減值，無形資產的帳面價值變為 4,500 萬元，2010 年年末，計提減值準備前無形資產的帳面價值＝4,500-4,500/9＝4,000（萬元），而無形資產的可回收金額是 4,200 萬元，但是無形資產的減值準備一經計提，不能轉回，所以無形資產的帳面價值等於 4,000 萬元，所以 2013 年應該攤銷的金額＝4,000/8＝500（萬元），註冊會計師應提請 X 公司做如下調整分錄：
  借：管理費用   500
   貸：無形資產   500

第十二章

一、單項選擇題
  1. B 2. D 3. B 4. B 5. A
二、多項選擇題
  1. BCD 2. ABD 3. ABC 4. ABD 5. ABC
三、綜合題
  （1）2008 年度行業統計資料顯示在 A 產品成本佔有較大比重的 a 原材料的採購成本大幅上漲，導致 A 產品成本上升，但 A 產品 2008 年度收發記錄反應其成本不升反降。
  （2）

附錄 練習題答案

附表5 財務報表項目與相關認定

財務報表項目	認定
存貨	權力和義務、計價和分攤、完整性

第十三章

一、單項選擇題
1. C 2. B 3. D 4. D 5. A

二、多項選擇題
1. ABC 2. AB 3. ABCD 4. ABC 5. ABCD

三、簡答題

1.（1）針對編號為201201的詢證函，註冊會計師應檢查M公司2012年12月份及2013年1月份的入庫單及存貨明細帳，證實所退產品是否已收到。若已收到退貨，A註冊會計師應提請M公司針對此事項調整2012年度的財務報表；若未收到退貨，要求M公司進行必要的查詢。

（2）針對編號為201202的詢證函，註冊會計師應檢查M公司與乙公司的銷售合同，若情況屬實，則要求M公司調整2012年的財務報表相關項目。

（3）針對編號為201203的詢證函，註冊會計師應檢查2013年1月份M公司所有開戶銀行對帳單，核實該筆款項是否收到。若於2013年1月份收到，註冊會計師可以合理確信被審計單位的相關記錄。

（4）針對編號201204的詢證函，註冊會計師應核對地址，按照正確地址重新發函。如果地址無誤，要求M公司做出解釋。

2.（1）因為營業收入項目的「發生」認定存在重大錯報風險，所以註冊會計師應關心以下三類錯誤：一是未曾發貨卻已將銷售交易登記入帳；二是銷售交易的重複入帳；三是向虛構的客戶發貨，並作為銷售交易登記入帳。

（2）①針對未曾發貨卻已將銷售交易登記入帳這類錯誤的可能性，註冊會計師可以從主營業務收入明細帳中抽取若干筆分錄，追查有無發運憑證及其他佐證，借以查明有無事實上沒有發貨卻已登記入帳的銷售交易。如果註冊會計師對發運憑證等的真實性也有懷疑，就可能有必要再進一步追查存貨的永續盤存記錄，測試存貨餘額有無減少，以及考慮是否檢查更多涉及外部單位的單據，如外部運輸單位出具的運輸單據、客戶簽發的訂貨單據和到貨簽收記錄等。②針對銷售交易重複入帳這類錯誤的可能性，註冊會計師可以通過檢查企業的銷售交易記錄清單確定是否存在重號、缺號。③針對向虛構的客戶發貨並作為銷售交易登記入帳這類錯誤發生的可能性，註冊會計師應當檢查主營業務收入明細帳中與銷售分錄相應的銷貨單，以確定銷售是否履行賒銷審批手續和發貨審批手續。

（3）從資產負債表日前後若干天的帳簿記錄查至記帳憑證，檢查發票存根與發運憑證。

第十四章

一、單項選擇題

1. D　2. A　3. D　4. DV　5. C

二、多項選擇題

1. ABC　2. ABD　3. ABCD　4. ABCD　5. BCD

三、簡答題

1.

附表6　審計程序與相關認定

審計目標	存在	完整性	權利和義務	計價和分攤	列報和披露
審計程序	G	D	F	E	C

2.（1）不存在缺陷。

（2）存在缺陷，出納員不能同時登記銀行存款日記帳和銀行存款總帳。

（3）不存在缺陷。

（4）存在缺陷，超過20萬元的由董事長個人審批是不夠的，應當由董事會集體決策。

（5）存在缺陷，對於聯營企業的長期股權投資應採用權益法核算投資收益。

第十五章

一、單項選擇題

1. B　2. C　3. C　4. C　5. B

二、多項選擇題

1. AB　2. ABCD　3. ABD　4. AB　5. ABCD

三、簡答題

（1）該事項屬於第二時段期後事項，即「在審計報告日後至財務報表報出日前知悉了某事實」。

（2）A註冊會計師應對建議甲公司調整2012年12月31日財務報表，審計調整分錄如下：

借：營業外支出　　　　　　　　　　　　　　　　　　　5,800,000

　　貸：其他應付款——乙公司　　　　　　　　　　　　5,800,000

國家圖書館出版品預行編目(CIP)資料

審計學 / 盛強、石玉杰、楊俊 主編. -- 第一版.
-- 臺北市：崧燁文化，2018.09

　面；　公分

ISBN 978-957-681-607-9(平裝)

1.審計學

　495.9　　　　107014613

書　　名：審計學
作　　者：盛強、石玉杰、楊俊 主編
發 行 人：黃振庭
出 版 者：崧博出版事業有限公司
發 行 者：崧燁文化事業有限公司
E-mail：sonbookservice@gmail.com
粉絲頁　　　　　　網　址：
地　　址：台北市中正區重慶南路一段六十一號八樓 815 室
8F.-815, No.61, Sec. 1, Chongqing S. Rd., Zhongzheng Dist., Taipei City 100, Taiwan (R.O.C.)
電　　話：(02)2370-3310　傳　真：(02) 2370-3210
總 經 銷：紅螞蟻圖書有限公司
地　　址：台北市內湖區舊宗路二段 121 巷 19 號
電　　話：02-2795-3656　傳真:02-2795-4100　網址：
印　　刷：京峯彩色印刷有限公司（京峰數位）

　　本書版權為西南財經大學出版社所有授權崧博出版事業有限公司獨家發行
　　電子書繁體字版。若有其他相關權利及授權需求請與本公司聯繫。

定價：450 元
發行日期：2018 年 9 月第一版
◎ 本書以POD印製發行